上海堤防精细化巡查养护指导书

主　编　田爱平
副主编　汪晓蕾　徐飞飞

图书在版编目(CIP)数据

上海堤防精细化巡查养护指导书 / 田爱平著. —上海：同济大学出版社，2022.3

ISBN 978-7-5765-0150-6

Ⅰ. ①上… Ⅱ. ①田… Ⅲ. ①堤防—保养 Ⅳ. ①TV871.2

中国版本图书馆 CIP 数据核字(2022)第 029174 号

上海堤防精细化巡查养护指导书

田爱平　主编　汪晓蕾　徐飞飞　副主编

出 品 人　金英伟　　策　划　吕　炜　　责任编辑　吕　炜　　助理编辑　邢宜君

责任校对　徐春莲　　封面设计　完　颖

出版发行　同济大学出版社　　www.tongjipress.com.cn

（地址：上海市四平路 1239 号　邮编：200092　电话：021-65985622）

经　　销　全国各地新华书店、建筑书店、网络书店

排版制作　南京展望文化发展有限公司

印　　刷　上海安枫印务有限公司

开　　本　787 mm×1092 mm　1/16

印　　张　20.5

字　　数　512 000

版　　次　2022 年 3 月第 1 版　2022 年 3 月第 1 次印刷

书　　号　ISBN 978-7-5765-0150-6

定　　价　158.00 元

内 容 提 要

本书基于上海堤防管理经验，立足当前管理难点，着眼“一江一河”的建设规划，系统介绍了堤防工程精细化巡查养护的作业要求，阐述了新形势下堤防巡查养护采用的新技术、新工艺、新设备，内容全面、具体，图文并茂。全书包含堤防工程基础知识、堤防巡查、堤防维护和堤防巡查养护监管四部分。

本书是上海堤防巡查养护人员和工程管理人员的工具书，也可作为从事堤防工程规划、设计、施工及防汛抢险人员的培训教材和参考用书。

《上海堤防精细化巡查养护指导书》
编 委 会

序

上海堤防作为保障城市正常运行和人民生命财产安全的重要防线，始终为上海经济社会的发展和民生福祉的改善默默服务。“十三五”期间，“一江一河”滨水岸线实现基本贯通，公共开放空间持续优化，沿岸地区已成为承载上海国际大都市核心功能的重要载体。随着城市功能定位的不断升级，“一江一河”滨水地区将被逐步打造成人民共建、共享、共治的世界级滨水区。

2017 年 3 月 5 日，习近平总书记在全国两会期间参加上海代表团审议时提出“上海这种超大城市，管理应该像绣花一样精细”；2018 年初，上海市委市政府制订城市精细化管理第一轮三年行动计划，对标最高标准、最好水平，着力提升人民群众的获得感、幸福感和安全感；2021 年 7 月，上海市人民政府办公厅印发《上海市城市管理精细化“十四五”规划》《上海市“一江一河”发展“十四五”规划》，为上海堤防设施高质量发展指明了方向。

“一江一河”堤防的日常巡查和养护工作是保障堤防设施正常运行的最基础的工作，也是上海水务运行管理体系的“神经末梢”。要实现堤防的精细化管理，就要借鉴先进的精细化管理理念和科学方法，牢牢把握“一江一河”滨水地区功能提升和长三角一体化绿色发展带来的重大历史机遇，以“专业化”为前提，“数据化”为标准，“信息化”为手段，逐级打通“神经末梢”。

本书编写遵循上海堤防管理经验性、实践性和差异性原则，从管理难点、痛点和重点出发，补充总结堤防巡查、维修养护经验，具有要求规范、理念先进和内容实用等特色。本书作为能够适应新形势管理需要的高水平指导书，是对上海现行堤防设施管理体系的补充完善，同时对上海市堤防工程运行管理水平提升具有积极的促进作用。

本书的成功付梓，必将成为上海堤防精细化巡查养护实践指南。以本书为指导，坚持水务管理综合运用法治化、社会化、智能化、标准化的手段，努力实现堤防精细化管理的全覆盖、全过程、全天候，切实推动实现“一江一河”地区高质量发展和市民高品质生活。

刘晓涛

上海市水务局　副局长

2021 年 11 月

前　　言

上海地处长江口冲积平原，极易受台风、高潮、暴雨、洪涝等灾害侵袭。上海市委市政府高度重视城市防汛防台工作，自1949年以来，逐步建成“千里江堤”“千里海塘”“区域除涝”“城镇排水”四道防线，发挥了巨大的防灾减灾效益。近年来，在市水务局的正确领导下，上海堤防始终以保安全为核心，统筹安全、景观、生态、文化等堤防综合功能，积极探索上海堤防精细化运行管理模式。

在《贯彻落实〈中共上海市委、上海市人民政府关于加强本市城市管理精细化工作的实施意见〉三年行动计划（2018—2020年）》（沪委办发〔2018〕5号）和《上海市水务、海洋精细化管理工作三年行动计划（2018—2020年）》（沪水务（海洋）党组〔2018〕21号）的正确引导下，“管理有体系、瓶颈有突破、安全有保障、质量有提升”的水务海洋工程建设精细化管理局面已基本形成。随着城市功能定位的不断提高，打造世界级滨水区的愿景目标对堤防设施的管理工作提出了更高要求。

根据《关于贯彻落实〈太湖〉流域片协同推进水利工程标准化管理指导意见的工作方案》（沪水务〔2021〕471号）、《水务海洋精细化管理工作三年行动计划（2021—2023年）》（沪水务〔2020〕1055号）要求，为实现精细化高效管理目标，进一步补充总结堤防维修养护经验，确保黄浦江和苏州河堤防设施完好，保障上海防汛安全，市堤防泵闸建设运行中心组织编写《上海堤防精细化巡查养护指导书》。本书主要适用于本市范围内从事堤防（防汛墙）及河道巡查维修养护的所有人员，以及堤防（防汛墙）管理人员。全书包括堤防工程基本知识、堤防巡查、堤防维护、堤防巡查养护监管四篇，系统阐述了“一江一河”堤防工程的巡查养护的基本内容、作业流程、工作标准以及监管要求，同时将新形势下堤防巡查养护出现的新技术、新工艺、新方法、新设备应用要求纳入。相信其出版能对进一步提高堤防精细化管理水平起到积极作用。

本书的编写得到了行业专家张海燕、兰士刚、沙治银、王葆青和张月运的大力支持与帮助，此外，本书还参阅了很多专家、学者和同行们的著作和研究成果，在此一并表示感谢。限于编者的水平，本书可能存在遗漏和不妥之处，诚望读者和专家批评指正，以便于再版时予以修订，使本书渐臻成熟。

本书编委会

2021年11月

目　　录

序

前言

第 1 篇　堤防工程基本知识

第 1 章　专业术语 …… 3

1.1　水利专业 …… 3

1.2　水文气象专业 …… 4

1.3　堤防工程设施 …… 7

第 2 章　堤防工程概况 …… 10

2.1　概述 …… 10

2.2　堤防工程范围 …… 11

2.3　堤防工程管理(保护)范围 …… 13

2.4　堤防(防汛墙)管理(保护)范围内禁止性、限制性行为 …… 14

2.5　堤防工程建造历史 …… 14

2.6　堤防工程结构类型 …… 15

2.7　堤防工程设施现状 …… 23

2.8　堤防设防标准 …… 24

2.9　堤防工程设施的基本要求 …… 24

第 3 章　自然灾害 …… 27

3.1　潮汐 …… 27

3.2　暴雨 …… 28

3.3　洪水 …… 30

3.4　热带气旋(台风) …… 31

第 4 章　影响堤防安全的因素 …… 33

4.1　自然灾害对堤防安全的影响 …… 33

4.2 人为因素对堤防安全的影响 …… 34
4.3 灾害预警信号 …… 34
4.4 堤防(防汛墙)常见的险情 …… 36

第2篇 堤 防 巡 查

第5章 堤防巡查常识 …… 41
5.1 堤防巡查常用设备工具 …… 41
5.2 堤防巡查的经验 …… 42
5.3 巡查人员自身安全防护要求 …… 43
5.4 水上巡查安全操作要求 …… 44

第6章 堤防设施巡查内容和作业要求 …… 46
6.1 堤防巡查内容 …… 46
6.2 堤防巡查范围及频次 …… 52
6.3 堤防巡查要求 …… 53

第7章 堤防巡查信息上报及处置 …… 62
7.1 堤防日常巡查记录及信息上报 …… 62
7.2 巡查报告 …… 76
7.3 巡查处置 …… 77

第3篇 堤 防 维 护

第8章 堤防设施维护的一般要求 …… 81
8.1 堤防设施维护的范围 …… 81
8.2 堤防设施维护的基本要求 …… 82

第9章 堤防(防汛墙)墙身维护 …… 83
9.1 防汛墙墙面裂缝维护 …… 83
9.2 堤防(土堤)裂缝维护 …… 92
9.3 堤防(防汛墙)渗漏维护 …… 100
9.4 堤防(防汛墙)结构变形缝维护 …… 110
9.5 防汛墙墙体损坏维护 …… 117
9.6 防汛墙贴面维护 …… 123
9.7 堤防(防汛墙)护坡维护 …… 128

第 10 章　防汛闸门及潮闸门井的维护 …… 136
10.1　防汛闸门及潮闸门井损坏的种类及原因 …… 136
10.2　防汛闸门及潮闸门井的安全检查 …… 138
10.3　防汛闸门的维护 …… 139
10.4　闸口的临时封堵 …… 141
10.5　潮闸门井的维护 …… 144
10.6　潮拍门、排水管道的维护 …… 145
10.7　防汛闸门的应急抢护 …… 146
10.8　质量标准 …… 146
10.9　施工注意事项和安全防护措施 …… 146

第 11 章　防汛通道维护 …… 147
11.1　防汛通道设置基本要求 …… 147
11.2　混凝土路面的维护 …… 147
11.3　沥青混凝土路面的修复 …… 149
11.4　通道桥梁维护 …… 152
11.5　排水沟维护 …… 153
11.6　防汛通道内绿化维护 …… 154
11.7　质量标准 …… 154
11.8　施工注意事项和安全防护措施 …… 154

第 12 章　堤防绿化的维护 …… 155
12.1　堤防绿化的日常检查要求 …… 155
12.2　堤防绿化的日常维护要求 …… 156
12.3　堤防绿化夏季养护要求 …… 159
12.4　堤防绿化冬季养护要求 …… 159
12.5　质量标准 …… 159
12.6　安全防护措施 …… 160

第 13 章　堤防亲水平台的维护 …… 161
13.1　亲水平台的形式 …… 161
13.2　亲水平台检查与观测的主要内容 …… 162
13.3　亲水平台维护原则 …… 163
13.4　亲水平台维护要求 …… 163
13.5　质量标准 …… 163
13.6　安全防护措施 …… 164

第 14 章　堤防附属设施的维护 ………… 165
14.1　堤防里程桩号与堤防标识牌的维护 ………… 165
14.2　堤防安全监测设施的维护 ………… 169
14.3　质量标准 ………… 177
14.4　安全防护措施 ………… 177

第 15 章　堤防设施保洁 ………… 178
15.1　一般要求 ………… 178
15.2　保洁安全 ………… 178

第 4 篇　堤防巡查养护监管

第 16 章　管理组织 ………… 181
16.1　管理机制 ………… 181
16.2　组织架构 ………… 181
16.3　岗位职责 ………… 182
16.4　人员配置 ………… 186

第 17 章　管理事项 ………… 188
17.1　计划管理 ………… 188
17.2　合同管理 ………… 189
17.3　经费管理 ………… 189
17.4　台账管理 ………… 190

第 18 章　管理制度 ………… 197
18.1　管理依据 ………… 197
18.2　管理责任制 ………… 201
18.3　应急预案 ………… 202

第 19 章　管理流程 ………… 203
19.1　巡查管理流程 ………… 203
19.2　养护管理流程（含绿化养护） ………… 203

第 20 章　管理标准 ………… 205
20.1　工作标准 ………… 205
20.2　站点建设标准 ………… 206

第 21 章　网格化管理平台 ······ 208
21.1　堤防信息化概述 ······ 208
21.2　巡查养护网格化管理 ······ 208
21.3　堤防安全监控智能感知系统 ······ 214
21.4　防汛会商系统 ······ 217
21.5　应急调度管理系统 ······ 217
21.6　巡查养护手持终端(移动 App) ······ 218
21.7　信息联动 ······ 220
21.8　系统安全管理 ······ 221

第 22 章　考核评价 ······ 222
22.1　设施管理工作考核 ······ 222
22.2　巡查、养护工作考核事项 ······ 222
22.3　巡查、养护及绿化养护单位考核 ······ 237
22.4　优秀个人评定 ······ 239

附　　录

附录 A　相关责任书、表单 ······ 240
A.1　上海市堤防设施养护责任书(黄浦江上游) ······ 240
A.2　上海市堤防设施养护责任书(黄浦江中下游和苏州河) ······ 244
A.3　上海市黄浦江和苏州河堤防管理(保护)范围内施工防汛安全责任书 ······ 247
A.4　堤防设施整改告知书 ······ 249
A.5　常用表单 ······ 250

附录 B　防汛墙常见的险情处置 ······ 266
B.1　渗漏险情 ······ 266
B.2　墙体裂缝及止水破坏险情 ······ 267
B.3　防汛墙地基淘空及管涌险情 ······ 269
B.4　土堤(堤防)管涌险情 ······ 270
B.5　滩地淘刷及堤(墙)后地坪坍塌险情 ······ 272
B.6　堤防(土堤)滑坡险情 ······ 273
B.7　墙体缺口险情 ······ 274
B.8　局部漫溢(越浪)险情 ······ 275
B.9　结构整体失稳险情 ······ 276
B.10　防汛闸门险情 ······ 277

B.11 防汛潮门、潮闸门井险情 ………………………………………………………… 278

附录 C 常用材料设备使用技术要求 ………………………………………………… 279
C.1 常用材料使用技术要求 ………………………………………………………… 279
C.2 橡胶止水带技术性能要求 ……………………………………………………… 280
C.3 密封胶技术要求 ………………………………………………………………… 281
C.4 填缝板技术要求 ………………………………………………………………… 282
C.5 压密注浆技术要求 ……………………………………………………………… 283
C.6 高压旋喷技术要求 ……………………………………………………………… 284
C.7 高聚物注浆技术要求 …………………………………………………………… 285
C.8 水泥回填土技术要求 …………………………………………………………… 287
C.9 土工织物材料性能技术参数 …………………………………………………… 288
C.10 巡查 GPS-RTK 测量仪使用方法 ……………………………………………… 288
C.11 巡查无人机技术要求 …………………………………………………………… 290
C.12 巡查无人船技术要求 …………………………………………………………… 291

附录 D 上海市堤防日常维护工程实例 ……………………………………………… 295
D.1 实例一：外滩空厢墙体裂缝修复方案 ………………………………………… 295
D.2 实例二：北苏州路 400 号防汛墙墙后地面渗水修复方案 …………………… 296
D.3 实例三：上海渔轮修造厂防汛墙护坡损坏修复工程 ………………………… 298
D.4 实例四：海军虬江码头 92089 部队闸门封堵工程 …………………………… 299
D.5 实例五：华泾港泵闸消力池接缝漏水修复方案 ……………………………… 302
D.6 实例六：上海盛融国际游船有限公司防汛墙应急维修工程 ………………… 304
D.7 实例七：外马路环卫码头钢闸门维修养护工程 ……………………………… 306
D.8 实例八：十二棉纺厂排水闸门井临时封堵方案 ……………………………… 309
D.9 实例九：油脂公司防汛墙渗漏处置方案 ……………………………………… 310

第 1 篇
堤防工程基本知识

本篇参考文献：

[1] 建设部标准定额研究所.城镇水务标准规范汇编[G].北京：中国建筑工业出版社，2005.

[2] 张浪.滨水绿地景观[M].北京：中国建筑工业出版社，2008.

[3] 胡欣.上海市黄浦江和苏州河堤防设施日常维修养护技术指导工作手册[M].上海：同济大学出版社，2014.

[4] 崔冬，何小燕，贺英，等.上海黄浦江防汛墙墙顶标高分界修订研究[J].中国防汛抗旱，2018，28(4)：54－59.

[5] 郑晓阳.基于SDSS的感潮河口城市水灾减灾辅助决策研究[D].上海：华东师范大学，2005.

[6] 魏原杰，吴申元.中国保险百科全书[M].北京：中国发展出版社，1992.

[7] 国家防汛抗旱总指挥部办公室，中国水利学会减灾专业委员会.中国城市防洪(第二卷)[M].北京：中国水利水电出版社，2008.

[8] 刘晓涛.迎世博保障水安全和美化水环境的对策[M].北京：中国水利水电出版社，2009.

[9] 丘祥光.浅谈堤防管理与防汛抢险[J].科技资讯，2011(16)：52.

第1章

专 业 术 语

1.1 水利专业

1. 堤防

在江、河、湖、海沿岸或水库区周边修建的挡(蓄)水建筑物。

2. 堤防工程设施

堤防工程及其不可分割的附属设施的总称。堤防工程如驳岸、防汛墙等,附属设施如防汛(抢险)通道、绿化、监测设施、标识标牌、防汛闸门和潮闸门井等。

3. 水闸

设在河流或渠道中既可挡水又可泄水的水工建筑物,用来调节水位和控制流量。主要组成部分为闸墩、闸门、底板、岸墙(或边墩)、翼墙、闸门启闭设备和消能设施等。

4. 河源与河口

每条河流都有河源与河口。河源是河流的发源地,如黄浦江发源于浙江省安吉县龙王山;河口是河流的终点,如黄浦江的终点是吴淞口(长江)。

5. 水系

由大小不同的河流、湖泊、沼泽和地下暗流等组成的脉络相通的水网系统统称,也叫河系或河网。水系以它的干流名称或以其注入的湖泊、海洋名称命名。

6. 干流

在同一水系中,将汇集流域内总水量的流程较长、水量较大的骨干河道称为干流(或主河),习惯上也把直接流入海洋或内陆湖泊或最终消失于荒漠的河流称为干流。如:贯穿上海市全境的黄浦江就是太湖流域中最大的一条河流,河口宽 300～700 m,终年不冻,陆地上的网状河流相互连通,最终经黄浦江汇入东海,因此称为黄浦江干流。

7. 支流

直接或间接流入干流的河流统称为支流,其中把直接汇入干流的支流称为一级支流,汇入一级支流的支流称为二级支流,依次分为多级支流。

8. 流域

一个水系的干流和支流所流过的整个地区称为流域。

9. 高程

由高程基准面起算的地面高度。根据选用的基准面不同而有不同的高程系统，主要有正高系统和正常高系统，它们的基准面在海洋上与平均海水面相吻合，称为绝对高程。地面点的高程用水准测量或三角高程测量测定①。

10. 吴淞零点

系根据吴淞站(现东海船厂内)1871—1900 年实测资料，于 1901 年确定的一个略低于最低潮位的高程作为吴淞零点，并于 1920 年引测到松江佘山，建立永久性测量标志。吴淞零点比全国统一基准面黄海平均海面(青岛)低 1.63 m。镇江吴淞高程＝上海吴淞高程＋0.264 m。

上海地区堤防工程建设目前采用的高程基准点均为上海吴淞高程。

11. 上海城市(坐标)原点

南京西路 170 号国际饭店顶楼中心旗杆为上海城市(坐标)原点(东经 121°28′12″，北纬 31°13′48″，1950 年 11 月确立)。1950 年 11 月以前上海城市原点的位置为外滩钟表旗杆。上海市区域内的城市公共设施建设包括堤防工程，其建(构)筑物的地理位置均采用上海城市平面坐标系定位。

1.2 水文气象专业

1.2.1 气象方面

1. 气压

单位面积上大气柱的重量叫做大气压强，简称气压。气压的单位常用千帕(kPa)，1 标准大气压＝760 mmHg＝101.325 kPa。

2. 气旋

大气中存在各种各样大大小小的涡旋，它们有的逆时针旋转，有的顺时针旋转。其中，大型的水平涡旋按旋转方向不同可分为气旋和反气旋，即低压和高压。

3. 热带气旋②

热带气旋是发生在热带或副热带洋面上的低压涡旋，是一种强大而深厚的热带天气系统。

4. 最大风力

风速往往处于变化中，一般称最大 2 min 平均风速为最大风力。

5. 热带低压

当热带气旋近中心最大风力为 6～7 级时称热带低压。

6. 热带风暴

当热带气旋近中心最大风力为 8～9 级时称热带风暴。

---

① 辞海编纂委员会.辞海[M].上海：上海辞书出版社，1999.

② 杨林.在建核电工程对台风的预防和应急管理[J].电力安全技术，2011，13(1)：29-31.

7. 强热带风暴

当热带气旋近中心最大风力为10～11级时称强热带风暴。

8. 台风

当热带气旋近中心最大风力为12～13级时称台风。

9. 强台风

当热带气旋近中心最大风力为14～15级时称强台风。

10. 超强台风

当热带气旋近中心最大风力为16级或以上时称超强台风。

11. 低压

中心气压比四周低的水平空气涡旋(在北半球呈逆时针旋转,南半球则相反)。

12. 高压

中心气压比四周高的水平空气涡旋(在北半球呈顺时针旋转,南半球则相反)。

13. 极大风力

一般称瞬时风速极大值为极大风力,即阵风。

14. 梅雨

春末、夏初产生在江淮流域并且持续时间较长的阴雨天气。这种天气空气湿度较大,物品容易发霉,故也称霉雨。

1.2.2 水文方面

1. 水文

自然界中水的各种变化和运动等现象。

2. 水资源

在一定时期内,能被人类直接或间接开发利用的动态淡水资源。

3. 中泓线

河道中各断面最大流速点的连线。

4. 深泓线

河道中各断面最大水深点的连线。

5. 水位

自由水面相对于某一基面的高程,单位以米(m)表示。以水位为纵轴,时间为横轴,可绘出水位随时间的变化曲线,称为水位过程线。

6. 潮汐

在天体引潮力作用下,海水形成周期性垂直运动。

7. 潮流

在天体引潮力作用下,海水形成周期性水平运动。

8. 潮位

受潮汐影响所产生的周期性涨落的水位，又称潮水位。

9. 警戒水位

可能造成防洪工程或防护区出现险情的河流以及其他水体的水位，是防汛部门规定的各江河堤防需要处于防守戒备状态的水位。

10. 保证水位

保证防洪工程或防护区安全运行的最高洪水位，是防汛部门根据江河堤防情况规定的防汛安全的上限水位。保证水位高于警戒水位，但低于堤防设计的最高安全水位。

11. 潮流界

涨潮流速为零、潮水停止倒灌的地方。

12. 潮区界

潮差为零且不受潮汐作用影响的地区。黄浦江潮流可达淀山湖沪浙边界，潮区界在苏嘉运河平湖塘一带，水位不出现潮汐变化，潮差为零。

13. 感潮河道

受到潮汐影响的河道，且位于潮区界以下的河段。黄浦江是一条湖源型感潮河道，长江下泄的巨大水量，在东海潮汐顶托下流入黄浦江，出现了“涨的东海潮，进的长江水”的现象。在黄浦江水系的总水量中，吴淞口进潮量占73.3%，潮汐是黄浦江水位变化最主要的特征。

14. 引潮力

海洋和潮水河道中，每一个水质点的离心力与该点所受天体引力的合力。月球引潮力是太阳引潮力的2.17倍。

15. 半日潮

在一天中(指太阴日历时24 h 50 min)有两次高潮、两次低潮，且两次高潮位和两次低潮位的潮高相等，涨潮、落潮历时相等的潮汐，称为半日潮。

16. 浅海河口非正规半日潮

由于受浅海、河口水下地形和径流等因素影响，使一天中两次高潮位、两次低潮位不等，涨潮、落潮历时也不等的半日潮，称浅海河口非正规半日潮。长江口、黄浦江潮汐即是此类型。黄浦江潮汐平均涨潮历时4 h 33 min，平均落潮历时7 h 52 min，全潮历时12 h 25 min。

17. 天文潮

主要由月球和太阳的引潮力作用所产生的潮汐。由月球引潮力所产生的潮汐称太阴潮，由太阳引潮力所产生潮汐称太阳潮。

18. 风暴潮

由于风暴(如台风、寒流)影响所造成的增水称风暴潮。

19. 气象潮

由于气象因素变化影响所造成的增、减水称气象潮。

20. 子潮

出现在子夜前后的高潮称子潮。

21. 午潮

出现在中午前后的高潮称午潮。

22. 汛期

汛是江河等水域的季节性或周期性的涨水现象。汛期指河流在一年中有规律地发生洪水的时期。上海地区每年6～9月，降雨量明显多于其他月份，江河水位较冬天要高；同时，由于日、月引潮力大，江河高潮位也高，所以把每年的6月1日至9月30日称为上海的汛期（上海地区一般3月下旬起就有可能出现暴雨，到10月下旬暴雨消失）。

23. 上海市区防洪标准

1984年9～10月，经水电部和上海市人民政府批准，上海市区近期防洪水位标准为千年一遇，即黄浦公园站防御水位5.86 m。千年一遇、百年一遇即频率分别为0.1%和1%，其值系根据实测潮位记录，进行频率分析，经计算而得，其意为平均一千年一次和一百年一次。

1.3 堤防工程设施

1. 驳岸

上海地区称沿河地面以下保护河岸（阻止河岸崩塌或被冲刷）的构筑物为驳岸。

2. 板桩式驳岸

板桩式驳岸又称拉锚板桩式驳岸，此类驳岸由垂直打入土中的板桩（钢或钢筋混凝土板桩）、水平张拉粗钢筋及锚碇系统组成。上海地区的板桩长度一般为7～18 m。

3. 重力式驳岸

依靠墙身自重来保证墙身稳定的驳岸称为重力式驳岸。它可分为多类，如基础有桩、无桩（混凝土或浆砌块石）的重力式驳岸，后倾重力式驳岸等。上海地区通常采用桩基重力式驳岸。

4. 高桩承台驳岸

一般称基础前（后）排有板桩，后（前）排有方桩，其上有钢筋混凝土承台，且承台设置比较高（承台底板高于墙前泥面线）的驳岸为高桩承台驳岸。

5. 护坡

在河道岸坡上用块石或混凝土铺砌以保护河岸的构筑物为护坡。护坡又可分为混凝土护坡、浆砌块石护坡和干砌块石护坡等。按下坎是否有桩可分为下坎有桩护坡和无桩护坡。上海地区一般采用下坎有桩浆砌块石护坡。

6. 防汛墙

上海地区称沿河地面以上阻挡河水漫溢、具有防洪挡潮能力的城市堤防设施（包括护坡、桩基、墙身、底板、承台及抢险通道等)为防汛墙。在上海地区,河道堤防通常分为市区和郊区两部分,市区段堤防通常称为防汛墙,郊区段堤防则称为江堤。

7. 直角式防汛墙

直角式防汛墙又称 L 形防汛墙,其外形像“L”,多为由水平底板和垂直墙板组成的钢筋混凝土防汛墙。

8. 斜角式防汛墙

由临水面倾斜底板和垂直墙板组成(大部分还有一段水平底板)的钢筋混凝土防汛墙称斜角式防汛墙。

9. 空厢式防汛墙

因综合利用需要,将防汛墙建成钢筋混凝土空厢型式,此类防汛墙称为空厢式防汛墙,如外滩防汛墙。

10. 压顶

在重力式驳岸顶上或浆砌块石防汛墙顶上现浇一块条形钢筋混凝土作为压顶,其作用是提高结构整体性。

11. 下坎(护脚)

在护坡脚趾上现浇的钢筋混凝土地梁(或用浆砌块石砌筑)称为下坎。其作用是提高护坡的整体性。

12. 变形缝

为适应地基压缩性差异以及防汛墙结构变形等因素而设置的垂直缝称为变形缝,间距一般为 12～18 m。

13. 止水橡皮

其作用是防止漏水。防汛工程上用在闸门上的一般为 P 形止水橡皮,用在变形缝上的一般为桥形止水橡皮。

14. 薄弱岸段

堤防沿线存在防汛安全隐患所在的岸段。这些岸段存在堤防坍塌、管涌、漫溢等险情发生的风险。根据相关薄弱岸段认定标准,堤防管理部门对堤身、墙身、墙前滩面与护坡、墙后腹地及交叉建筑物等方面进行评定分级,作出堤防薄弱岸段的认定。

15. 潮闸门

建在下水道出口处的闸门称潮闸门,一般有两种形式:一种是当外潮位较低时,雨水能自流排放,当外潮位较高时,会自行关闭拍门;另一种是由人工或电力开启或关闭的管道闸门。

16. 防汛闸门

上海地区称建在防汛墙缺口上的活动挡水构筑物为防汛闸门,即通道闸门。

17. 穿堤建筑物

从堤身或堤基穿过的管、涵、闸等建筑物。

18. 跨堤建筑物

跨越堤防的建筑物。

19. 亲水平台

设置在堤防(防汛墙)外侧,河岸线以内、邻近水体的平台,在高水位下允许涉水淹没。

20. 防汛(抢险)通道

位于堤防(防汛墙)后,为检查、维修、养护和抢修堤防(防汛墙)而专辟的相对贯通的道路。防汛通道也可与沿岸道路相结合,但必须明确其功能。

第 2 章

堤防工程概况

2.1 概述

上海市地处长江三角洲东缘，太湖流域下游，滨江临海，地势低平。

上海的地理位置位于东经 121°～122°和北纬 30.5°～31.5°之间，由于该位置处于气象系统过渡带、中纬度过渡带和海陆相过渡带，因此冷暖空气的交替作用较为明显，天气情况复杂，四季气候多有变化，灾害性天气时有发生。尤其是在 6 月 1 日至 9 月 30 日的汛期期间，每年都要不同程度地遭受热带气旋（台风）、暴雨、高潮和洪涝的袭击，且这些自然灾害常伴有“三碰头”甚至“四碰头”的情况，给上海的城市安全带来了极大的威胁。

上海地区地势较低，市区地面高程一般在 3.00～4.00 m，中心城区的黄浦、静安、虹口等区不少地面高程甚至处于 3.00 m 以下，墙后地坪常年处于河道常水位以下，雨后易积水成涝。

河流密布成网且受潮汐影响是上海水文的特点。陆域网状河流以贯穿上海市全境的黄浦江为主要干流，黄浦江是太湖流域最大的一条河流。

黄浦江起点于三角渡，至长江入海口全长为 89.91 km。贯穿整个上海市陆域片区，流经松江、奉贤、闵行、浦东新区、徐汇、黄浦、虹口、杨浦、宝山等 9 个区，是贯穿上海市全境的主干河道，也是上海的“母亲河”。

位于黄浦江上游的大泖港、红旗塘、太浦河、拦路港等河道均为流域河道，承担着区域的行洪排涝功能。大泖港自浙江省省界入上海市境内至黄浦江，境内全长 19.39 km；红旗塘自浙江省省界进入上海市境内，至三角渡入黄浦江，境内全长 16.73 km；太浦河自江苏省省界入境，至西泖河然后汇入泖河、斜塘至三角渡入黄浦江，境内全长约15.47 km；拦路港为境内河道，上游端与淀山湖连接，下游与泖河、斜塘相连至三角渡入黄浦江，河道全长 29.21 km。

苏州河亦称吴淞江，是太湖流域的一条行洪排涝河道，发源于东太湖的瓜泾口。苏州河自青浦区赵屯入境，至外白渡桥入黄浦江，在本市境内长约 54 km，河道面宽一般为 40～120 m，流经青浦、嘉定、闵行、长宁、普陀、静安、虹口、黄浦等 8 个区，是横贯上海中心城区的骨干河道，也是黄浦江支流中唯一一条流经上海市中心城区的河道。

苏州河两岸都是建成区，城市化程度很高，人口密度大，因此苏州河一直以来都受到上海市委、市政府的高度关注。

2.2　堤防工程范围

堤防是上海黄浦江、苏州河防洪挡潮的主要工程设施。黄浦江及其支流堤防总长为 474 km，常称为“千里江堤”，共流经 11 个区，其中市区段防汛墙长度达 278 km，郊区段堤防长度为 196 km，具有防汛闸门 1 628 座、潮闸门(含排水口、拍门)1 190 余座等附属设施。苏州河防汛墙是指黄浦江苏州河河口至沪苏边界，现有干流堤防总长 104 km，上海市黄浦江和苏州河堤防工程范围如图 2－1 所示。

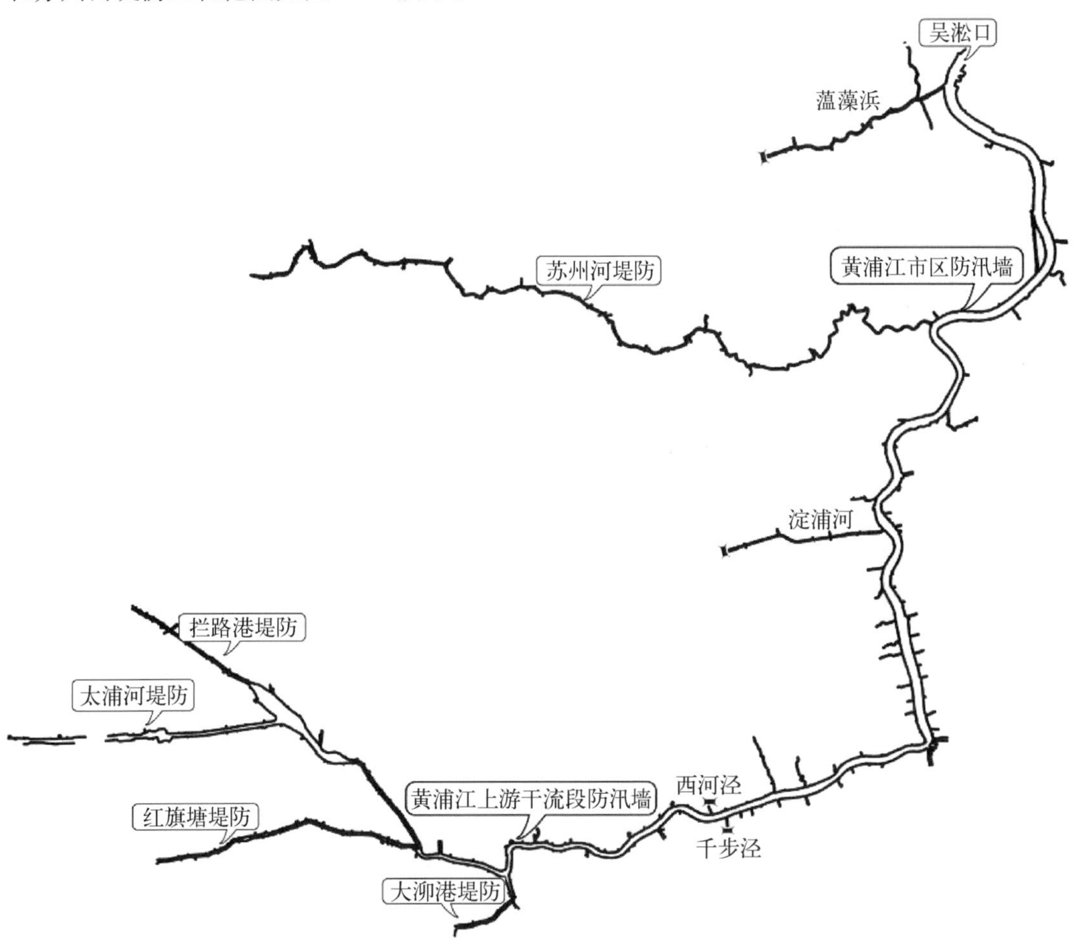

图 2－1　上海市黄浦江和苏州河堤防工程范围示意图

黄浦江市区段防汛墙是指从浦西吴淞口至西河泾，浦东吴淞口至千步泾，包括沿江各支流河口至第一座水闸。该段防汛墙长度约 278 km，可防御千年一遇高潮位(1984 年水电部批准)，工程等级为Ⅰ等 1 级；黄浦江上游段防汛墙是指黄浦江上游干流段及其支流(太浦河、拦路港、大泖港、红旗塘)段，总长约 196 km，按 50 年一遇的流域防洪标准设防，工程等级为Ⅱ等 3 级。从 2017 年开始，根据《上海市防汛指挥部关于修订调整黄浦江防汛墙墙顶标高分界及补充完善黄浦江、苏州河非汛期临时防汛墙设计规定的通知》(沪汛部〔2017〕1号),黄浦江上游段防汛墙新建或改造按Ⅱ等2级设防标准进行设计,并遵循百年一遇流域防洪标准或历史最高水准校核。目前,黄浦江两岸(包括支河口至水闸)已形成从吴淞口至江苏省、浙江省地界的封闭防线,堤防全长474 km,简称为“千里江堤”。

苏州河防汛墙是指黄浦江苏州河河口至沪苏边界,现有干流堤防总长104 km。其中,下游段(河口水闸—外环线,即中心城区段,河长20.8 km)两岸堤防全长42.5 km;中游段(外环线—规划苏西闸,河长18.0 km)两岸堤防全长36.1 km;上游段(规划苏西闸—省界,河长15.2 km)两岸堤防全长25.3 km。全河道按五十年一遇的防洪标准设防,按百年一遇防洪标准校核,同时应满足二十年一遇的除涝标准,工程等级为Ⅱ等2级。

上海市黄浦江和苏州河堤防工程分段等级见表2-1,黄浦江和苏州河防汛墙照片见图2-2—图2-4。

表2-1 上海市黄浦江和苏州河堤防工程分段等级

序号	片段划分名称	起讫地点	工程等级	备　　注
1	黄浦江市区防汛墙	浦东:吴淞口至千步泾	Ⅰ等1级	
		浦西:吴淞口至西河泾		
2	黄浦江上游防汛墙	浦东:千步泾至三角渡	Ⅱ等3级	2017年开始新建或改造按Ⅱ等2级设计
		浦西:西河泾至三角渡		
3	拦路港堤防	三角渡至淀山湖	Ⅱ等3级,新建或改造按Ⅱ等2级	斜塘—泖港—拦路港
4	太浦河堤防	西泖河至江苏省界		
5	红旗塘堤防	三角渡至浙江省界		圆泄泾—大蒸港—红旗塘
6	大泖港堤防	黄浦江至浙江省界		大泖港—掘石港—胥浦塘
7	苏州河(吴淞江)防汛墙	黄浦江至外环线	Ⅱ等2级	
		外环线至江苏省界		

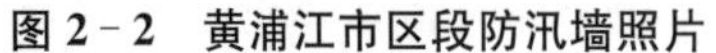

图2-2 黄浦江市区段防汛墙照片

图2-3 黄浦江上游段防汛墙照片

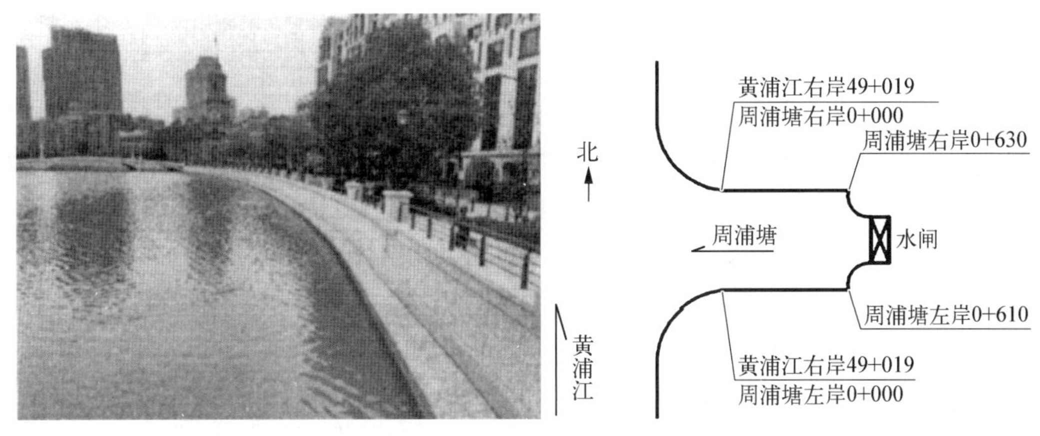

图 2 - 4　苏州河防汛墙照片

图 2 - 5　黄浦江干、支流分界位置示意图

1. 黄浦江干、支流分界位置确定

(1) 堤防里程桩号标志以千米(km)为间距设置。

(2) 支流河口以支流直线与外河圆弧连接的切点为干、支流分界点,如图 2 - 5 所示。

(3) 支流终点确定为水闸外河翼墙边界线。

(4) 黄浦江里程桩起于下游河口(吴淞口);终点位于三角渡。

2. 苏州河干流以及黄浦江上游流域河道拦路港、太浦河、红旗塘和大泖港堤防分界位置确定

(1) 堤防里程桩号标志以千米(km)为间距设置。

(2) 支流河口以支流直线与外河圆弧连接的切点为干、支流分界点,如图 2 - 5 所示。

(3) 里程桩起、终点位置。

① 苏州河起于黄浦江苏州河河口(河口水闸管理房);终点位于江苏省边界(上海段)。

② 拦路港左岸起点位于牛脚港,右岸起于三角渡;终点位于淀山湖湖口。

③ 太浦河起于西泖河河口;终点位于浙江省、江苏省边界附近。

④ 红旗塘左岸起于三角渡,右岸起于黄桥港;终点位于浙江省边界。

⑤ 大泖港起于黄浦江(竖潦泾)河口;左岸终点位于向阳河,右岸终点位于北朱泥泾。

2.3　堤防工程管理(保护)范围

1. 黄浦江中、下游堤防管理(保护)范围

黄浦江中、下游堤防管理(保护)范围是指,黄浦江干流浦西吴淞口至西河泾、浦东吴淞口至千步泾以及各支流河口至第一座水闸之间的防汛墙与临河墙体外缘水域侧 5 m、陆域侧 10 m 范围内的全部区域。

两级组合式防汛墙陆域侧管理(保护)范围为一级挡墙(现状河口线)至达到设防标准的二级挡墙后侧 10 m 范围内的全部区域;空厢式防汛墙陆域侧管理(保护)范围为现状河口线

至厢体结构外边缘线后侧 10 m 范围内的全部区域。

2. 黄浦江上游及苏州河堤防管理(保护)范围

黄浦江上游及苏州河的河道管理范围包括水域和陆域两个部分，水域是指河道两岸河口线之间的全部区域；陆域是指沿河口线两侧各外延不小于 6 m 的区域，包括堤防、防汛墙、防汛通道和护堤地(青坎)等。堤防管理(保护)范围按照上海市规划和自然资源局、上海市水务局发布的《市管水利设施管理与保护范围划定》的范围执行。

两级组合式防汛墙陆域侧管理(保护)范围为达到设防标准的二级挡墙后侧 6 m。

2.4 堤防(防汛墙)管理(保护)范围内禁止性、限制性行为

河道堤防(防汛墙)管理(保护)范围内禁止性、限制性行为按照《上海市防汛条例》《上海市河道管理条例》《上海市黄浦江防汛墙保护办法》《上海市堤防海塘管理标准(试行)》等有关规定执行。

1. 堤防(防汛墙)规定的管理(保护)范围内禁止性行为

(1) 损毁、破坏、改变堤防设施。

(2) 带缆泊船以及装卸作业。

(3) 倾倒工业、农业、建筑等废弃物及生活垃圾、粪便。

(4) 放牧、垦殖、砍伐盗伐护堤护岸林木。

(5) 清洗装贮过油类或者有毒有害污染物的车辆、容器。

(6) 搭建房屋、棚舍等建筑物或构筑物。

(7) 在防汛通道内行驶 2 t 以上车辆或阻塞防汛通道的行为。

(8) 影响河势稳定、危及河道堤防安全及妨碍河道防洪排涝活动的其他行为。

2. 堤防(防汛墙)规定的管理(保护)范围内限制性行为

(1) 堆放货物，安装大型设备。

(2) 搭建各类建筑物、构筑物及其他设施。

(3) 取土、开挖、进行考古发掘、敷设各类地下管线。

(4) 爆破、钻探、打桩、打井、挖筑鱼塘等影响堤防安全的行为。

(5) 疏浚河道。

(6) 设置渔簖、网箱及其他捕捞装置。

(7) 从事可能影响堤防安全的其他行为。

2.5 堤防工程建造历史

1949 年以前，上海市地区地面高程一般多在 4.00～5.00 m，大多数地区处在黄浦江高潮

位以上，市区江河沿岸不设防。20世纪50年代以来，黄浦江潮位出现不断上涨的趋势，上海地面沉降速率加快，因此，汛期高潮位时有潮水漫溢，市区积水频次增多。1956年，市城建部门在苏州河沿岸的宜昌路、昌化路、莫干山路以及浙江路、河南路一带的护岸上修筑了砖石结构的直立岸墙，从此开始了修筑防汛墙防洪挡潮的新时期。

截至目前，市区防汛墙经历了4次全市性的建设。第一次从1963年开始，按市城建局颁布的标准（"六三标准"）建设防汛墙，使全市防汛墙基本封闭，具有一定的防御能力。第二次从1974年开始，按市防汛指挥部颁布的防洪标准（"七四标准"）对市区段黄浦江及苏州河防汛墙进行加高加固，规定了黄浦公园防御潮位为5.30 m，墙顶标高为5.80 m，为百年一遇标准。第三次、第四次分别从1988年和1998年开始，按水电部批准的防洪标准（"八四标准"），先后对市区208 km黄浦江防汛墙工程和110 km黄浦江干流新增防洪工程按千年一遇防洪标准（吴淞站防御水位6.27 m，黄浦公园站5.86 m，防汛墙顶标高分别为7.30 m，6.90 m。防汛墙按地震烈度7度设防，结构为Ⅰ级水工建筑物）进行加高加固或改建、新建，目前已基本完成达标建设。

黄浦江干流上游及其主要支流堤防在20世纪80年代前均以土堤为主，少数河段采取植物护坡绿化堤防、固土防浪，仅在一些集镇、岸边的作坊、店铺、仓库、渡口、码头处有构筑排桩基础以及排列整齐的条块石驳岸工程。

1991—2006年，上海市在国家统一部署下，实施太浦河与红旗塘的上海段工程，拦路港—泖河—斜塘拓宽疏通工程和黄浦江上游干流段工程。通过建设新堤或加高加固旧堤，使黄浦江上游及其主要支流堤防达到五十年一遇流域防洪标准。

2017年上海市防汛指挥部1号文规定，黄浦江上游段堤防新建或改造永久性防汛墙按2级水工建筑物设计，按百年一遇流域防洪标准（或历史最高标准）校核，使黄浦江上游堤防的设防标准进一步得到了提高。

2005—2010年，苏三期工程对苏州河河口—真北路桥防汛墙按Ⅱ等2级标准（五十年一遇防洪标准设防、百年一遇防洪标准校核）进行加高改造；2018年始，苏四期工程对苏州河真北路桥—规划苏西闸防汛墙按Ⅱ等2级标准进行加高加固改造，使苏州河苏西闸以下干流段堤防工程基本实现了全线达标。苏州河规划苏西闸—省界的堤防已列入即将实施的吴淞江工程项目中，届时苏州河堤防将实现全线达标。

2.6　堤防工程结构类型

1. 市区防汛墙

上海市区的堤防工程，按功能划分，高出地面部分称为防汛墙，墙身在地面高程以下称为护（驳）岸，兼有上述两部分结构的城市堤防工程统称为防汛墙工程。现有防汛墙类型可以按照基础结构和墙身结构的不同进行划分。目前常见的有高桩承台式防汛墙（图2-6）、低桩承台式防汛墙(图 2－7、图 2－8)、拉锚板桩式防汛墙(图 2－9)、护坡式防汛墙(图 2－10)、L 形防汛墙(图 2－11)和重力式防汛墙(图 2－12)。

少数地段的防汛墙在结构上进行了改形,例如,将高桩承台式防汛墙的墙身改为空厢(图 2－13),或者将上部墙身与下部护(驳)岸结构分开布置,构成前驳岸、后墙身的两级挡墙组合式(图 2－14),以及利用原有老结构,将新老结构连接成整体的外贴式防汛墙(图 2－15)。

2. 上游堤防

上游堤防原来大部分为梯形斜坡土堤,迎水坡有块石或混凝土护坡,堤内、堤外有青坎。目前,上游堤防部分已改为护岸工程,护(驳)岸工程结构形式与市区防汛墙相类似。分为有桩基和无桩基两类,有桩基的为高桩承台式防汛墙及低桩承台式防汛墙(图 2－6、图 2－7、图 2－8),无桩基的为重力式。图 2－11 和图 2－12 所示的结构断面形式目前在上游堤防中运用较为普遍,特别是支流闸外段基本上都是这种结构形式。图 2－16 是有桩基的上游堤防工程中较为典型的断面图。近年来,随着上游堤防设施标准的提高,新建或改造的堤防结构形式一般以高桩承台结构(图 2－6)为首选。

1) 高桩承台式防汛墙

断面如图 2－6 所示,基础为前排(迎水侧)封闭式钢筋混凝土板桩(钢板桩、密排桩等),后排为离散式钢筋混凝土方桩(灌注桩、钢管桩、管桩等),承台底板露出河床泥面以上,上部为钢筋混凝土墙身。此种结构的防汛墙优点是结构稳定、安全可靠,施工时可赶潮施工,不需筑围堰,但由于前排桩露出泥面,若基础桩脱榫极易造成土体流失,导致墙后地坪渗水。高桩承台式防汛墙是目前黄浦江、苏州河上新建防汛墙采用的主要结构形式。

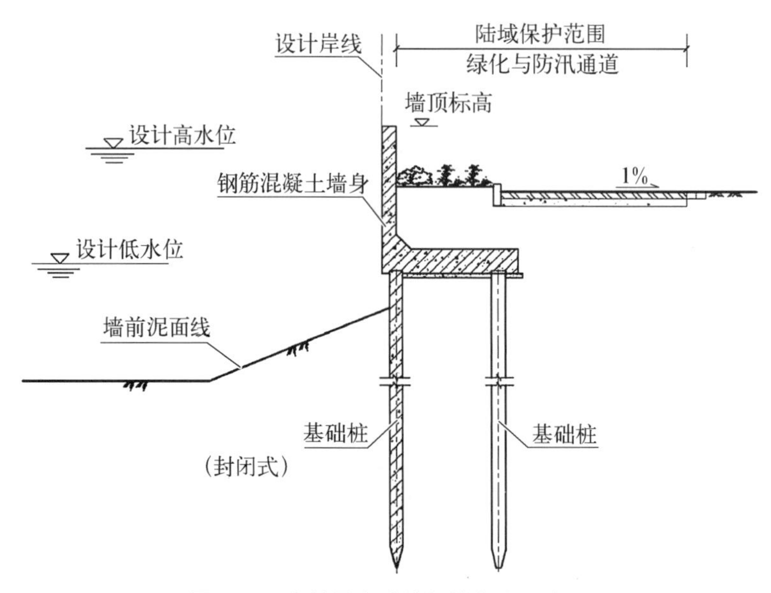

图 2－6　高桩承台式防汛墙断面示意图

2) 低桩承台式防汛墙

断面如图 2－7 和图 2－8 所示,基础桩前后排多为离散式钢筋混凝土方桩(灌注桩、

PHC 管桩等)，结构承台底板位于河床泥面线以下，上部建钢筋混凝土或浆砌块石墙身。其优点是结构稳定、安全可靠，但由于基础桩为离散式布置，如果墙前泥面遭遇淘刷，使之底板裸露，则将导致底板下部淘空，形成防汛隐患或险情。目前，新建防汛墙如采用低桩承台结构形式，一般墙前岸坡都设有护坡或在底板下设置前趾坎予以加强防冲刷保护。图 2－7 结构断面形式常用于支河闸外段，图 2－8 结构断面形式在内河堤防上采用较为普遍。

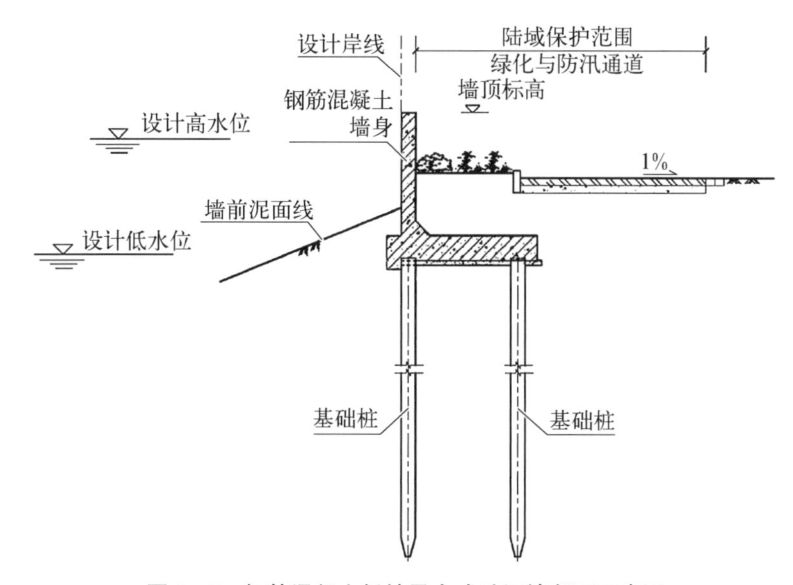

图 2－7　钢筋混凝土低桩承台式防汛墙断面示意图

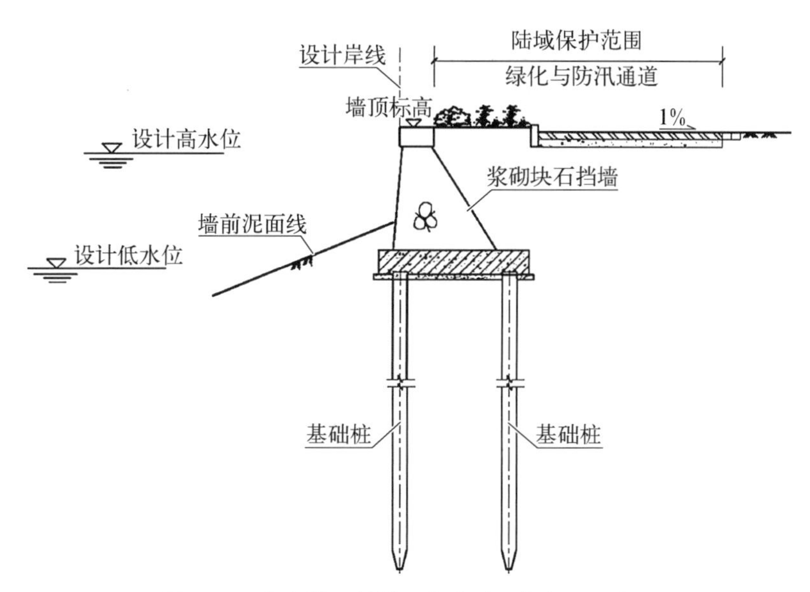

图 2－8　浆砌块石低桩承台式防汛墙断面示意图

3）拉锚板桩式防汛墙

断面如图 2－9 所示，基础桩为单排钢筋混凝土板桩，桩顶通过导梁形成锚固端，通过拉杆与后侧锚碇结构锚固,达到结构稳定,基础桩上部为钢筋混凝土胸墙。此种结构常见于驳岸兼作小型中转码头的岸段,其优点是墙顶侧向位移较小,不足之处是其后方要有较宽的场地,且墙后场地堆载有控制,因此使用受到较大限制。目前,在新建防汛墙兼作码头使用的工程中,该种结构形式基本上已不采用,而改用多排基础桩的高桩承台结构形式替代。

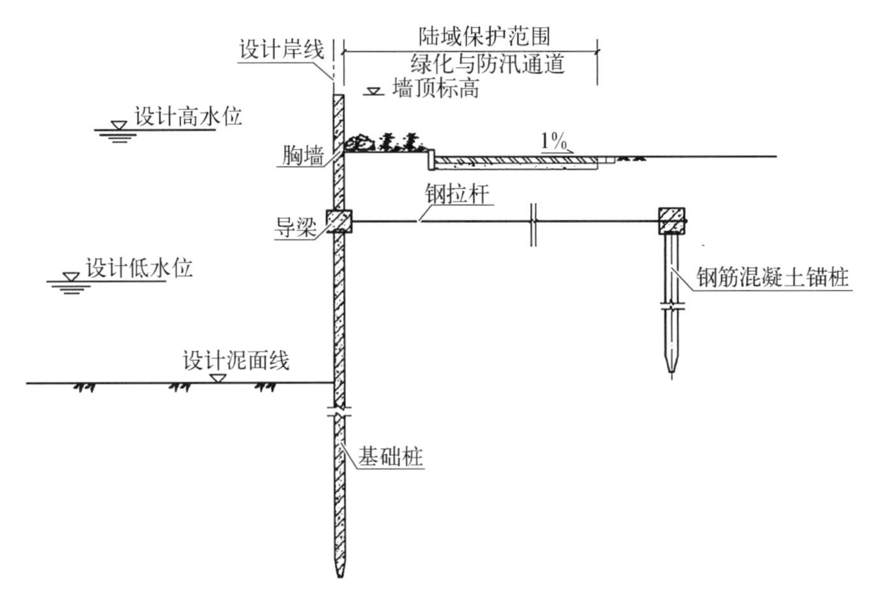

图 2－9　拉锚板桩式防汛墙断面示意图

4）护坡式防汛墙

断面如图 2－10 所示,护坡式防汛墙由钢筋混凝土墙身和护坡两部分结构组成。墙身可设置成 L 形、斜角或倒 L 形。迎水坡面设有浆(灌)砌块石或混凝土护坡,坡脚处一般都设有块石或混凝土镇脚或短桩(板桩、方桩)进行止滑。其优点是较为经济,缺点是护坡面易出

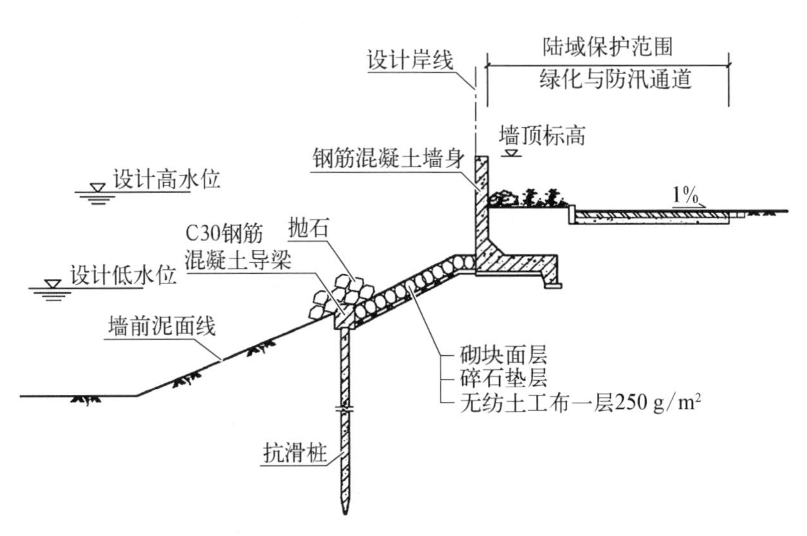

图 2－10　护坡式防汛墙断面示意图

现局部下沉或开裂现象，下坎如受淘刷会造成下坎外倾、倒塌，导致护坡面滑移塌陷，危及墙体安全。护坡式防汛墙一般分布在支流河段上。另外，在黄浦江附近岸前码头如与河岸线采用栈桥连接脱开布设的，其后侧防汛墙一般多采用护坡式防汛墙。

5）L 形钢筋混凝土防汛墙和重力式防汛墙

断面如图 2－11 和图 2－12 所示。无桩基的 L 形防汛墙和重力式防汛墙适合于墙前滩面稳定的岸段。若岸前出现冲刷或超挖，极易造成结构失稳。目前，在新建和改建防汛墙工程中，该种结构形式在黄浦江与苏州河岸线上已不再采用，但在郊区的村以及镇河道上使用较普遍。

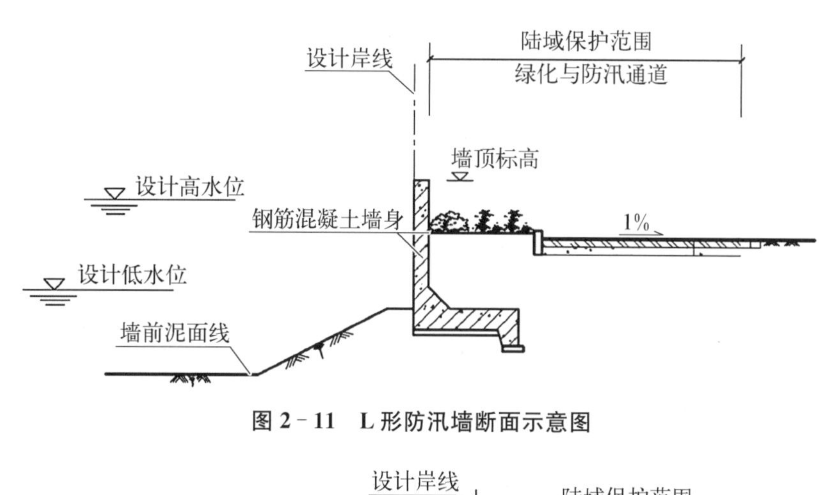

图 2－11　L 形防汛墙断面示意图

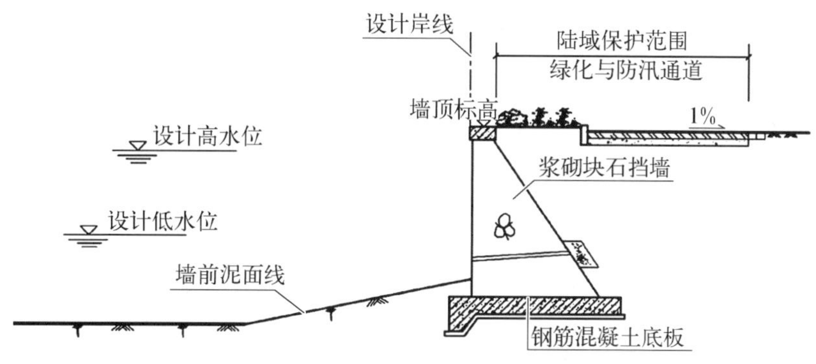

图 2－12　重力式防汛墙断面示意图

6）空厢式结构防汛墙

断面如图 2－13 所示，在原有防汛墙结构上进行改形。主要为适应地区的交通与景观规划要求而布设。空厢式结构防汛墙需占用河道面积，一般情况下不建议修建。目前空厢式结构防汛墙主要分布在黄浦江武昌路至新开河段岸线上。

7）两级挡墙组合式防汛墙

断面如图 2－14 所示，将迎水侧防汛墙上部墙身与下部（地面地下部分）护岸结构分开布置，构成前驳岸（第 1 级挡墙）和后墙身（第 2 级挡墙）的两级挡墙组合式防汛墙，允许水位淹过前驳岸，后墙身墙顶标高须满足防汛要求，二级挡墙结构均须满足防汛墙设防标准。两级挡墙组合式防汛墙是目前为适应城市滨江环境景观发展需求、在黄浦江和苏州河两岸的公共岸线新建或改建防汛墙采用的主要结构形式之一。两级挡墙式防汛墙其第 1 级、第 2 级挡墙之间的区域亦属防汛墙管理保护范围。

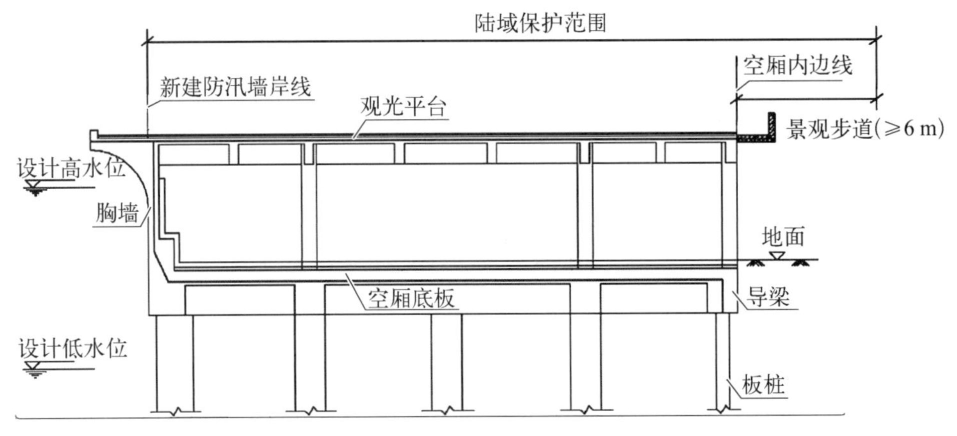

图 2-13 外滩空厢式结构防汛墙断面示意图

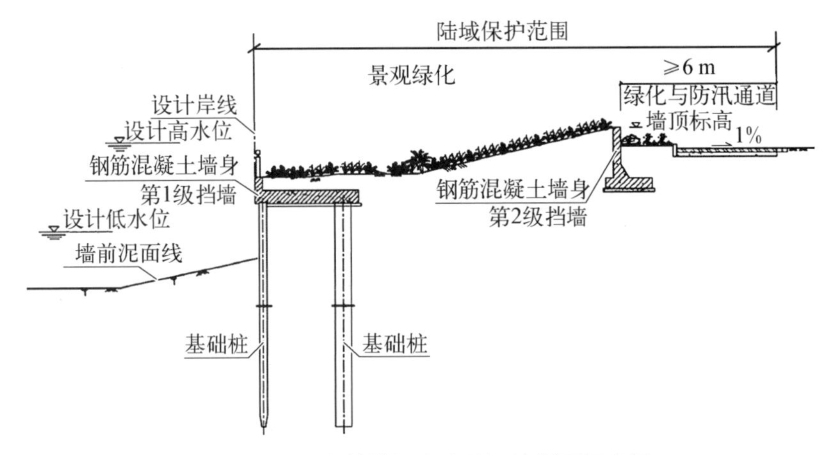

图 2-14 两级挡墙组合式防汛墙断面示意图

8）外贴式防汛墙

新老墙体通过锚筋连接成整体，此类结构主要是原有老结构为块石体，为弥补墙身抗渗不足而设置，一般分布在郊区段以及支流河段。根据场地条件不同，也有采用内贴式加固形式的。目前，随着城市建设的快速发展，该种结构形式已较少采用，多被骑跨式高桩承台结构形式所代替。

9）堤坝式防汛墙

断面如图 2-16 所示，堤身结构为土堤，堤顶为硬质（混凝土或沥青）道路，堤顶标高须满足防汛要求，堤内坡后有青坎，堤外（迎水侧）因航道要求目前大部分已改为护岸工程，结构类似于图 2-10、图 2-11 和图 2-12。堤坝式防汛墙主要分布于黄浦江上游的太浦河、红旗塘等岸段。堤坝式防汛墙的主要特点是堤岸内外侧坡面均为绿化所覆盖，因此堤岸出现的隐患不易被发觉，对堤防巡查的要求相对较高。

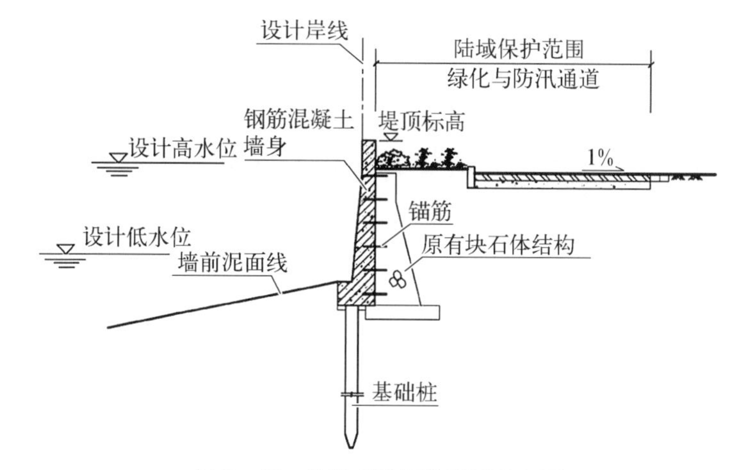

图 2-15　外贴式防汛墙断面示意图

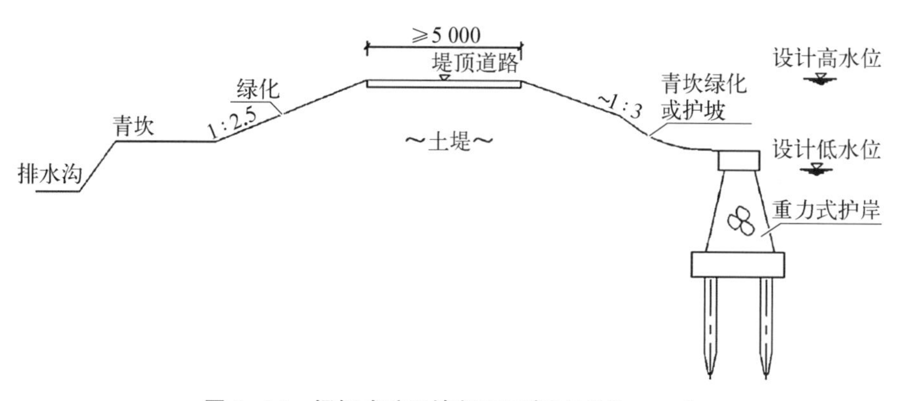

图 2-16　堤坝式防汛墙断面示意图(单位：mm)

3. 新型堤防(防汛墙)结构形式

1) 防撞式防汛墙

在原有直立式防汛墙的基础上，每隔 15 m 左右在迎水侧增加一道扶壁结构，以提高墙体的刚度，达到提升防撞能力的目的。该结构主要用于上游来往船只较频繁的岸段，如图 2-17 所示。

2) 新组合式金属防洪挡板

由两侧的主体立柱(含定位片)、分段轨道、抗压背挡斜撑、门板、底座和压迫锁座配件共同组成，如图 2-18 所示。此种类型防洪挡板可用于应急抢险，配件及装置平时可收纳于邻近仓库。组合式金属防洪挡板分为单段型和多段型闸门两种，可以短时间完成拼装。

3) 组合式装配式挡墙

组合式装配式挡墙采取整体预制，挡墙端头设置凹凸榫连接，挡墙墙身设置螺栓连接，底板通过自身重力压紧，形成一节 15 m 长的标准段二级防汛墙，两节防汛墙之间设 20 mm 伸缩缝，缝中部预留凹槽，凹槽内设置止水材料，表面采用双组份聚氨酯密封胶嵌缝，如图 2-19 所示。该防汛墙结构具备施工速度快、可重复利用等优势。

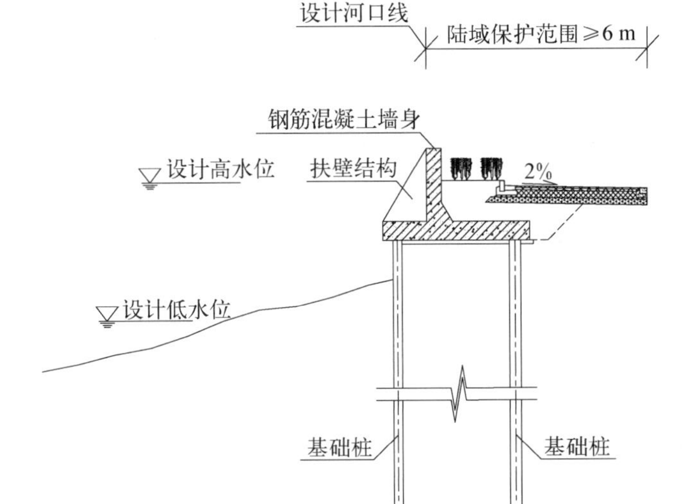

图 2-17　防撞式防汛墙结构图

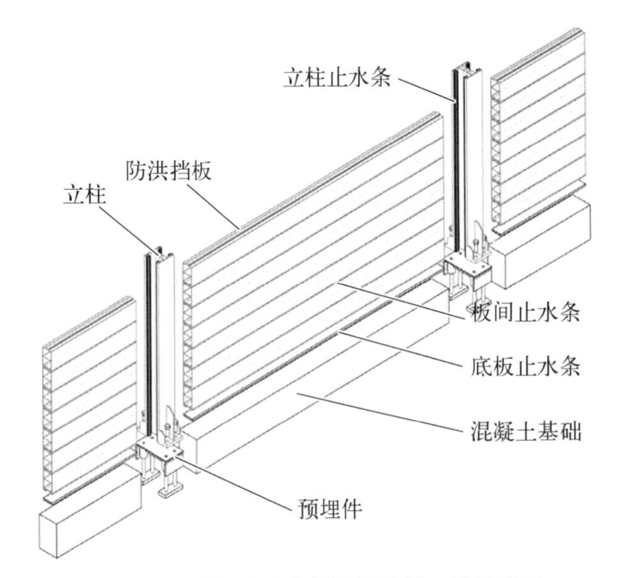

图 2-18　新组合式金属防洪挡板三维结构图

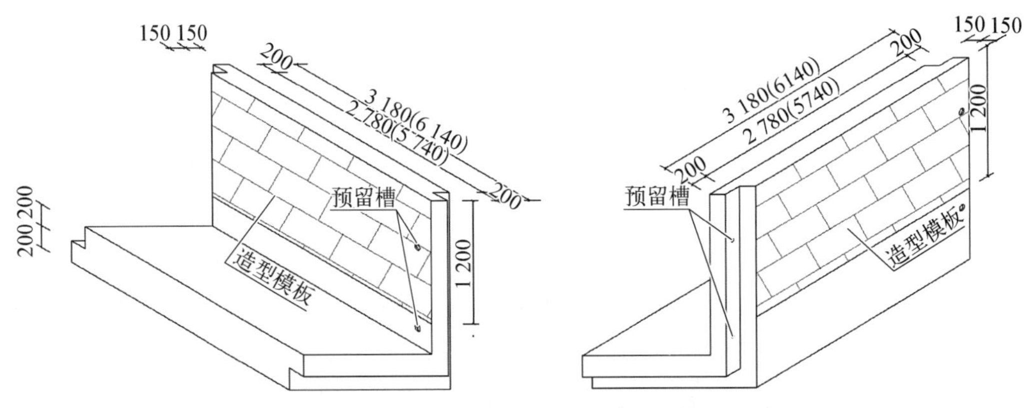

图 2-19　组合式装配式挡墙三维结构图(单位：mm)

4) 生态花槽堤防

在原有直立式堤防的结构上，利用原有导梁设置生态花槽，在花槽内种植水生植物，如图 2－20 所示。使单一枯燥的直立式墙体与规划景观要求相匹配，提升堤防安全，丰富生态景观效果。

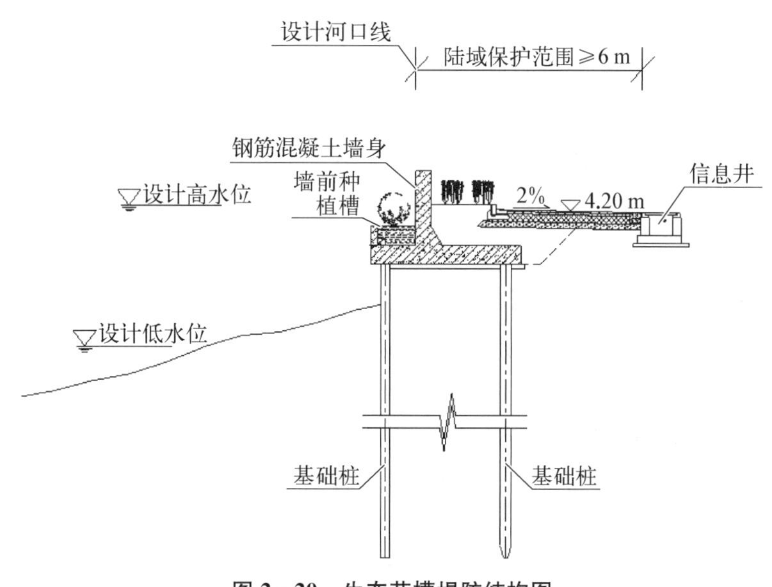

图 2－20　生态花槽堤防结构图

2.7　堤防工程设施现状

上海堤防工程经过 60 多年来的改造发展，工程建设标准逐步提高。特别是改革开放以来，上海市政府投入了大量的人力、物力与财力，对黄浦江、苏州河两岸堤防(防汛墙)普遍进行了加固改造，堤防(防汛墙)防御能力得到了进一步的提高。为保障城市正常的运行秩序和人民群众生命财产安全，堤防工程对维护社会和谐稳定起到了十分重要的奠定作用。目前，全市范围内以堤防(防汛墙)为主体的千里江堤防洪挡潮封闭体系已建设完成，部分区域岸线上的防汛设施实现了可视化自动监控管理，堤防(防汛墙)结构布置形式随着黄浦江、苏州河两岸滨江、滨河规划开发开放的需要，同步进行了改进与调整。现今的堤防(防汛墙)由过去单一的安全挡潮，已逐步融入了滨水景观、生态、文化等多元化的综合功能。堤防(防汛墙)在滨江、滨河两岸已形成一道既安全又亮丽的风景线。

1949 年以来，堤防在原有工程的基础上经过 4 次大规模的加固改造，结构形式相对复杂，根据对以往防汛墙资料调查分析，上海市的堤防工程主要有下列特点。

(1) 堤防(防汛墙)先后经过了几次加固改造，其结构往往不是单一的典型结构形式，工程结构个案特性较强。

(2) 由于建造时间跨度较长，堤防(防汛墙)上、下两部分结构可能是不同时期建造的，其使用的建筑材料差别较大，结构资料部分丢失或分散在历次工程建设档案中，结构资料的完整性较差。

(3) 由于岸线隶属关系不同、建设年代不同、设计单位不同等原因，相邻岸段之间的防汛墙工程结构存在较大差异。

(4) 大部分防汛墙工程的加高加固，都是在原有工程基础上开展设计的，随着水情与工情的变化，堤防(防汛墙)结构可能存在一定缺陷。

根据现场调查，黄浦江和苏州河堤防现状主要问题如下。

(1) 黄浦江部分岸段现状防汛墙建设年代久远，经多年运行存在不同程度的老化破损，存在如下问题。

① 黄浦江市区防汛墙部分岸段由于建成时间较长、自然沉降等原因，存在防汛墙老化破损、墙体高度不足、局部岸段结构欠稳定、部分岸段渗流稳定性不满足等问题；部分岸段还存在违规堆载、违规疏浚等行为，可能引发防汛墙失稳险情。

② 上游干流及其支流堤防部分岸段存在河势变化较大问题，主要集中在黄浦江上游干流段及拦路港。堤防普遍无护坡、护脚结构，受通航船行波、螺旋桨转动淘刷影响，墙前泥面均有不同程度的刷深，造成底板埋置深度不足，影响结构安全稳定。

③ 黄浦江沿线专用岸段防汛闸门存在部分门型可靠性差、门顶高程不达标、构件有损坏等问题；潮闸门(拍门)存在构件有损坏、养护不及时等问题。

(2) 苏州河防汛墙在高水位运行时还存在渗漏问题，目前从各区正在开展的滨江贯通工程情况发现，防汛墙受周边工程施工影响，一旦土体受到扰动，将产生渗漏隐患。同时还发现苏四期范围内部分经营性岸段防汛墙尚未达标的情况。

(3) 黄浦江、苏州河堤防安全监测体系尚未建成。

(4) 黄浦江、苏州河堤防存在断点，亲水功能较差，生态、景观、文化、科技等功能有待提升。

2.8 堤防设防标准

为适应城市建设发展，满足堤防精细化管理的需求，确保黄浦江、苏州河堤防(防汛墙)设施的安全，根据《上海市防汛指挥部关于修订调整黄浦江防汛墙墙顶标高分界及补充完善黄浦江、苏州河非汛期临时防汛墙设计规定的通知》(沪汛部〔2017〕1 号)规定，黄浦江、苏州河防汛墙设计标准按表 2-2、表 2-3 和表 2-4 要求执行。

2.9 堤防工程设施的基本要求

堤防工程设施应在满足安全功能的前提下，统筹贯通、景观、生态、文化、智慧等功能要求。

表 2-2　黄浦江市区段防汛墙设计水位及墙顶标高分界表　　单位：m

序号	起讫地段		永久性防汛墙					非汛期临时防汛墙	
	浦西	浦东	设计高水位	设计低水位	防汛墙设计标高	地震情况		防御水位	墙顶标高
						高水位	低水位		
1	吴淞口—钱家浜	吴淞口—草镇渡口	6.27	0.38	7.30	5.74	0.76	5.40	5.80
2	钱家浜—定海桥	草镇渡口—金桥路	6.20	0.46	7.20	5.64	0.77	5.35	5.75
3	定海桥—苏州河	金桥路—丰和路	6.00	0.58	7.00	5.48	0.92	5.30	5.70
4	苏州河—复兴东路	丰和路—张杨路	5.86	0.69	6.90	5.36	1.08	5.20	5.60
5	复兴东路—日晖港	张杨路—卢浦大桥	5.70	0.74	6.70	5.28	1.12	5.10	5.50
6	日晖港—龙耀路	卢浦大桥—川杨河	5.50	0.87	6.50	5.07	1.23	5.00	5.40
7	龙耀路—张家塘港	川杨河—华夏西路	5.40	0.91	6.40	5.02	1.26	4.90	5.30
8	张家塘港—淀浦河	华夏西路—三林塘港	5.30	1.00	6.20	4.89	1.33	4.80	5.20
9	淀浦河—春申塘	三林塘港—浦闵区界	5.20	1.04	6.00	4.84	1.36	4.70	5.10
10	春申塘—六磊塘	浦闵区界—周浦塘	5.10	1.12	5.80	4.72	1.42	4.65	5.05
11	六磊塘—闵浦大桥	周浦塘—闵浦大桥	4.90	1.19	5.60	4.63	1.48	4.55	4.95
12	闵浦大桥—闸港嘴	闵浦大桥—金汇港	4.78	1.20	5.50	4.55	1.50	4.40	4.80
13	闸港嘴—沪闵路	金汇港—沪杭公路	4.67	1.20	5.40	4.36	1.50	4.35	4.75
14	沪闵路—西河泾	沪杭公路—千步泾	4.56	1.20	5.30	4.25	1.50	4.30	4.70

注：1. 高程基准点为上海吴淞高程。

2. 各分界点空间位置按浦西侧与浦东侧基本对等布置，位于支流河口的分界点位置统一至支流河口上游侧堤防里程桩号 0+000 位置，支河防汛墙的设计水位比照其下游干流段。

3. 永久性防汛墙采用黄浦江千年一遇高潮位（1984 年批准）设防，为Ⅰ等工程 1 级水工建筑物；支流段闸外闸区范围设计高水位考虑闸外水位抬高影响按比照水位增加 0.20 m 计算；支流河口第一座桥（河口无桥梁的为河口内 200 m 左右）往上游至支流闸外段防汛墙安全超高可按不低于 0.50 m 控制；复兴岛四周比照钱家浜—定海桥段设计水位，永久性防汛墙墙顶设计标高为 7.20 m。各对应岸段历史水位出现过超设计水位的，新建或改造永久性防汛墙建议按历史最高（低）水位进行校核。

4. 非汛期临时防汛墙墙顶标高采用非汛期两百年一遇高潮位，加不低于 0.40 m 超高控制（若临时防汛墙与施工围堰结合设在临水一侧，则围堰顶标高采用非汛期两百年一遇高潮位，加不低于 0.50 m 波浪高度控制），使用期限自每年 10 月 21 日至次年 5 月 31 日；需要在 10 月 1 日至 20 日设置临时防汛墙的，按汛期标准，其设防水位及墙顶标高同永久性防汛墙一致。非汛期及度汛临时防汛墙均按 3 级水工建筑物设计。

表 2-3　黄浦江上游段防汛墙设计水位及墙顶标高表　　单位：m

永久性防汛墙		非汛期临时防汛墙	
设防标准	防汛墙设计标高	防御水位	墙顶标高
$P=2\%$	5.24	3.98	4.30

注：1. 高程基准点为上海吴淞高程。

2. 黄浦江上游段包括黄浦江上游干流段、拦路港段、红旗塘（上海段）、太浦河（上海段）和大泖港段（北朱泥泾及向阳河向下游至黄浦江干流段）。

3. 永久性防汛墙采用五十年一遇流域防洪标准设防，为Ⅱ等工程 3 级水工建筑物；各段因位置不同，设计高水位有所差异，但考虑到与流域河道及黄浦江上游干流段的衔接，防汛墙墙顶设计标高统一取 5.24 m。新建或改造永久性防汛墙建议按 2 级水工建筑物设计、一百年一遇流域防洪标准（或历史最高水位）校核。
4. 非汛期临时防汛墙墙顶标高采用非汛期五十年一遇高潮位，加不低于 0.30 m 超高控制（若临时防汛墙与施工围堰结合设在临水一侧，则围堰顶标高采用非汛期五十年一遇高潮位，加不低于 0.40 m 波浪高度控制），使用期限自每年 10 月 21 日至次年 5 月 31 日；需要在 10 月 1 日至 20 日设置临时防汛墙的，按汛期标准，其设防水位及墙顶标高同永久性防汛墙一致。非汛期及度汛临时防汛墙均按 4 级水工建筑物设计。

表 2-4　苏州河（吴淞江上海段）防汛墙设计水位及墙顶标高表　　单位：m

序号	起 讫 地 段	永久性防汛墙		非汛期临时防汛墙	
		防御水位	防汛墙设计标高	防御水位	墙顶标高
1	河口—真北路桥	4.79	5.20	4.22	4.55
2	真北路桥—蕰藻浜			3.92	4.25
3	蕰藻浜—江苏省省界			3.41	3.75

注：1. 高程基准点为上海吴淞高程。
2. 永久性防汛墙采用五十年一遇流域防洪标准设防（按一百年一遇防洪标准校核），同时应满足二十年一遇除涝标准，为Ⅱ等工程 2 级水工建筑物。
3. 非汛期临时防汛墙墙顶标高采用非汛期五十年一遇高潮位，加不低于 0.30 m 超高控制（含临时防汛墙与施工围堰结合设在临水一侧），使用期限自每年 10 月 21 日至次年 5 月 31 日；需要在 10 月 1 日至 20 日设置临时防汛墙的，按汛期标准，其设防水位及墙顶标高同永久性防汛墙一致。非汛期及度汛临时防汛墙均按 4 级水工建筑物设计。

堤防工程设施安全性包括结构自身安全和防汛功能两方面：一方面，要不倒、不垮、不坍、不滑，保证结构自身的安全；另一方面，要不渗、不漏、不漫、不溢，保证承担防汛功能，确保城市安全。因此，堤防工程必须满足下列基本要求。

（1）应达到相应建筑物等级。

（2）应考虑各种设计工况及荷载组合。

（3）必须达到设计的墙顶高程。

（4）必须满足强度要求。

（5）必须满足抗倾、抗滑和地基整体稳定性要求。

（6）必须满足抗渗要求和渗透稳定性要求。

第3章

自 然 灾 害

3.1 潮汐

1. 潮汐水流

海面周期性的垂直涨落称为潮汐，人们称白天为“朝”，夜晚为“夕”，因此，就将白天出现的海水涨落现象称为“潮”，而将夜晚的海水涨落称为“汐”，合称为“潮汐”。

潮汐涨落现象同日月运行有着密切的关系，月球距离地球近，是产生潮汐的主要因素。

黄浦江为湖源型感潮河流，长江下泄的巨大水量在东海潮汐顶托下，流入黄浦江，出现“涨的东海潮，进的长江水”的现象。在黄浦江水系的总水量中，吴淞口进潮量占 73.3%，潮汐是黄浦江水位变化最主要的特征。黄浦江潮汐性质属于浅海河口非正规半日潮，河口吴淞站，平均高潮位 3.28 m，平均潮差 2.27 m，平均涨潮历时 4 h 33 min，平均落潮历时 7 h 52 min，全潮历时 12 h 25 min。潮波沿江上溯时，涨潮历时减短，落潮历时加长，平均高潮位与平均潮差均有所降低。黄浦江潮流可达淀山湖沪浙边界，潮区界在苏嘉运河平湖塘一带，水位不再出现潮汐变化，潮差为零。

2. 潮位

潮位主要由天文潮和气象潮两部分组成，天文潮有严格的规律性，可根据天体运行规律进行推算和预报。农历的每月初三和十八日前后为大潮汛，这时的高潮位比其他时间高，初八和二十三日前后为小潮汛，这时的高潮位比其他时间低。

由风、气压、降雨等复杂的气象因素所引起的非周期性水面升降现象，称为气象潮。如风暴潮是由强烈的大气扰动，类似强风和气压骤变所导致的海面异常升高现象。它结合天文潮，尤其与天文大潮相遇的时候，能引发巨大灾害。风暴潮灾害是我国及世界沿海地区的主要自然灾害之一。

黄浦公园站预报和实测的潮位，是天文潮与气象潮的综合潮位，一般较于天文潮都有明显的增、减水现象。由于长江口面向东北，上海地区在刮东风与北风时，多产生增水现象，风速越大，增水越高，持续时间越长，增水越高。反之，如是背岸风向，则引起减水。

根据水文、气象及气候的不断变化，目前上海地区每年自 6 月 1 日至 9 月 30 日定为汛期，其余为非汛期，7 月、8 月、9 月三个月为上海的主汛期。该季节受热带气旋、暴雨和风暴潮影响较大。

3. 气象因素对潮位的影响

1）热带气旋对潮位的影响

当热带气旋经过上海，若风向是东北风，恰好垂直于海岸的迎岸风，则引起海水涌进长江口，出现显著增水；反之，刮西风，则增水不明显。无论是沿海北上台风或者是登陆的台风，当台风中心经琉球群岛进入东经 125°以西、北纬 28°以北时，对上海就有较大的威胁。若台风侵袭时遇大潮汛，则增水更大。因此，热带气旋是引起上海高潮位增水的最主要的原因。

2）暴雨对潮位的影响

暴雨时的地表径流主要造成内河水位的提高，这时若遇天文高潮顶托或关闸，使内河水位更高，积水不能及时排泄，就会造成水灾。

3）气压对潮位的影响

气压高低也能引起增、减水，气压增大引起减水，气压减小引起增水。按一般经验，气压减少 100 Pa，增水 1 cm。有时冷锋过境，也能明显抬高潮位。春节期间，正值大潮汛，如遇寒流过境，刮东北风或偏北大风，则往往引起较大增水，俗称“拜年潮”，须注意防范。

4）全球气候变化及海洋反常现象对潮位的影响

人类生活的地球气温在不断升高，这会引起海洋水位抬高。这一严重影响不可低估，尤其是海平面升高将加剧风暴潮灾害，使洪涝威胁增大。同时，地面沉降也会相对地使潮水水位增高。

3.2 暴雨

降水是常见的自然现象，包括液态的雨、固态的雪、雹以及雾等降水凝结物，从云中降落到地面。暴雨是强降水，即降水强度很大的雨。一场暴雨，有时会造成洪涝，给人们带来灾难，所以说暴雨是一种气象灾害。当然，干旱之后降雨是久旱逢甘霖，会给人们带来益处。

1. 暴雨强度等级及暴雨极值

暴雨是在短时间内出现的大量降雨，这里所指的时间，可以是 5 min，10 min，1 h，24 h 不等。如 1 h 降雨≥16 mm，12 h 降雨≥30 mm，按照标准均为暴雨。降水量等级划分如下。

小雨：24 h 内雨量≤10 mm；

中雨：24 h 内雨量在 10.1～25 mm；

大雨：24 h 内雨量在 25.1～50 mm；

暴雨：24 h 内雨量在 50.1～100 mm；

大暴雨：24 h 内雨量在 100.1～200 mm；

特大暴雨：24 h 内雨量在 200 mm 以上。

暴雨一般多出现在汛期，11 月下旬至次年 3 月中旬一般少有暴雨。

2. 上海地区的暴雨类型

上海地区出现暴雨灾害的概率较高，汛期暴雨相对集中，在春秋季节也有暴雨危害。

1）春雨型暴雨

一般在4月中旬—5月中旬发生，强度多在100 mm/24 h以下，有时伴有强对流天气，短时降水强度较大。由于在非汛期降暴雨，如防御准备不足，则会造成损失。

2）梅雨型暴雨

6月中旬—7月上旬是江南梅雨季节，多雨阴湿，降水频繁，雨量充沛，常有雷暴雨和阵雨，大暴雨甚至特大暴雨也时有发生，会造成严重的洪涝灾害。如1999年在长达43天的梅雨期间，出现了连续8天的持续性暴雨，其中6月7日—11日又遇天文大潮，受大潮汛顶托，上游洪水下泄受阻，内河水位暴涨，中心城区120多条道路积水，虹桥机场因积水停航，部分堤防出现漫溢致使沿河两岸的企业、民房、农田受淹，洪涝灾害导致全市经济损失约9.8亿元。

3）台风暴雨

7—9月出现概率较大，暴雨持续时间大都在12 h左右，最长可达72 h，这期间正是热带气旋盛发期，热带气旋内部有强烈的上升运动，将周围洋面上的水汽不断往里抽吸，使之产生极大的降水量。据统计，至今最强的暴雨基本是由热带气旋产生的。

4）强对流天气型暴雨

多发于5—9月，尤以7—8月较为突出，8月份最多；一般在下午1:00—3:00出现雷暴雨的频率最高。由于湿润空气强烈升降，形成对流性天气，当出现强对流天气时，往往伴随着狂风暴雨，称为雷暴雨。雷暴雨的特点是局部性强、历时短，伴有闪电和雷鸣，城市须做好防雷击的准备。上海地区有两个多雷暴的地带，一处在东北部，从宝山、浦东北部至南汇，沿长江、东海一带；另一处在西南部，从青浦至奉贤一带。近年来、随着城市热岛效应的作用，雷暴雨在市区也有增多的趋势。

5）秋雨型暴雨

当静止锋停滞在长江中下游一带，因受冷暖空气冲击时，往往引起暴雨反复出现，每年8月、9月发生，在秋雨阶段也是静止锋频繁活动时期，多有雷雨发生，防汛后期任务不能松懈。

3. 暴雨的危害

暴雨的主要危害是山洪暴发、泥石流、山体滑坡、江河泛滥、大面积积水等。暴雨形成洪水造成的灾害最为严重，由于来势迅猛，常冲毁堤坝、房屋、道路、桥梁，淹没农田村庄，严重危害国计民生。上海地势平坦，暴雨会造成道路积水、民居积水。如"01·8"连续大暴雨，2001年8月5日至9日，上海受热带云团和静止锋强降雨云团的影响，连续5天出现了暴雨和特大暴雨天气。其中8月5日至6日，徐家汇站测得日降雨量达275 mm，是上海解放以来从未遇到的。市区最大1 h降雨量超过81.6 mm，杨浦区站达到了105 mm，大大超过了市区排水系统的设防标准。"01·8"连续大暴雨造成市中心城区476条道路积水，324个街坊、

47 797 户企业、居民家中进水，郊区 101 条道路积水，17 023 户居民、企业进水受灾，15.2 万亩农田受淹，10 人伤亡(其中 2 人死亡)。据不完全统计，仅各保险公司，理赔金额近 1 亿元。

3.3 洪水

1. 洪水

洪水灾害和气候有直接关系，其次是地形。我国位于世界著名的季风气候区，受太平洋季风和印度洋季风影响，冬季雨量稀少，气候干旱，夏秋季温湿多雨，易发生洪水灾害。我国又是一个多山的国家，地势西高东低，河湖众多，海岸线长，且河流基本上自西向东流。这种地形有利于雨水汇流，从而易形成量级很大的洪水，导致上游山区和下游平原都会发生巨大的洪水灾害。

上海地区地势平坦，雨水充沛，夏季又多暴雨，还受长江口潮汐影响，以及上游太湖洪水过境的威胁，故时有洪水侵袭。据相关史料记载，上海地区遭受洪、潮、旱、涝等严重灾害，平均四年一遇，且受灾频率以洪水居首位。市区还常有雨涝和潮洪灾害。故洪水灾害也是上海城乡的心腹之患。

2. 洪水危害

从历史上洪潮灾害的成因分析，上海洪水主要有台风暴潮型和地区暴雨型两种，这也是我国沿海地区洪水的共性。台风暴潮型洪灾是上海出现次数最多、威胁最大、损失最严重的自然灾害。据实测资料分析，凡黄浦公园站出现 4.80 m 以上高潮位时，均系台风影响所造成的，对沿江、沿海地区造成较大潮灾威胁。上海地区 6—9 月的暴雨，多为梅雨、台风或雷暴雨所引起的，易造成内涝。当上游太湖洪水下泄时，如与高潮或地区性大暴雨相遇，将会大幅度抬高黄浦江与苏州河的水位，严重影响沿江地区的排涝效果，尤其是上海西部低洼地区的洪涝灾害将会加重。黄浦江是太湖流域最大的一条河流，承泄全流域一年中需要外排洪涝水量的 70%，经横贯上海市区的黄浦江排入长江口下泄东海。1954 年，太湖流域发生洪水，黄浦江上游各站出现当时的历史最高水位。1999 年，太湖洪水下泄对黄浦江沿线地区的排涝造成严重影响。2013 年，台风“菲特”给上海带来强降水，黄浦江米市渡站潮位达到历史最高的 4.61 m，超过此前最高的 4.38 m。2016 年，太湖流域受连续强降雨影响，水位异常偏高，太湖平均水位一度涨至 4.87 m，超过保证水位 0.22 m，为 1999 年以来的最高水位，也是历史实测第 2 高水位，超过警戒线持续 46 天，为 1999 年以来超警历时最长的一年，受太湖水位影响，6 月、7 月份黄浦江上游水位普遍较常年偏高 30～50 cm。2019 年，台风“利奇马”期间，苏州河在有河口闸控的前提下，其黄渡站潮位达到了 4.18 m 的历史最高位，超过 1928 年历史最高水位 0.04 m。此外，长江洪水下泄对上海也有一定影响，据历史资料分析，当长江大通站流量达 96 000 m^3/s 时，吴淞口增水有可能达 15～30 cm。

3.4　热带气旋(台风)

1. 热带气旋

热带气旋是发生在热带或副热带洋面上伴有狂风暴雨的大气涡旋。它是一团在大气中绕着中心作逆时针方向急速旋转的，同时又向前移动的空气涡旋，气象学上称为气旋，因这种大气中的涡旋产生在热带海洋，故称为热带气旋。它主要是依靠水汽凝结时放出的潜热而发展的，其形状像旋转的陀螺，边行边转，越转越大。热带气旋是影响我国的主要灾害性天气系统之一，也是对上海威胁最大的自然灾害之一。它对工农业生产和人民生命财产的安全有重大影响，常会造成严重损失。但是，热带气旋也能给伏旱缺雨的地区带来充沛的雨水。

2. 热带气旋等级标准

根据2006年5月9日国家标准化管理委员会批准的《热带气旋等级》(GB/T 19201—2006)，将热带气旋分为6个等级，见表3-1。

表3-1　热带气旋等级划分表

热带气旋等级	底层中心附近最大平均风速/($m \cdot s^{-1}$)	底层中心附近最大风力/级
热带低压(TD)	10.8～17.1	6～7
热带风暴(TS)	17.2～24.4	8～9
强热带风暴(STS)	24.5～32.6	10～11
台风(TY)	32.7～41.4	12～13
强台风(STY)	41.5～50.9	14～15
超强台风(SuperTY)	≥51.0	16或以上

3. 影响上海热带气旋的6条移动路径

(1) 正面袭击。这类热带气旋次数不多，占上海市热带气旋总次数的8%，特征是热带气旋正面登陆上海或侵入东经123°以西的上海海岸带，影响严重，最大风力可达10级以上。

(2) 西行。这类热带气旋次数最多，占到上海市热带气旋总次数的50%，特征是热带气旋西行登陆浙江、福建、广东或在其附近消失，对上海影响较大，尤其在北纬25°以北登陆(占31%)的影响更大，上海常出现大风和暴雨。

(3) 近海北上。这类热带气旋次数占上海市热带气旋总次数的21%，特征是热带气旋沿东经125°附近北上，过了北纬30°，其中一部分转向东北，入日本海；另一部分在黄海西折，侵袭山东或辽宁，对上海影响较大，特别是经东经125°以西北上者(占12%)影响更大。

(4) 东北行。这类热带气旋次数占上海市热带气旋总次数的12%，特征是热带气旋从南海向东北方向移动，登陆广东后继续向东北方向移动，进入浙江、福建后重新入海，对上海的影响风力较小，但可能有暴雨。

(5) 远海转向。这类热带气旋次数占上海市热带气旋总次数的6%，特征是热带气旋在太平洋上形成后，向西北方向移动，然后在琉球群岛以东转向东北，对上海影响较小。

(6) 中转向。这类热带气旋次数较少，仅占上海市热带气旋总次数的3%，特征是热带气旋在台湾省附近较低纬度处转向，因距离上海较远，影响较小。

7月中旬到8月底是热带气旋影响上海的盛期，在浙江中北部沿海到长江口登陆的机会最多，在近海转向的也多，会给上海带来狂风、暴雨和高潮。若是9月份的热带气旋，要特别警惕上海地区出现大范围暴雨的可能。若受热带气旋影响时恰遇农历初三、农历十八前后的大潮汛，潮灾将是威胁堤防安全的主要因素。

4. 热带气旋对上海地区的影响

热带气旋几乎每年都要影响上海，平均每年2.6次。对上海影响的热带气旋多来自太平洋。热带气旋对上海的影响有以下几个特点。

(1) 季节性。影响上海的台风均出现在5—11月，其中以7月、8月、9月三个月最多，占全年的80%～90%，因此也称其为台风季节。

(2) 多样性。台风侵袭上海时，既有狂风又有暴雨，有时还形成高潮，多种灾害同时出现，呈现“二碰头”“三碰头”等多样性特点。

(3) 差异性。台风侵袭上海，其破坏程度在地域上有差异，沿海比内陆严重，东南部比西北部严重。

(4) 严重性。每次台风都会造成不同程度的经济损失或人员伤亡。因此，台风造成的灾害是上海自然灾害中最严重的灾害之一。

(5) 时效性。单次台风影响上海的时间不长，平均为2～3天，50%以上的台风持续时长1～2天。

5. 热带气旋的主要危害

热带气旋是一种极为猛烈的风暴，具有巨大的破坏力，对人类的主要危害是损毁树木、房屋、电杆等物件，海浪冲毁堤防，潮水淹没田地房屋，暴雨造成城市道路积水、房屋进水，导致人员伤亡和经济损失。1949年以来，对上海造成重大灾害影响的热带气旋主要有“4906号”台风、“6207号”台风、“7413号”台风、“8114号”台风、“9711号”台风、“派比安”台风和“麦莎”(0509号)台风等。

第 4 章

影响堤防安全的因素

4.1 自然灾害对堤防安全的影响

上海地区主要的水灾是潮灾和洪灾。市区范围内的洪灾和道路积水通常由暴雨产生，可以通过加强城市排水系统的建设和合理调度来加以解决。潮灾是水位猛涨上岸造成破坏的一种自然灾害，黄浦江下游的最高潮位高于上游。因此，潮灾的威胁也大于上游。由于黄浦江的水流主要来自于涨潮流，因此，防汛抢险主要是抗御潮灾，其下列特点应给予重视。

(1) 高潮位超过墙后地面高程的机会较多。以外滩为例，地面高程约 3.50 m，防御水位达 5.86 m，高出地面近 2 m，两年一遇频率的潮位为 4.50 m，仍然高出地面 1.0 m 左右。有些岸段，墙后地面高程更低，若防汛墙一旦决口，难以抗御潮水。

(2) 潮位受气象因素的影响较大。风、气压、降雨复杂的气象因素都会引起水面非周期性升降，即气象潮。其中，热带气旋是引起上海高潮位增加的最主要的原因。由于长江口面向东北，上海地区在刮东北风时，多产生增水情况，风速越大、持续时间越长，增水就越高。1981 年受“8114 号”台风侵袭，黄浦公园站实测潮位(5.22 m)比天文潮位(3.98 m)高 1.24 m；1997 年受“9711 号”台风侵袭，实测潮位(5.72 m)比天文潮位(4.23 m)高 1.49 m。气压降低也能引起增水，春节期间，正值天文大潮汛，如遇寒流，又刮东北大风，往往引起较大增水，俗称“拜年潮”。

(3) 多种自然灾害遭遇的概率较高。上海地处气象系统过渡带、中纬度过渡带和海陆相过渡带，天气情况复杂，灾害性天气时有发生。每年汛期，都要不同程度地遭受热带气旋、暴雨、高潮和洪水的袭击，而且这些自然灾害往往同时遭遇，出现“三碰头”“四碰头”现象，使灾情加重。1949 年后出现的“4906 号”台风、“6207 号”台风、“7413 号”台风、“8114 号”台风、“9711 号”台风、“派比安(0012 号)”台风、“麦莎(0509 号)”台风等则是典型的风、暴、潮“三碰头”自然灾害，2013 年“菲特”台风、2021 年“烟花”台风等则是典型的风、暴、潮、洪“四碰头”自然灾害。

(4) 黄浦江沿岸地表层的地质大多由杂填土、疏浚河道的吹填土，以及暗浜填土、淤泥等组成，一般厚度在 3～5 m，最高可达 10 m 左右，土质变化较大。

现状沿江沿河的防汛墙结构其承台底板底高程一般多设在水位变动区(2.00～2.80 m)范围。这使得地下渗流呈双向性，高潮位时向防汛墙墙后渗，低潮位时向河道内渗，长久往复，基底黏土颗粒逐渐淘失，出现渗水，久而久之形成进水通道，危及防汛墙安全。近年来，上游堤防屡现管涌险情，并导致局部墙体外倾，这就是基础淘空隐患所造成的。

4.2 人为因素对堤防安全的影响

堤防工程受人为活动影响，其工作状态和抗洪能力会不断发生变化，容易产生工程缺陷或其他安全问题。影响堤防安全的人为因素主要有以下几点。

(1) 堤防管理(保护)范围内未按许可要求开展地下工程、桥梁、码头、排水(污)口等建设活动。

(2) 堤防管理(保护)范围内擅自搭建各类建筑物、构筑物。

(3) 堤防管理(保护)范围内擅自改变堤防结构、设施。

(4) 堤防管理(保护)范围内船舶碰撞堤防、违章带缆泊船、装卸作业、堆放货物、安装大型设备、墙前疏浚、堵塞防汛抢险通道，以及其他可能影响堤防安全的活动。

(5) 堤防管理(保护)范围内爆破、取土、开挖、钻探、打桩、打井、敷设地下管线等活动，可能危及堤防安全。

(6) 堤防管理(保护)范围内从事水上、水下作业，可能影响河势稳定，危及堤防安全。

(7) 在防汛通道上行驶超设计吨位车辆。

上述影响堤防安全的人为因素中，以墙后堆载造成防汛墙出险的频次较高。如 2003 年 5 月 11 日，上海市宝山区场北码头因墙后违规堆载、违规疏浚，导致防汛墙结构失稳倾斜，260 m 长的防汛墙出现整体结构严重外倾，墙后地面开裂并严重下陷，地坪下陷最深处近 50 cm。2009 年 6 月 26 日，上海市闵行区莲花路桥以西，淀浦河南岸因墙后违规堆土，导致约 90 m 长的防汛墙整体外倾、撕裂，墙后地坪大面积塌陷，部分地层断裂，结构严重毁损。2017 年 8 月 1 日，闵行区上海闵南船厂因墙后违规堆载，导致防汛墙与墙前趸船的连接桥全部断裂，原连接栈桥和闸门口滑入水面。

4.3 灾害预警信号

为最大程度地保障公众的生命财产安全，上海市防灾害应急管理实施“蓝黄橙红”四色预警和“Ⅳ、Ⅲ、Ⅱ、Ⅰ”四级响应，见表 4 - 1，涉及堤防安全的灾害预警信号主要有高潮位、台风、暴雨等。

表 4－1　四色预警信号

预警信号响应	高潮位预警信号	台风预警信号	暴雨预警信号
Ⅳ	蓝	台风 蓝 TYPHOON	暴雨 蓝 RAIN STORM
	黄浦江苏州河口站高潮位将达到或超过 4.55 m；或吴淞站高潮位将达到或超过 4.80 m；或米市渡站高潮位将达到或超过 3.80 m	24 h 内可能或者已经受热带气旋影响，平均风力达 6 级以上，或者阵风 8 级以上并可能持续	12 h 内降雨量将达 50 mm 以上，或者已达 50 mm 以上且降雨可能持续
Ⅲ	黄	台风 黄 TYPHOON	暴雨 黄 RAIN STORM
	黄浦江苏州河口站高潮位将达到或超过 4.91 m；或吴淞站高潮位将达到或超过 5.26 m；或米市渡站高潮位将达到或超过 4.04 m	24 h 内可能或者已经受热带气旋影响，平均风力达 8 级以上，或者阵风 10 级以上并可能持续	6 h 内降雨量将达 50 mm 以上，或者已达 50 mm 以上且降雨可能持续；或者 1 h 内降雨量将达 35 mm 以上，或者已达 35 mm以上且降雨可能持续
Ⅱ	橙	台风 橙 TYPHOON	暴雨 橙 RAIN STORM
	黄浦江苏州河口站高潮位将达到或超过 5.10 m；或吴淞站高潮位将达到或超过 5.46 m；或米市渡站高潮位将达到或超过 4.13 m	12 h 内可能或者已经受热带气旋影响，平均风力达 10 级以上，或者阵风 12 级以上并可能持续	3 h 内降雨量将达 50 mm 以上，或者已达 50 mm 以上且降雨可能持续
Ⅰ	红	台风 红 TYPHOON	暴雨 红 RAIN STORM
	黄浦江苏州河口站高潮位将达到或超过 5.29 m；或吴淞站高潮位将达到或超过 5.64 m；或米市渡站高潮位将达到或超过 4.25 m	6 h 内可能或者已经受热带气旋影响，平均风力达 12 级以上，或者阵风 14 级以上并可能持续	3 h 内降雨量将达 100 mm 以上，或者已达 50 mm 以上且降雨可能持续；或者 1 h 内降雨量将达 60 mm 以上，或者已达 60 mm 以上且降雨可能持续

4.4 堤防(防汛墙)常见的险情

4.4.1 险情特点

堤防工程受自然因素和人为活动的共同影响,其工作状态和抗洪能力都会不断发生变化,并产生工程缺陷或出现其他问题,如不能及时发现和处理,一旦汛期出现高水位,往往会使工程结构或地基遭到破坏,工程的防渗挡潮功能将丧失,危害防汛安全。这就是通常所说的险情。

上海市的堤防工程险情有下列显著的特点,需要加以重视。

(1) 造成的损失较大。上海是一座国际化大都市,人口密集,经济发达,一旦出险,损失较大。除经济损失外,灾害带来的社会影响更是难以估量。

(2) 低潮位时也可能出险。高潮位时,若堤防失守,江河横溢,固然会造成重大的灾情。但是在上海地区,潮水位时涨时落,低潮位时,地基的孔隙水压力还未来得及释放,地下水位较高,若防汛墙墙后超载或墙前超挖,就有可能出现地基整体滑动的险情。近几年蕰藻浜、淀浦河等处出现了这种情况。

(3) 险情事先迹象不明显。上海目前的堤防工程基本上是钢筋混凝土结构,一般比较稳固且完整,部分地基被淘空时,整体结构虽不会立刻失事,但是一旦工作状态发生显著变化,就可能突然出险,危及安全。而且地基土体的流失一般都是被落潮时的反向渗流带入河道中的,平时不易被察觉。近年来,黄浦江上游拦路港河道多处防汛墙出现突然外倾、倒坍险情,其原因基本都是基础土体淘失。

(4) 抢险条件比较差。贯通的道路、宽敞的场地、充足的土源是防汛抢险重要的基本条件,但是目前在黄浦江、苏州河两岸,这些条件都比较差。近年来,随着滨江、滨河的开发建设,防汛墙墙后场地条件得到了一定改善,但由于历史原因,沿江沿河还有不少建筑物无法拆除,给防汛抢险的交通和场地带来了很大困难。如 2003 年董家渡轨道交通 4 号线抢险,受当时场地条件限制,抢险所需的砂、石料基本都是取自拦截并征用黄浦江上过往的砂石船,由于当时沿江均有建筑物阻挡,且墙后无场地,抢险物资只能临时征用沿江码头堆放,抢险人员也只能就近分散作息。另外,路面和场地的硬质化断绝了土料的来源,当时抢险所需的土料全靠外运调度解决。

4.4.2 险情分类

堤防工程要有足够的强度和稳定性,以保证结构自身的安全,堤防工程要能挡潮防渗,确保城市防汛的安全,与此相对应,堤防工程的险情分为两大类,一类是结构不牢,出现倒、垮、坍、滑等现象;另一类是潮(洪)水挡不住,出现渗、漏、漫、溢等情况。根据险情的特征,具体可以归纳为下列几种。

(1) 渗漏。包括地基土体渗水、裂缝漏水、伸缩缝止水破坏漏水等。

(2) 漫溢、倒灌。包括局部缺口溢流，墙(堤)顶漫溢，排水口闸阀(拍门)失灵、缺失状态下的倒灌等。

(3) 渗透变形。包括高潮位时正向渗流作用下的管涌、流土，低潮位时反向渗流作用下的土体流失、淘空等。

(4) 地基变形。包括结构整体沉降、墙前滩地淘刷、护坡损坏、墙后地坪坍塌等。

(5) 结构损坏。包括不均匀沉降、撞击等原因引起的防汛墙及泵闸侧墙、翼墙等结构的损坏。

(6) 整体稳定性破坏。包括因墙后超载、墙前超挖及其他原因引起的堤防工程地基整体失稳，导致结构滑动或倾覆。

(7) 其他破坏。包括闸门、闸门井、拍门等金属结构、机电设备的损坏。

4.4.3 险情处置要求

抢险工程是一项系统性工程，涉及社会各个方面。抢险工程又是一项政策性、技术性很强的应急工作，具有时间紧、任务急、技术性强、涉及部门多等特点。多年的防汛抢险实践证明，要取得抢险工作的全面胜利，一靠及时发现险情，二靠抢险方法正确，三靠人力、物料和后勤保障跟得上。

上海地区常见的险情及处置方式见附录 B。

第 2 篇 堤防巡查

本篇参考文献:

[1] 山东黄河河务局.河道工程抢险[M].郑州：黄河水利出版社,2015.

[2] 朱永和,蔡黎明.防汛救灾图解[J].农业灾害研究,2013,3(5)：39－50.

第 5 章

堤防巡查常识

5.1 堤防巡查常用设备工具

堤防巡查人员在日常堤防巡查中，常用的巡查设备工具有以下几种。

(1) 记录笔：即时记录巡查中发现的问题，以防疏忽遗漏。

(2) 卷尺：可随时对堤防设施出现的异常情况进行现场量测判定。

(3) 细绳：绳端配小坠锤，在细绳上标好刻度，探测墙前水深或滩面高度。

(4) 小瓶高锰酸钾：巡查中发现迎水侧有漩涡时，将其倒入漩涡中探查堤防渗漏路径。

(5) 铁锹：开沟引流，缩小险情影响范围。

(6) 三角小彩旗或彩色笔：现场做临时标识或记号。

(7) 巡查专用手机(手持终端)：巡查作业人员每次上岗作业必备工具。

(8) 测深杆：堤防(防汛墙)前沿滩面定期监测的作业工具。

(9) 水准仪、经纬仪、全站仪：传统测量设备，主要用于堤防(防汛墙)的水平位移和沉降位移观测。

(10) GPS - RTK：新型测量设备，可对堤防高程及平面位置变化进行动态观测，主要用于堤防(防汛墙)的水平位移和沉降位移观测。

(11) 无人机：可对堤防设施及排放口的安全运行进行遥控监测，主要用于涉堤在建项目及应急抢险工程的动态信息反馈。

(12) 无人测量船：可对河道水下地形进行遥控测量，主要用于河势变化较大的深泓及支河引排水区域。

(13) 水上巡查船：用于定期按区域从水上对堤防进行安全监测，查清水域侧堤防设施的安全和水环境情况。

上述第(1)～(6)是堤防巡查中用来判别和观察堤防设施是否存在异常情况时，经常使用到的必备工具。

巡查专用手机(手持终端)(7)是传递堤防设施安全管理信息的一种自动化信息化的操作设备。巡查作业人员在到达岸段起始处开启巡查专用 App 记录巡查轨迹，至巡查结束时退出 App，现场发现问题时通过 App 将问题上报至网格化系统。为此，巡查操作人员每次上岗巡查时必须按规定配带好巡查专用手机。

测深杆(8)是对于如码头两侧、排放口、保滩区以及墙后重要建筑物等堤防重要岸段,定期监测墙前滩面稳定情况的工具,以保证堤防设施的安全。测深杆具有携带方便、操作简单等特点,测深杆的使用是堤防巡查作业人员必须具备的一项工作技能。

水准仪、经纬仪和全站仪(9)是用于对堤防高程及平面位置变化进行静态观测的传统测量设备,可对堤防沉降及位移进行全面观测,作为薄弱岸段数据动态更新的来源之一。水准仪、经纬仪和全站仪的具体使用方法参见相关测量标准及仪器使用说明等。

GPS-RTK(10)是基于城市CORS系统,用于快速测量测点水平位置及竖向高程的测量设备,可对突发状况和疑似状况的堤防沉降及位移进行实时观测。

近年来,随着堤防管理工作要求的不断提高与升级,在黄浦江和苏州河堤防设施的管理中,已开始采用无人机(11)和无人测量船(12)进行堤防监测作业。采用无人机进行堤防监测,弥补了徒步巡查的不足,为因某些因素导致暂时无法进行巡查作业的空白点岸段巡查及重点关注区域信息的实时反馈创造了可能。无人测量船对加大河道水下地形的监测范围提供了良好的有利条件,弥补了测深杆的不足。

水上巡查船(13)弥补了陆上巡查不易发现的堤防迎水侧的问题,是完善陆上巡查管理不可或缺的组成部分。水上巡查船的船型基本参数及主要动力配置等,应根据工作需求及相关行业部门的要求进行购置。巡查船上必备的工具设备除上述第(1)～第(8)外,还包括以下几种。

(14) 航行设备:磁罗经1台、探照灯1套、测深仪1台、双筒望远镜1只、倾斜指示器1只(设于驾驶室)、船用时钟1只(设于驾驶室)、温度计1只、无液气压计1只、秒表1只,测深手锤1只等。

(15) 信号设备:信号灯、号型、号旗及声响信号等,信号设备应满足水上交通安全的需要。

(16) 消防设备:消防栓、灭火器、半圆形太平桶、太平斧、铁杆和铁钩等,消防设备具体型号、数量应根据消防要求和巡查船特点配置。

5.2　堤防巡查的经验

根据各地堤防巡查经验总结,巡查作业时应做到"四到"和"三清三快"。

1. "四到"

"四到"即手到、脚到、眼到、耳到。

(1) 手到,即用手探摸检查。在高水位时,对潮湿的墙面采用手掌探摸检查,借助于手掌触觉判断墙面是否渗水;在墙后有绿化、花草或者不易看清而有可疑的地方,应用手拨开检查。

(2) 脚到,即借助于脚走的实际感觉来判断险情。从温度来判别,上游堤防雨天沿堤脚都有水流,可以从水的温度来鉴别雨水或渗漏水,一般情况下,从堤内渗漏出来的水流总是低于当时雨水的温度;从土层软硬来鉴别,墙后土体如是由雨水泡软的,其软化只为表面一层,底部仍是硬的;若发现软化不是表层,而是踩不着硬底,或者表面较硬而里面软,则可能存在险情。

(3) 眼到,即通过眼睛直观看清楚。高水位时墙前水面有无漩涡,低水位时坡面有无淘刷、裂缝;墙后有无漏洞、管涌现象,特别是墙后防汛通道后边侧有无土体脱落、空洞存在;墙身有无错位、裂缝等。

(4) 耳到,即用耳探听防汛墙墙后附近有无隐蔽漏洞的水流声。

2. “三清三快”

(1) 三清:险情查清、标识记清、报告说清。

(2) 三快:发现险情快、报告快、处理快。

满足上述做法才能做到:及时发现险情;小险迅速处理,避免发展扩大;重大险情,上级能及时准确了解,必要时能调集力量支援抢护。

5.3　巡查人员自身安全防护要求

堤防巡查是一项野外作业,随着“绿色堤防”建设的日益完善,堤防绿化覆盖率不断提高,不少岸段的堤防多隐没在绿化中,这使堤防的初始险情更不易发现,也给堤防的日常巡查带来了一定的难度。为使堤防巡查安全、有效,巡查作业人员必须重视巡查过程中的自身安全防护。

(1) 巡查人员应养成每天收听天气预报的职业习惯,当气象发布黄色雷电预警或天空正出现雷电暴雨天气时,应适时调整巡查时间,如遇特殊紧急情况需要巡查时,必须配备安全的绝缘装备,确保自身安全。

(2) 巡查人员每次上岗巡查前,必须确保手机电量充足,保证整个巡查过程联络畅通。

(3) 巡查人员进入施工工地时,应戴好安全帽,以防高空坠物;水上巡查人员作业时,必须按规定穿戴好救生衣,以防落水。

(4) 灾害预警期间或紧急情况下,巡查必须以2人及以上组合成行。

(5) 暴雨期间巡查墙后为市政道路的城区岸段时,巡查人员应沿路边人行道行走,同时留意道路井盖缺失、积水处、雨水漩涡和电线杆接地线处,应选择绕行。

(6) 凡巡查需从绿化地、林地内穿越时,巡查作业人员必须做好安全防护措施,避免受到意外伤害。

(7) 高温期间,巡查人员应携带必要的防暑用品(藿香正气水、人丹、清凉油等),以防中暑。

5.4 水上巡查安全操作要求

水上巡查船在出航巡查过程中必须严格执行船舶操作规程要求，确保船舶和船上人员的安全。

5.4.1 出航前船长应履行的职责

(1) 检查船员证书是否齐全有效。

(2) 检查本船机械、工器具、锚泊设备、消防救生设备，如发现问题，应采取措施排除，严禁带病出航。

(3) 通知机工对主机、副机、轴系、管系电气设备等进行 1 次全面检查，做好出航准备。

5.4.2 出航前检查与准备

(1) 值班轮机员接到出航通知后，立即做好出航前的准备工作。

(2) 将燃料油、润滑油、冷却液、压缩空气管系中的有关阀门打开，排放日用燃油柜中的积水和沉淀物，并补足燃料油和润滑油，保证膨胀水箱水位适当。

(3) 检查齿轮箱、推力轴承油位，并保证正常向尾轴套筒压油，直到回油为止；向各人工加油处加注适量的润滑油或润滑脂。

(4) 检查有关电气设备，打开需供电线路的开关，有警报装置的应打开开关试验。

(5) 检查水泵等传动三角皮带的松紧程度，机器各运动部件及轴系附近不应有遗留工具和杂物。

5.4.3 驶离码头操作

(1) 船长应根据风向、风力、流速、流向对船舶的影响，以及码头周围的水深和船停靠的情况，决定驶离码头的方法，并告诉值班人员。

(2) 值班人员和甲板上操作的人员一律要穿好救生衣。

(3) 收起船舷外不必要的缆绳和障碍物。

(4) 注意码头、泊位、周围环境、前后船、来往船舶动态，在无妨碍他船航行时方可行动，并按章鸣放驶离码头信号。

(5) 驶离码头时，用车不宜过猛，用舵不宜过早，需要小舵角，防止船尾扫到码头或其他停靠船舶。

5.4.4 停靠码头操作

(1) 停靠码头前应考虑到船舶冲程大小、载重情况、倒车后制动能力、风流对船舶的影响、码头结构特点、码头泊位前后船的动态、水域的大小等，并考虑停靠码头的方法，备好停靠码头的工具。

(2) 停靠码头时,应集中思想,谨慎驾驶,抵达码头时按章鸣放信号,慢车、停车利用惯性采用小舵角逐步靠拢码头,当到达泊位适当位置时,用倒车停稳。除在水流湍急情况下,不得快速停靠码头。

(3) 在航道条件许可时,一般不采用顺流停靠,应以适当船速,保持舵效,以船尾先拢、适当倒车、靠好。

(4) 停靠码头时,当风流对船舶影响较大时,应考虑采取防风、防流压等措施。

(5) 遇有吹拢风停靠码头时,船与码头夹角不宜过大,应采取平移停靠码头或抛开锚停靠码头的方法,并做好防碰工作①。

① 船舶作业安全操作规程[EB/OL]. https://wenku.baidu.com/view/df5316d7cf2f0066f5335a8102d276a200296031.html.

第6章

堤防设施巡查内容和作业要求

6.1 堤防巡查内容

堤防(防汛墙)的巡查分水上巡查和陆上巡查两部分。根据堤防管理相关要求,堤防设施巡查内容包括堤防设施运行状况巡查、防汛(养护)责任落实、涉堤违法事件查处、河长制督查事项、行政许可批后监管事项、涉堤保洁作业、临时堤防(防汛墙)巡查、日常观测及其他合同中约定的内容。

6.1.1 堤防设施运行状况

堤防管理保护范围内的所有堤防设施包括：各种形式的堤防主体结构、防汛闸门、潮闸门井、拍门、防汛通道(含桥梁)、堤防绿化以及堤防附属设施等,堤防设施运行状况主要包括以下几点。

1. 堤防护岸

(1) 墙体：下沉、倾斜、破损撞坏、裂缝、剥蚀、露筋、钢筋锈蚀等。

(2) 土堤：出现雨淋沟、坍塌、裂缝、蚁兽危害等。

(3) 前后覆土：塌陷、开裂及冲刷等。

(4) 护坡：块石结构勾缝脱落、块石松动、底部淘空及撞损、裂缝等。

(5) 混凝土构筑物：裂缝、剥蚀、露筋、撞损、钢筋锈蚀等。

(6) 亲水平台：台面、台阶损坏,栏杆损坏、休闲设施损坏等。

(7) 变形缝：损坏、渗水及填充物流失等。

(8) 防汛堤前坡面、后坡面及堤顶：出现纵向裂缝等。

(9) 压顶、贴面：损坏、脱落。

(10) 穿(跨)堤建筑物：堤防结合部沉降、漏水等。

2. 防汛闸门、潮闸门井

(1) 防汛闸门：门叶或零配件被盗、构件锈蚀、门体变形、焊缝开裂、配件损坏、底槛破损、门墩破损、门槽损坏、通道闸门违规封堵及止水装置损坏、高潮位时未关闭等。

(2) 潮闸门井：闸门被盗、损坏,配件损坏、螺杆启闭机损坏、违规封堵等。

3. 防汛通道(含桥梁)

(1) 防汛通道(堤顶道路):路面塌陷、开裂、起拱,路侧缘石损坏,植草砖损坏,排水沟、窨井盖板损坏,限载及限高通行设施损坏等。

(2) 通道桥梁:栏杆损坏、桥面破损、桥接坡损坏、桥面变形缝损坏、桥台护坡损坏、桥梁警示桩损坏等。

4. 堤防绿化

病虫害、杂草、排水沟淤堵、绿地积水、种植农作物,林(树)木迁移、砍伐、倒伏、倾斜、缺水、死亡、偷窃,整形修剪不及时、外来物种入侵以及绿化用地被占用等情况。

5. 其他防汛设施

(1) 防汛通信光缆、视频监控设施及观测设施被盗、损坏、基础不稳等。

(2) 里程桩号、标识牌:界桩、堤防里程桩、单位分界桩等桩号牌损坏,警示、宣传等标识牌被盗、损坏、固定不牢、字体不清等,NFC 电子标签损坏或缺失等。

(3) 护舷、系缆桩:护舷脱落或损坏、系缆桩损坏。

(4) 防护网、花坛等其他设施损坏。

6.1.2 防汛(养护)责任书

根据《上海市河道管理条例》《上海市黄浦江防汛墙保护办法》《上海市水务局关于进一步加强本市黄浦江和苏州河堤防设施管理的意见》等,防汛(养护)责任书巡查内容包括签订责任书及落实情况等。

6.1.3 涉堤违法事件

根据《上海市河道管理条例》《上海市黄浦江防汛墙保护办法》《上海市黄浦江和苏州河堤防设施巡查管理办法》,涉堤违法事件包括下列几项。

(1) 堤防管理(保护)范围内未按许可要求从事地下工程、桥梁、码头、排水(污)口等建设活动。

(2) 堤防管理(保护)范围内擅自搭建各类建筑物、构筑物。

(3) 堤防管理(保护)范围内擅自改变堤防结构、设施。

(4) 堤防管理(保护)范围内船舶碰撞堤防、违章带缆泊船、装卸作业、堆放货物、安装大型设备、墙前疏浚、堵塞防汛抢险通道,以及其他可能影响堤防安全的活动。

(5) 堤防管理(保护)范围内爆破、取土、开挖、钻探、打桩、打井、敷设地下管线,可能危及堤防安全。

(6) 堤防管理(保护)范围内倾倒工业、农业、建筑等废弃物以及生活垃圾、粪便。

(7) 堤防管理(保护)范围内清洗装贮过油类或者有毒有害污染物的车辆、容器。

(8) 堤防管理(保护)范围内从事水上、水下作业可能影响河势稳定、危及堤防安全。

(9) 在防汛通道上行驶超设计吨位车辆。

6.1.4 河长制督查事项

根据堤防管理相关要求，河长制督查事项包括对水岸滩地漂浮物、固废体、违法排污、擅自涂鸦的督查等。

6.1.5 行政许可批后监管事项

根据《上海市防汛条例》第二十五条，建设跨河、穿河、临河的桥梁、码头、道路、渡口、管道、缆线、排（取）水等工程设施，应当符合防汛标准、岸线规划、航运要求和其他技术要求，不得危害堤防安全、妨碍行洪畅通；其工程建设方案未经有关水行政主管部门根据前述防汛要求审查同意的，建设单位不得开工建设。

行政许可获批后，监管事项巡查内容主要包括涉堤在建工程实施内容与行政许可批复时间、工程范围、工程结构、临时措施、监测措施等批复内容不相符等。

6.1.6 涉堤保洁作业

堤防设施保洁范围包括堤防管理（保护）范围内陆域侧堤防建（构）筑物，绿化、防汛通道及相关附属设施的保洁，巡查内容具体包括两项内容：第一，白色垃圾，废弃物；第二，标识标牌等附属设施的明显污痕。

6.1.7 临时堤防（防汛墙）

在陆域或迎水侧设置临时堤防（防汛墙）的，巡查内容为临时堤防（防汛墙）结构、防汛物资、通道闸门（含插板）及与两侧现有防汛墙连接处的封闭情况等。

6.1.8 日常观测

根据堤防管理相关要求，日常观测主要包括防汛墙墙前泥面测量，堤防（防汛墙）沉降、水平位移观测，渗漏点观测，通道桥梁、通道闸门、潮拍门相关观测，河道深坑及支河口泥面观测等。

6.1.9 堤防巡查内容分类表

堤防巡查内容分类归纳如表 6－1 所示。

表 6－1 堤防巡查内容分类

问题类别	问题位置	问 题 描 述
堤防设施运行状况	墙身	墙身破损撞坏
		墙身下沉
		墙身裂缝
		墙身倾斜

（续表）

问题类别	问题位置	问　题　描　述
堤防设施运行状况	墙身	墙身渗水
		变形缝止水带断裂
		变形缝填充材料缺失
		墙身混凝土剥落钢筋外露
		墙身贴面装饰脱落
	通道桥梁	栏杆损坏
		桥面破损
		桥面伸缩缝损坏
	墙前护坡（含块石墙身）	块石缺失
		块石松动
		勾缝脱落
		底部淘空
		坡面裂缝
		滩面冲刷
		板桩脱榫
	墙后地坪	开裂
		渗水
		管涌
		沉陷（空洞）
	防汛闸门	闸门墩损坏
		门体变形
		闸门零部件缺失
		止水装置变形损坏
		闸门锈蚀
	潮（拍）门、潮闸门井	拍门缺失
		闸门井启闭设备失灵
		排水口门冲刷
	标志标牌	被盗
		损坏
		涂鸦
		NFC 电子标签缺失或损坏

（续表）

问题类别	问题位置	问　题　描　述
堤防设施运行状况	里程桩	缺损
		涂鸦或污渍
		字体不清
		固定不牢
		NFC 电子标签缺失或损坏
	堤防监测设施	安全监测网控制点缺失、移位
		远程监控设施损坏
		信息管线破损、缺失
	堤防绿化	绿化缺损
		病虫害
		倒伏
		被盗(死亡)
		一枝黄花等外来物种入侵
	防汛通道或大堤堤顶	路面破损
		路面开裂
		限高门架或路障损坏
	亲水平台	栏杆损坏或缺失
		被撞击受损
		平台面装饰损坏
		警示标志损坏或缺失
		救生设施损坏或缺失
	穿(跨)河建筑物	警示标志损坏或缺失
		堤防结合部沉降
		堤防结合部漏水
	其他	防汛物资是否完备
		水面漂浮垃圾
		防撞护舷损坏
		积水
		手持终端无信号、无法上网
防汛(养护)责任书	防汛(养护)责任书签订及落实情况	未按要求签订防汛(养护)责任书
		未按要求落实防汛(养护)责任

（续表）

问题类别	问题位置	问题描述
涉堤违法事件	违法建设活动	未按许可要求地下工程、桥梁、码头、排水(污)口等
		擅自搭建各类建筑物、构筑物
		擅自改变堤防结构、设施
	影响堤防安全的活动	船舶碰撞堤防
		违章带缆泊船
		违规装卸作业
		未经许可安装大型设备
		违规堆放货物
		未经许可墙前疏浚
		堵塞防汛抢险通道
		爆破作业
		取土
		开挖
		钻探
		打桩
		打井
		违规敷设地下管线
		其他水上水下作业
		防汛通道行驶超设计吨位车辆
	污染河道	倾倒工业、农业、建筑等废弃物以及生活垃圾、粪便
		清洗装贮过油类或者有毒有害污染物的车辆、容器
河长制督查事项		水岸滩地漂浮物
		固废堆积
		违法排污
		擅自涂鸦
行政许可批后监管事项		涉堤在建工程实施内容与行政许可批复时间、工程范围、工程结构、临时措施、监测措施等批复内容不相符
涉堤保洁作业	陆域侧堤防建(构)筑物	白色垃圾及废弃物
	绿化	白色垃圾及废弃物
	防汛通道	白色垃圾及废弃物
	相关附属设施	白色垃圾及废弃物
		明显污痕

（续表）

问题类别	问题位置	问 题 描 述
临时堤防（防汛墙）	堤防结构	堤后渗水、堤顶标高不足
	通道闸门（含插板）	插板、闸门使用情况
	与两侧防汛墙连接处	渗漏
日常观测	墙前泥面测量	泥面冲刷
	防汛墙沉降观测	墙身沉降
	防汛墙位移观测	墙身位移
	渗漏点观测	墙身渗水、地坪渗水
	通道桥梁	沉降、变形
	防汛闸门、潮拍门观测	设施完好情况
	河道深坑、支河口泥面观测	泥面冲刷情况

6.2 堤防巡查范围及频次

6.2.1 巡查范围

1. 陆上巡查范围

(1) 黄浦江、苏州河规定的防汛墙管理（保护）范围是保障堤防安全的基本巡查范围。管理（保护）范围严格按照第 1 篇第 2 章第 2.3 节要求执行。

(2) 墙后有在建工程的，应沿垂直河道方向扩大巡查范围 30～50 m，顺河方向扩大巡查范围两侧各 30 m 及以上。防汛墙保护范围内地面荷载一般不应超过 2 t/m^2，堆土高度不应超过 1 m，并应有良好的排水设施。

(3) 两级挡墙组合式防汛墙，其一、二级挡墙之间的全部区域均属于堤防巡查范围。

(4) 空厢式防汛墙包括结构边缘后侧 10 m 范围内的全部区域。

(5) 黄浦江上游段巡查范围为确权或征地范围，并且不小于堤防管理（保护）范围。

(6) 水域与陆域连通的码头、栈桥、亲水平台等公共开放空间的全部区域。

2. 水上巡查范围

河道两岸河口线包括堤防（防汛墙）之间的全部水域。

6.2.2 巡查频次

1. 陆上巡查频次

(1) 日常巡查：每日巡查次数不少于 2 次。

(2) 潮期巡查：每月两个高潮期（农历初三、农历十八）和两个低潮期（农历初八、农历二十三）巡查应不少于 1 次，并应根据潮位涨落的时间适当调整巡查时段（包括夜间）。高潮位重点检查墙后有无渗漏情况，低潮位重点检查堤防设施的完整与安全。

(3) 汛期及特别巡查：

① 每年汛前、汛期和汛后，配合管理单位巡查不少于 1 次；

② 台风、暴雨、洪水等自然灾害前后或遭受人为损坏时，应增加巡查频次；

③ 当气象发布台风、高潮、暴雨等防汛灾害预警黄色及以上信号时，巡查直至预警信号解除。当气象同时发布 2 个及以上防汛灾害预警信号时，巡查人员应保证 24 h 不间断巡查。

2. 水上巡查频次

(1) 日常巡查：非汛期每周巡查不少于 2 次，汛期每周巡查不少于 3 次。

(2) 每年汛前、汛期和汛后，配合管理单位巡查不少于 1 次。

(3) 遇台风、高潮、暴雨、洪水等防汛预警或其他特殊情况，应增加巡查频次。

6.2.3 观测频次

1. 陆上观测频次

(1) 墙前泥面观测：公用岸段及非经营专用岸段按间隔 200～300 m 一个段面每半年测量 1 次；经营性专用岸段及其上下游各 50 m 范围、支流河口堤防按间隔 20～25 m 一个段面每月测量 1 次；部分岸段情况特殊须加强测量。

(2) 堤防沉降、位移观测：每年不少于 2 次，在建工程、抢险工程两侧各 50 m 范围每月不少于 1 次；部分岸段情况特殊须加强测量。

(3) 墙身、墙后地坪渗水观测：汛期每月高潮期不少于 1 次。

(4) 通道桥梁沉降、位移观测：每年不少于 2 次。

(5) 通道闸门、潮拍门观测：每月不少于 1 次，汛期时每月不少于 2 次，如遇气象发布 2 个及以上防汛预警信号时，应增加 1 次事前启闭检查，确保防汛安全。

2. 水上观测频次

(1) 墙前泥面观测：公用岸段及非经营专用岸段按间隔 200～300 m 一个段面每半年测量 1 次；经营性专用岸段及其上下游各 50 m 范围按间隔 50 m 一个段面每季度测量 1 次；部分岸段情况特殊须加强测量。

(2) 通道闸门、潮拍门观测：每月不少于 1 次，汛期时每月不少于 2 次，如遇气象发布 2 个及以上防汛预警信号时，应增加 1 次事前启闭检查，确保防汛安全。

(3) 河道深坑、支河口泥面观测：按间隔 50～100 m 每季度测量 1 次；部分岸段情况特殊须加强测量。

6.3 堤防巡查要求

上海地区每年都会有多起不同类型的影响堤防安全的险情发生，为此，对堤防的安全巡查是一项极为重要的工作。通过日常巡堤查检，可尽早尽快地发现险情隐患，力争将险情消灭在萌芽状态，也就是将险情的发生控制在第一步。为此，要求堤防巡查人员对所管辖岸段的堤防结构形式、岸线的特性，特别是险工、薄弱、事故多发地点的位置岸段等应有充分的了解、掌握，这是判断险情发生的重要依据之一，同时堤防巡查人员应熟悉堤情、水情，预测可能发生的险情，对一般险情能够及时处理，定期汇报，对重大险情随时上报并提出意见。

6.3.1 堤防设施巡查要求

6.3.1.1 陆上巡查一般要求

1. 需及时上报的情况

(1) 防汛墙墙体下沉、倾斜或外移超过 2 cm(施工期间超过 1 cm)。如在 2 cm 以内的应做好标记，并采用“测深杆”加强滩面观察，每周 2 次。

(2) 低水位时进行检查观察斜坡式结构以及低桩承台结构防汛墙，坡面存在空洞、裂缝、坡脚冲刷、有淘刷等情况之一。

(3) 块石结构防汛墙块石之间的勾缝料出现脱落情况。

(4) 高桩承台结构防汛墙墙后发现渗水情况时，首先应仔细摸清渗水来源，其方法是高水位时在迎水面相对应位置投放高锰酸钾、红墨水或木屑进行观察和分析，必要时可委托专业单位采取潜水检查的办法，查明渗水来源后作及时上报处理。

(5) 墙身(顶)出现露筋、混凝土剥落情况。

(6) 防汛墙受外力撞击出现缺口破损，缺口范围≤50 cm(深)×100 cm(长)。

(7) 墙体变形缝出现嵌缝料脱落断裂、止水带断裂、内外贯通的情况。

(8) 简单加高防汛墙加高连接处出现水平向裂缝。

(9) 墙身发现贯穿性裂缝(一节墙体出现 3 条竖向贯穿裂缝或 1 条水平向贯穿裂缝)。

(10) 前坡、背坡及堤顶出现连续性纵向裂缝。一旦发现应封闭现场，设置警示标志和警戒线，巡查人员守候待援。

(11) 墙身贴面装饰没有达到 100%完整率。若有饰面脱落损坏或缺失时，应及时补充更替。

(12) 组合式防汛墙出现下列 2 种情况，应及时上报。

① 一、二级挡墙之间的区域属于堤防巡查范围，当该区域范围内出现顺河向裂缝；

② 当第 1 级挡墙墙顶设有护栏时，巡查时通过手检和眼睛直观检查护栏的安全发现栏杆有松动、摇晃或紧固件缺失。

(13) 亲水平台、栈桥、码头等临时建筑物出现下列 3 种情况，应及时上报。

① 发现护栏松动、摇晃或紧固件缺失；

② 木质地板破损、缺失，地砖损坏、缺失；

③ 救生设施缺失。

2. 应紧急上报的情况

(1) 防汛墙墙体下沉超过 20 cm、倾斜或外移超过 5 cm。

(2) 低桩承台结构或重力式结构防汛墙墙后出现内外贯通空洞,土体坍塌情况。

(3) 墙体受外力撞击,当墙体缺口深度大于 50 cm、长度大于 1 m,以及墙身部位出现混凝土松动脱落。

(4) 其他应当紧急上报的情况。

巡查中,所有问题情况均须附现场照片同步上报。

6.3.1.2　水上巡查一般要求

配合陆上巡查,完善堤防(防汛墙)迎水面的检查。

1. 需及时上报的情况

(1) 码头岸段违规靠泊。

(2) 施工作业岸段安全措施不到位。

(3) 坡面出现顺流向裂缝。

(4) 重力式结构及低桩承台结构外挑底板顶面目测露出泥面≥20 cm。

(5) 高桩承台结构迎水侧板桩断裂、破损或脱榫大于 5 cm,低水位时有水流流出。

(6) 水上漂浮物(如垃圾、树叶、蓝藻等),其点污染面积大于 1 m^2。

(7) 块石结构墙身、外墙面勾缝料脱落大于 1 m^2。

(8) 外墙面装饰贴面掉落大于 0.1 m^2(一块面砖),外墙面涂鸦、拍门异物卡堵。

(9) 墙面混凝土剥落、露筋明显。

2. 应紧急上报的情况

(1) 护坡式结构坡脚、坡面出现淘空、护脚裸露。

(2) 坡面结构大面积坍塌(损坏面积大于 1 m^2)。

(3) 排放口迎水坡面淘刷破坏、出口底部淘空、排放口外周边防渗措施失效,出现渗漏水。

(4) 拍门缺失。

3. 水上巡查的其他情况

(1) 水上漂浮物和滩地垃圾巡查应做到随查随报。

(2) 水上巡查航行速度不应大于 10 km/h。

(3) 防汛墙迎水面结构、排放口、潮拍门等巡查作业宜在低水位时进行。

(4) 巡查中,所有问题情况均须附现场照片同步上报。

6.3.1.3　穿(跨)堤建筑物巡查要求

巡查人员在检查穿(跨)堤建筑物(如桥梁墩台、各类管线等)与堤防结合部是否有渗水时,一般采用直接观察法进行判别。

(1) 穿堤建筑物,如各类管线从堤(墙)身穿越,则在背水侧重点观察管线与堤(墙)身结合部有无渗水现象,若存在明显潮湿,应及时上报。

(2) 穿堤建筑物,如各类管线从堤防(防汛墙)基础下穿越,则重点观察墙后地面有无潮湿、积水现象,同时结合水上巡查查看管线周围有无破损、漏水,分析判断结合部是否有缝隙发展或渗流破坏的迹象。若存在渗流破坏的迹象,应紧急上报。

（3）桥梁（或管线）墩台兼做堤防功能且堤（墙）直接结合连接，其地面以上部位按上述第（1）条方式处理，地面以下基础部分按上述第（2）条方式处理。

6.3.1.4 防汛闸门及潮闸门井的巡查要求

防汛闸门及潮闸门井的巡查是堤防（防汛墙）水、陆巡查工作的组成部分，主要检查闸体结构是否破损、缺失及启闭是否正常等。

（1）应立即处理的情况。

① 闸口有淤积物、积水等；

② 潮闸门井口、拍门口有异物卡堵。

（2）应及时上报的情况。

① 闸门墩破损、止水角钢弯曲；

② 闸门零部件缺失；

③ 排水口拍门缺失或损坏失灵；

④ 防汛闸门门体骨架变形；

⑤ 防汛闸门、排水拍门上装有远程监控设施损坏或缺失。

（3）应紧急上报的情况。

① 因闸门井启闭设备失灵等原因，导致闸门不能正常关闭；

② 其他应紧急上报的情况。

6.3.1.5 重点岸段巡查要求

重点岸段指涉及在建工程、码头岸段、河势变化较大或其他薄弱岸段，日常巡查应对这些岸段予以重点关注，加强检查，确保堤防的整体安全。

（1）经常有船舶违规靠泊的防汛墙岸段、支流河口岸段以及在支流河口设有码头的，且其对岸为非码头段的区域，特别是河道狭窄并经常有船只掉头的区域，除了正常的巡查作业外还应采用测深杆或无人测量船定期（1～2 次/月）进行监测，判断墙前岸坡是否存在淘刷情况。当墙前淘刷深度大于 20 cm 且小于 50 cm 时，应及时进行上报处理，同时增加墙前滩面监测频率（1～2 次/周）。当巡查人员监测到墙前淘刷深度大于 50 cm 时，应紧急上报处理。

（2）巡查人员如发现码头岸线外两侧各 50 m 防汛墙岸段如有船舶违规靠泊时，应迅速采取措施予以阻止，并采用测深杆定期（1 次/周～2 次/月）对墙前滩面进行监测，判断岸坡淘刷情况，一旦发现岸坡出现淘刷现象按上述第（1）条方式进行处理。

（3）对于保滩段、河道转弯段、河口转弯段、薄弱隐患岸段（墙面有裂缝、两侧变形缝有错位及不均匀沉降、墙前岸坡有淘刷或损坏、防汛墙结构上有私设带缆桩或环等）及涉堤在建工程的防汛墙岸段，除了正常的巡查作业外还应采用 GPS－RTK、测深杆和无人测量船定期（1 次/周～2 次/月）监测，并判断墙体是否存在位移沉降及墙前岸坡是否存在淘刷情况。若发现问题按本章第 6.3.1.1 节规定执行。

（4）对于防汛墙兼作码头的岸段，巡查人员除了对墙体按安全要求进行检查外，还应重点检查墙后超载及墙前超吨位船只停靠等违规事项。

(5) 对于船舶候潮区岸段，巡查人员除了重点检查防汛墙墙体有无被撞击破坏，还应检查靠近防汛墙侧的水下部分滩地是否存在刷深情况及墙后地面是否淘空、坍塌，一旦发现应及时上报进行应急处理。

(6) 对于防汛墙迎水侧设有防撞护舷的岸段，巡查人员如发现脱落、损坏，应及时上报处理。

(7) 对于墙后地面标高低于常水位的岸段，在高潮位时巡查人员应仔细检查墙后有无渗水情况发生，一旦发现有渗漏情况，须及时查明原因并上报处理。

(8) 防汛墙后在进行工程建设及其他可能危及堤防安全作业行为的岸段，巡查时重点检查墙后有无超堆载以及基坑开挖情况，密切注意有无可能对防汛墙产生的不利影响。当墙后大面积堆土超过 2 m 以上高度时，应及时上报。

(9) 防汛墙上设有排放口的岸段，采用测深杆监测墙前岸坡冲刷情况，监测频率 1 次/月；高水位时检查墙后有无渗漏水及地面沉陷情况，一旦发现问题须及时查明原因上报。

6.3.1.6　防汛通道的巡查要求

防汛通道具有防汛抢险功能要求，为此，防汛通道须与外侧道路贯通连接，以保证防汛车辆的安全进出。在巡查时，如有以下情况发生应及时上报。

(1) 防汛通道宽度不足 3 m 或通道与周边道路不贯通。

(2) 防汛通道积水无法排除(巡查时，如发现有积水，应立即进行引流，将积水排除)。

(3) 防汛通道路面不平、破损。

(4) 堤顶道路兼作防汛通道时，路面出现纵向裂缝，裂缝宽度大于 1 cm。

(5) 通道桥梁是防汛通道的重要组成部分，日常运行中应满足以下条件。

① 桥面应平整无坑洼；

② 桥栏杆(含接坡栏杆)应无断裂、缺失；

③ 桥面变形缝与路面齐平；

④ 桥台接坡顺畅、坡面有形。

巡查人员在巡查中凡发现上述有一条不符合规定要求的，应及时上报处理。

6.3.1.7　堤防(防汛墙)后堆载的巡查要求

为确保堤防安全，根据相关规定，堤防(防汛墙)后堆载控制要求包括以下几项。

(1) 堤(墙)后 6 m 范围：不得擅自堆载。

(2) 堤(墙)后 6～10 m 范围堆载控制要求：≤20 kN/m^2，堤(墙)后 6～10 m 范围内常见材料堆高度参考见表 6-2。

表 6-2　6～10 m 范围内常见材料堆放高度参考值

序号	材　料	6～10 m 范围内堆放高度/m	备　注
1	堆土(松)	2.00	1. 堆载以 20 kN/m^2 计算； 2. 堆放高度不可高于表内数值
2	煤	2.00	
3	黄砂	1.20	

(续表)

序号	材　料	6～10 m 范围内堆放高度/m	备　　注
4	砖	1.20	1. 堆载以 20 kN/m^2 计算； 2. 堆放高度不可高于表内数值
5	水泥	1.30	
6	钢筋	0.80	
7	钢板	0.40	
8	块石、卵石	1.00	
9	碑石、石板	1.20	
10	木材	3.50	

(3) 堤(墙)后 10 m 范围以外堆载控制要求：50～100 kN/m^2(根据设计计算确定)。

巡查作业中，巡查人员若发现墙后违规堆放，应及时制止并上报。

6.3.1.8　堤防绿化的巡查要求

防汛墙管理范围内种植的绿化是堤防日常巡查必不可少的检查内容之一。巡查时出现下列情况，应及时上报处理。

(1) 地被类绿化(如草皮、麦冬、红花酢浆草等)覆盖率小于 95%；下木类绿化(如瓜子黄杨、杜鹃等)枯死率或缺失率大于 5%；乔、灌木类(如柳树、桂花、海棠等)成活率不满足 100%。

(2) 绿化的排水沟排水不畅通、有积水。

(3) 绿化植物病虫害发生，植物枯死面积大于等于 0.5 m^2。

(4) 迎水侧绿化：花槽破损长度大于 50 cm；绿化枯萎、缺失率大于 2%；水生植物缺失率大于 5%。

6.3.1.9　其他堤防设施的巡查要求

1. 堤防安全监测设施

堤防沿线监测设施(尤其是过河管线岸段上布设的监测点、控制点标志以及堤防安全控制设施)是监测和保护堤防安全不可缺少的基本设施之一，对堤防的安全保护起到重要作用。为此，巡查作业中巡查人员应引起足够的重视。巡查中出现下列情况，应及时上报处理。

(1) 设置于防汛通道上的限高门架、防撞墩等安全设施，巡查时如发现损坏并影响正常使用。

(2) 布设于堤防沿线的信息管线以及标有“上海堤防”字样的管线井，巡查时若发现破损、裸露、缺失。

(3) 布设于堤防沿线的视频监控设施，巡查时如发现损坏、缺失。

(4) 布设于堤防沿线以及过河管线岸段上的监测点、控制点标志，巡查时若发现松动、移位、缺失等情况。

2. 堤防里程桩号

(1) 堤防里程桩标识牌的设置分为附着式和埋桩式两种形式，标识牌形状、规格并不统一。

(2) 里程桩号标识牌应始终保持完整无损、牌面干净无涂鸦要求。

(3) 埋桩式里程桩标识牌正面朝外(对正岸线),桩顶露出地面 50 cm。

巡查人员在巡查中凡发现上述有一条不符合规定要求的,应及时上报处理。

3. 堤防标识牌

布设于堤防沿线与堤防设施安全有关的附着式、立杆式堤防标识牌,应始终处于完整、无损、无污渍运行状态之中。巡查时如发现标识牌歪斜、有污渍等外观不良形象的,应及时上报处理。

6.3.2　防汛(养护)责任书巡查要求

防汛(养护)责任书是日常巡查的一项必要内容,巡查人员巡查时如发现以下情况,应及时上报处理:

(1) 对于利用堤防设施岸段从事经营性活动的养护责任单位(经营性岸段),养护责任单位未与水务主管部门签订养护责任书;未按责任书的要求落实防汛责任;未承担堤防设施的养护检查、安全鉴定、专项维修和应急抢险等养护责任。

(2) 对于未利用堤防设施岸段从事经营性活动的养护责任单位(非经营性岸段),养护责任单位未与水务主管部门签订养护责任书,未按责任书的要求落实防汛责任;未配合市、区堤防管理部门承担堤防设施的日常巡查、日常养护、观测测量、安全鉴定、专项维修、应急抢险等堤防设施养护责任。

(3) 因工程施工需要,在堤防管理(保护)管理范围内施工时,建设(施工)单位未与岸段养护责任单位签订施工防汛安全责任书;未落实施工过程中的防汛安全责任。

6.3.3　涉堤违法事件巡查要求

对于堤防(防汛墙)管理范围内涉堤禁止性、限制性事件,巡查人员巡查时如发现本章第 6.1.3 节所述事件时,应立即制止,并及时上报。

6.3.4　河长制督察事项巡查要求

(1) 巡查时如发现违法排污等时,巡查人员应紧急上报,并主动排查排污的源头。

(2) 巡查时如发现面积大于 1 m^2 的水岸滩地漂浮物、固废体或擅自涂鸦等时,巡查人员应及时上报。

6.3.5　行政许可批后监管事项巡查要求

涉堤行政许可事项主要包括:在一线河道堤防破堤施工或者开缺、凿洞,河道管理范围及堤防安全保护区内从事有关活动,核发《河道临时使用许可证》等。行政许可批后监管事项主要针对已取得行政许可获批复的涉堤在建工程,巡查要求如下所列。

(1) 巡查人员巡查时如发现以下情况,应紧急上报,并予以劝止。

① 涉河建设项目的运行影响堤防工程及设施的完好与安全;

② 涉河建设项目的运行存在污染和破坏河道管理范围环境的行为。

(2) 巡查人员巡查时如发现以下情况,应及时上报。

① 涉河建设项目未按许可内容实施;

② 涉河建设项目存在未经许可同意的改建、扩建行为和涉河有关活动;

③ 涉河项目所占用水利工程及设施存在损坏、老化的情况;

④ 行洪期间建设单位占用河道管理范围内无人员看守巡查或未备足的相应防汛物料。

6.3.6 涉堤保洁作业巡查要求

巡查人员在对堤防管理(保护)范围内陆域侧堤防建(构)筑物,绿化、防汛通道及相关附属设施巡查时,发现以下情况之一的,应及时上报处理。

(1) 存在白色垃圾,废弃物(占地面积大于 1 m^2)。

(2) 标识标牌等附属设施存在明显污痕(面积大于 1 m^2)。

(3) 行洪期间建设单位临时占用河道管理范围内无人员看守、巡查或未备足的相应防汛物料。

6.3.7 临时堤防(防汛墙)巡查要求

(1) 在日常巡查作业过程中,巡查人员对于巡查范围内堤防(防汛墙)后的地形、排水情况以及险情处置方法应有充分的了解和掌握。当局部堤防出现越浪或漫溢险情时,可充分利用墙后的有利地势,简单、快速地形成临时小包围隔断,控制局部岸段越浪或漫溢险情的扩散。对于墙后地势偏低的区域,墙后应具备良好的永久性排水措施,确保墙后处于水流畅通、不积水的安全工况。上述状况多发生于黄浦江、苏州河的中上游岸段,因受风速、涨潮时间、洪峰位置等气象因素影响,险情发生的位置一般无法确定,为此需要巡查作业人员在平时的巡查中引起足够的重视,将灾害引起的损失降到最小。

(2) 相关单位对临时防汛墙必备设施如闸门、袋装土料等,必须配备齐全,并应留有安全堆放的位置。

(3) 汛期期间(6 月 1 日—10 月 31 日),相关单位设置的在建工程其临时防汛墙墙顶标高不应低于相邻两侧已建防汛墙的墙顶标高。墙后应备足相应的加固倍厚材料,如袋装砂、碎石、土料等,物资数量至少为非汛期配备的 2 倍以上。

(4) 利用水域侧围堰作为临时防汛墙的,其两端连接处应封闭不漏水。

6.3.8 堤防观测要求

1. 墙前泥面观测

(1) 墙前 3 m 范围内的泥面高程可采用测深杆进行观测,测深杆使用方法详见第 7 章第 7.1.2 节。

(2) 墙前 3 m 范围外的泥面高程可采用无人测量船进行水下地形测量,无人测量船使用方法详见附录C.12。

(3) 墙前泥面观测断面的布设应结合岸段特性，选在船舶经常停靠的岸段、河道支河口、保滩段、河道转弯段、河口转弯段、薄弱隐患岸段(墙面有裂缝、两侧变形缝有错位及不均匀沉降、墙前岸坡有淘刷或损坏、防汛墙结构上有私设带缆桩或环等)，以及涉堤在建工程的防汛墙岸段。一般在下列位置应设置观测断面：

① 河道起点、终点处；

② 每隔500～1 000 m的顺直河段；

③ 每隔80～120 m的船舶经常停靠的岸段、河道支河口、保滩段、河道转弯段、河口转弯段、薄弱隐患岸段及涉堤在建工程的防汛墙岸段。

2. 堤防沉降、位移观测

(1) 堤防沉降、位移观测可采用静态观测或动态观测方法，静态观测常用经纬仪、水准仪和全站仪等，动态观测常用基于上海城市CORS系统的GPS-RTK设备等，GPS-RTK使用方法参加附录C.10。

(2) 堤防沉降和位移观测精度应符合相关测量规范要求，堤防平面位置采用上海城市坐标系，高程采用2016年上海吴淞高程为基准。

(3) 堤防沉降、位移观测点宜设于结构变形缝处，顺直岸段测点间距200～500 m，穿堤建筑物附近、重要岸段及薄弱岸段测点可按100～200 m布设。

3. 墙身、墙后地坪渗水观测

(1) 墙身、墙后地坪渗水观测一般采用肉眼观察法，必要时可采用管涌探测仪或雷达探测仪器进行渗水观测。

(2) 巡查时宜在高水位下仔细留意墙身、墙后地坪是否有渗水，对于沿线无明显渗水的岸段，可按每500～1 000 m布设1个观测断面，采用探测仪器进行渗水观测，以便及时发现可能出现的渗水通道。

4. 通道闸门、潮拍门观测

(1) 陆上巡查时，可通过操作启闭机的方式，观测通道闸门和潮拍门是否可正常开启。

(2) 水上巡查时，宜在低水位下观测通道闸门、潮拍门是否存在结构损坏或异物堵塞导致无法正常开启的情况。

5. 河道深坑、支河口泥面观测

(1) 河道深坑及支河口泥面观测可采用无人测量船进行水下地形测量，无人测量船使用方法详见附录C.12。

(2) 河道深坑及支河口观测断面一般可按50～100 m布设，涉及薄弱岸段、重点岸段时观测断面可加密布设。

第 7 章

堤防巡查信息上报及处置

7.1 堤防日常巡查记录及信息上报

7.1.1 堤防日常巡查记录

1. 巡查记录表

堤防日常巡查记录表由堤防日常巡查记录表(表 7－1、表 7－2)和泥面测深记录表(表 7－3)组成。堤防日常巡查记录表是确保堤防设施安全运行的一项重要工作内容，巡查作业人员必须每天如实填报。

表 7－1 堤防日常巡查记录(陆上巡查)

<table>
<tr><td colspan="3">巡查范围：　　河道　　岸(桩号)　　～　　____</td><td>巡查员签名</td></tr>
<tr><td colspan="4">时间：　　年　月　日　时　　星期　　(农历：　月　日)</td></tr>
<tr><td colspan="2">预测最高水位：　　时间：</td><td>实时水位：　　时间：</td><td>水文站：</td></tr>
<tr><td colspan="4">天气：(晴　多云　阴　小雨　大雨　雪)　温度：　℃～　℃</td></tr>
<tr><td>预警发布</td><td colspan="3">□台风　□暴雨　□高潮位　□其他</td></tr>
<tr><td rowspan="6">堤防设施隐患</td><td colspan="3">墙身：
□破损撞坏　□下沉　□裂缝　□倾斜　□渗水　□变形缝止水带断裂
□变形缝填充材料缺失　□墙身混凝土剥落钢筋外露　□墙身贴面装饰脱落</td></tr>
<tr><td colspan="3">通道桥梁：
□栏杆损坏　□桥面破损　□桥面伸缩缝损坏</td></tr>
<tr><td colspan="3">墙前岸坡：
□块石缺失　□块石松动　□勾缝脱落　□坡面裂缝　□滩面冲刷</td></tr>
<tr><td colspan="3">墙后地坪：
□开裂　□渗水　□管涌　□沉陷(空洞)</td></tr>
<tr><td colspan="3">防汛闸门：
□闸门墩损坏　□门体变形　□闸门零部件缺失　□止水装置变形损坏
□闸门锈蚀</td></tr>
<tr><td colspan="3">潮(拍)门、潮闸门井：
□闸门井启闭设备失灵</td></tr>
</table>

（续表）

堤防设施隐患	标识标牌： □被盗　□损坏　□涂鸦　□NFC电子标签缺失或损坏
	里程桩： □缺损　□涂鸦或污渍　□字体不清　□固定不牢　□NFC电子标签缺失或损坏
	堤防监测设施： □安全监测网控制点缺失、移位　□远程监控设施损坏 □信息管线破损、缺失
	堤防绿化： □地被绿化缺损　□病虫害　□倒伏　□被盗(死亡) □一枝黄花等外来物种入侵
	防汛通道或大堤堤顶： □路面破损　□路面开裂　□限高门架或路障损坏
	亲水平台： □栏杆损坏或缺失　□被撞击受损　□平台面装饰损坏 □警示标识损坏或缺失　□救生设施损坏或缺失
	穿(跨)堤建筑物： □警示标识损坏或缺失　□堤防结合部沉降　□堤防结合部漏水
	其他： □水面漂浮垃圾　□防撞护舷损坏　□积水 □手持终端无信号、无法上网
防汛(养护)责任书	□未按要求签订防汛(养护)责任书 □未按要求落实防汛(养护)责任
涉堤违法事件	违法建设活动： □擅自改变堤防结构、设施(禁止) □未按许可要求建设地下工程、桥梁、码头、排水(污)口等(限制) □擅自搭建各类建筑物、构筑物(限制)
	影响堤防安全的活动： (1) 禁止活动 □船舶碰撞堤防　□违章带缆泊船　□违规装卸作业　□爆破作业　□打桩 □防汛通道行驶超设计吨位车辆 (2) 限制活动 □未经许可安装大型设备　□违规堆放货物　□墙前疏浚　□堵塞防汛抢险通道 □取土　□开挖　□钻探　□打井　□违规敷设地下管线 □其他水上水下作业
	污染河道： □倾倒工业、农业、建筑等废弃物以及生活垃圾、粪便 □清洗装贮过油类或者有毒有害污染物的车辆、容器
河长制督查涉堤事项	□水岸滩地漂浮物　□固废堆积　□违法排污　□擅自涂鸦

（续表）

行政许可批后监管事项	□涉堤在建工程实施内容与行政许可批复时间、工程范围、工程结构、临时措施、监测措施等批复内容不相符
涉堤保洁	□陆域侧堤防建(构)筑物：白色垃圾及废弃物 □绿化：白色垃圾及废弃物 □防汛通道：白色垃圾及废弃物 □相关附属设施：白色垃圾及废弃物 □相关附属设施：明显污痕
临时堤防（防汛墙）	□堤后渗水、堤顶标高不足　□插板、通道闸门无法正常启闭 □与两侧防汛墙连接处渗漏
特殊情况检查	□墙前泥面测量：泥面冲刷 □防汛墙沉降观测：墙身沉降 □防汛墙位移观测：墙身位移 □通道桥梁：沉降、位移观测 □渗漏点观测：墙身渗水、地坪渗水 □防汛闸门、潮拍门：无法正常启闭
情况描述：（对巡查中发现的安全隐患应及时记录并报告领导，日常工作中处理的一些现场问题应及时记录）	
处置建议：	

表 7-2　堤防日常巡查记录(水上巡查)

巡查范围：　河道　岸(桩号)　～ ____			巡查员签名
时间：　年　月　日　时　星期　（农历：　月　日）			
预测最高水位：　时间：		实时水位：　时间：	水文站：
天气：(晴　多云　阴　小雨　大雨　雪)　温度：　℃ ～　℃			
预警发布	□台风　□暴雨　□高潮位　□其他		
堤防设施隐患	墙身： □破损撞坏　□下沉　□裂缝　□倾斜　□渗水　□变形缝止水带断裂 □变形缝填充材料缺失　□墙身混凝土剥落钢筋外露　□墙身贴面装饰脱落		
	墙前岸坡： □块石缺失　□块石松动　□勾缝脱落　□底部淘空　□坡面裂缝 □滩面冲刷　□河道深坑　□板桩脱榫		
	防汛闸门： □门体变形　□闸门零部件缺失　□闸门锈蚀		
	潮(拍)门、潮闸门井： □拍门缺失　□闸门井启闭设备失灵		

（续表）

<table>
<tr><td rowspan="7">堤防设施隐患</td><td>标识标牌：
□被盗　□损坏　□污渍</td></tr>
<tr><td>里程桩：
□缺损　□污渍　□字体不清　□固定不牢</td></tr>
<tr><td>堤防监测设施：
□远程监控设施损坏　□信息管线破损、缺失</td></tr>
<tr><td>堤防绿化：
□绿化缺损　□病虫害　□一枝黄花等外来物种入侵</td></tr>
<tr><td>亲水平台：
□栏杆损坏或缺失　□栏被撞击受损　□警示标志损坏或缺失
□救生设施损坏或缺失</td></tr>
<tr><td>穿（跨）堤建筑物：
□警示标志损坏或缺失</td></tr>
<tr><td>其他：
□水面漂浮垃圾　□防撞护舷损坏　□积水
□手持终端无信号、无法上网</td></tr>
<tr><td>防汛（养护）责任书</td><td>□未按要求签订防汛（养护）责任书
□未按要求落实防汛（养护）责任</td></tr>
<tr><td rowspan="3">涉堤违法事件</td><td>违法建设活动：
□擅自改变堤防结构、设施（禁止）
□未按许可要求建设地下工程、桥梁、码头、排水（污）口等（限制）
□擅自搭建各类建筑物、构筑物（限制）</td></tr>
<tr><td>影响堤防安全的活动：
（1）禁止活动
□船舶碰撞堤防　□违章带缆泊船　□违规装卸作业　□爆破作业　□打桩
□防汛通道行驶超设计吨位车辆
（2）限制活动
□未经许可安装大型设备　□违规堆放货物　□墙前疏浚　□堵塞防汛抢险通道
□取土　□开挖　□钻探　□打井　□违规敷设地下管线
□其他水上水下作业</td></tr>
<tr><td>污染河道：
□倾倒工业、农业、建筑等废弃物以及生活垃圾、粪便
□清洗装贮过油类或者有毒有害污染物的车辆、容器</td></tr>
<tr><td>河长制督查涉堤事项</td><td>□水岸滩地漂浮物　□固废堆积　□违法排污　□擅自涂鸦</td></tr>
<tr><td>行政许可批后监管事项</td><td>□涉堤在建工程实施内容与行政许可批复时间、工程范围、工程结构、临时措施、监测措施等批复内容不相符</td></tr>
</table>

（续表）

涉堤保洁	□陆域侧堤防建(构)筑物：白色垃圾及废弃物 □绿化：白色垃圾及废弃物 □防汛通道：白色垃圾及废弃物 □相关附属设施：白色垃圾及废弃物 □相关附属设施：明显污痕
临时堤防（防汛墙）	□与两侧防汛墙连接处渗漏
特殊情况检查	□墙前泥面测量：泥面冲刷 □防汛闸门、潮拍门：无法正常启闭 □河道深坑观测：泥面冲刷情况 □支河口泥面观测：泥面冲刷情况
情况描述：（对巡查中发现的安全隐患应及时记录并报告领导，日常工作中处理的一些现场问题应及时记录）	
处置建议：	

表 7-3　墙前泥面测深记录

时间：公历　　年　　月　　日（农历　　月　　日）　　星期

天气：（晴　多云　阴　小雨　大雨　雪）　　温度：

河道名称及位置：　　　　　　　　　第　次监测　　　　　　　　单位：m

序号	监测点位置	堤顶高程 H_d	泥面高程 H_s	0			1			2			3			测量泥面高程平均值 H_{np}	滩面冲刷深度 H_s-H_{np}
				测深杆		墙前泥面高程 H_{n0}	测深杆		墙前泥面高程 H_{n1}	测深杆		墙前泥面高程 H_{n2}	测深杆		墙前泥面高程 H_{n3}		
				杆长 L_{g0}	绳长 S_0		杆长 L_{g1}	绳长 S_1		杆长 L_{g2}	绳长 S_2		杆长 L_{g3}	绳长 S_3			
1																	
2																	
3																	
4																	
5																	
6																	
9																	

测量人：　　　　　　　　　　　　记录人：　　　　　　　　　　时间：

2. 填表注意事项

堤防日常巡查记录表填写时需注意以下几点事项：

（1）巡查时发现的问题如未及时处理，在巡查记录表上应连续记录，直至问题消除为止。

（2）巡查中发现的问题按下表 7-4 和表 7-5 问题类别选填。

表 7-4　陆上巡查问题分类

问　题　类　别			单位	损坏值
堤防设施隐患	墙身	墙身破损撞坏	m^2	
		墙身下沉	cm	
		墙身裂缝	条	
		墙身倾斜	cm	
		墙身渗水	处	
		变形缝止水带断裂	条	
		变形缝填充材料缺失	条	
		墙身混凝土剥落钢筋外露	处	
		墙身贴面装饰脱落	块	
	通道桥梁	栏杆损坏	m	
		桥面破损	m^2	
		桥面伸缩缝损坏	条	
	墙前岸坡(含块石墙身)	块石缺失	块	
		块石松动	m^2	
		勾缝脱落	m	
		坡面裂缝	条	
		滩面冲刷	m^2	
	墙后地坪	开裂	条	
		渗水	处	
		管涌	处	
		沉陷(空洞)	m^2或处	
	防汛闸门	闸门墩损坏	个	
		门体变形	扇	
		闸门零部件缺失	套	
		止水装置变形损坏	m	
		闸门锈蚀	m^2	
	潮(拍)门、潮闸门井	闸门井启闭设备失灵	只	
	标识标牌	被盗	块	
		损坏	块	
		涂鸦	块	
		NFC 电子标签缺失或损坏	处	

（续表）

问题类别			单位	损坏值
堤防设施隐患	里程桩	缺损	块	
		涂鸦	块	
		字体不清	块	
		固定不牢	块	
		NFC 电子标签缺失或损坏	处	
	堤防监测设施	安全监测网控制点缺失、移位	处	
		远程监控设施损坏	处	
		信息管线破损、缺失	m 或处	
	堤防绿化	地被绿化缺损	m^2	
		病虫害	m^2	
		倒伏	棵	
		被盗（死亡）	棵	
		一枝黄花等外来物种入侵	m^2	
	防汛通道或大堤堤顶	路面破损	m^2	
		路面开裂	条	
		限高门架或路障损坏	处	
	亲水平台	栏杆损坏或缺失	m	
		被撞击受损	m^2	
		平台面装饰损坏	m^2	
		警示标志损坏或缺失	处	
		救生设施损坏或缺失	处	
	穿（跨）河建筑物	警示标志损坏或缺失	处	
		堤防结合部沉降	cm	
		堤防结合部漏水	处	
	其他	防汛物资是否完备	处	
		水面漂浮垃圾	m^2	
		防撞护舷损坏	块	
		积水	处	
		手持终端无信号、无法上网	处	
防汛（养护）责任书	防汛（养护）责任书签订及落实情况	未按要求签订防汛（养护）责任书	处	
		未按要求落实防汛（养护）责任	处	

（续表）

<table>
<tr><th colspan="3">问　题　类　别</th><th>单位</th><th>损坏值</th></tr>
<tr><td rowspan="22">涉堤违法事件</td><td>违法建设活动</td><td>未按许可要求建设地下工程、桥梁、码头、排水(污)口等</td><td>处</td><td></td></tr>
<tr><td rowspan="19">影响堤防安全的活动</td><td>擅自搭建各类建筑物、构筑物</td><td>m²</td><td></td></tr>
<tr><td>擅自改变堤防结构、设施</td><td>m</td><td></td></tr>
<tr><td>船舶碰撞堤防</td><td>件</td><td></td></tr>
<tr><td>违章带缆泊船</td><td>件</td><td></td></tr>
<tr><td>违规装卸作业</td><td>件</td><td></td></tr>
<tr><td>未经许可安装大型设备</td><td>台</td><td></td></tr>
<tr><td>堆放货物</td><td>m²</td><td></td></tr>
<tr><td>墙前疏浚</td><td>m</td><td></td></tr>
<tr><td>堵塞防汛抢险通道</td><td>m²</td><td></td></tr>
<tr><td>爆破作业</td><td>件</td><td></td></tr>
<tr><td>取土</td><td>m²</td><td></td></tr>
<tr><td>开挖</td><td>m²</td><td></td></tr>
<tr><td>钻探</td><td>件</td><td></td></tr>
<tr><td>打桩</td><td>件</td><td></td></tr>
<tr><td>打井</td><td>件</td><td></td></tr>
<tr><td>违规敷设地下管线</td><td>m</td><td></td></tr>
<tr><td>其他水上水下作业</td><td>件</td><td></td></tr>
<tr><td>防汛通道行驶超设计吨位车辆</td><td>m</td><td></td></tr>
<tr><td rowspan="2">污染河道</td><td>倾倒工业、农业、建筑等废弃物以及生活垃圾、粪便</td><td>件</td><td></td></tr>
<tr><td>清洗装贮过油类或者有毒有害污染物的车辆、容器</td><td>件</td><td></td></tr>
<tr><td colspan="2" rowspan="4">河长制督查涉堤事项</td><td>水岸滩地漂浮物</td><td>m²</td><td></td></tr>
<tr><td>固废堆积</td><td>m²</td><td></td></tr>
<tr><td>违法排污</td><td>件</td><td></td></tr>
<tr><td>擅自涂鸦</td><td>件</td><td></td></tr>
<tr><td colspan="2">行政许可批后监管事项</td><td>涉堤在建工程实施内容与行政许可批复时间、工程范围、工程结构、临时措施、监测措施等批复内容不相符</td><td>件</td><td></td></tr>
</table>

（续表）

问题类别			单位	损坏值
涉堤保洁	陆域侧堤防建(构)筑物	白色垃圾及废弃物	m^2	
	绿化	白色垃圾及废弃物	m^2	
	防汛通道	白色垃圾及废弃物	m^2	
	相关附属设施	白色垃圾及废弃物	m^2	
		明显污痕	m^2	
临时堤防(防汛墙)	堤防结构	堤后渗水、堤顶标高不足	处	
	通道闸门(含插板)	插板、闸门无法正常使用	只	
	与两侧防汛墙连接处	渗漏	处	
特殊情况检查	墙前泥面测量	泥面冲刷	mm	
	防汛墙沉降观测	墙身沉降	mm	
	防汛墙位移观测	墙身位移	mm	
	渗漏点观测	墙身渗水、地坪渗水	处	
	通道桥梁	沉降、变形		
	防汛闸门潮拍门	无法正常启闭	只	

表 7-5　水上巡查问题分类

问题类别			单位	损坏值
堤防设施隐患	墙身	墙身破损撞坏	m^2	
		墙身下沉	cm	
		墙身裂缝	条	
		墙身倾斜	cm	
		墙身渗水	处	
		变形缝止水带断裂	条	
		变形缝填充材料缺失	条	
		墙身混凝土剥落钢筋外露	处	
		墙身贴面装饰脱落	块	
	墙前岸坡(含块石墙身)	块石缺失	块	
		块石松动	m^2	
		勾缝脱落	m	
		底部淘空	m	
		坡面裂缝	条	

（续表）

问题类别			单位	损坏值
堤防设施隐患	墙前岸坡(含块石墙身)	滩面冲刷	m^2	
		河道深坑	m^2	
		板桩脱榫	处	
	防汛闸门	门体变形	扇	
		闸门零部件缺失	套	
		闸门锈蚀	m^2	
	潮(拍)门、潮闸门井	拍门缺失	只	
		排水口门冲刷	m^2	
	标识标牌	被盗	块	
		损坏	块	
		污渍	块	
	里程桩	缺损	块	
		污渍	块	
		字体不清	块	
		固定不牢	块	
	堤防监测设施	远程监控设施损坏	处	
		信息管线破损、缺失	m 或处	
	墙前绿化	绿化缺损	m^2	
		病虫害	m^2	
		一枝黄花等外来物种入侵	m^2	
	亲水平台	栏杆损坏或缺失	m	
		被撞击受损	m^2	
		警示标识损坏或缺失	处	
		救生设施损坏或缺失	处	
	穿(跨)堤建筑物	警示标识损坏或缺失	处	
	其他	水面漂浮垃圾	m^2	
		防撞护舷损坏	块	
		积水	处	
		手持终端无信号、无法上网	处	
防汛(养护)责任书	防汛(养护)责任书签订及落实情况	未按要求签订防汛(养护)责任书	处	
		未按要求落实防汛(养护)责任	处	

（续表）

<table>
<tr><th colspan="3">问　题　类　别</th><th>单位</th><th>损坏值</th></tr>
<tr><td rowspan="21">涉堤违法事件</td><td rowspan="3">违法建设活动</td><td>未按许可要求地下工程、桥梁、码头、排水（污）口等</td><td>处</td><td></td></tr>
<tr><td>擅自搭建各类建筑物、构筑物</td><td>m^2</td><td></td></tr>
<tr><td>擅自改变堤防结构、设施</td><td>m</td><td></td></tr>
<tr><td rowspan="16">影响堤防安全的活动</td><td>船舶碰撞堤防</td><td>件</td><td></td></tr>
<tr><td>违章带缆泊船</td><td>件</td><td></td></tr>
<tr><td>违规装卸作业</td><td>件</td><td></td></tr>
<tr><td>安装大型设备</td><td>台</td><td></td></tr>
<tr><td>违规堆放货物</td><td>m^2</td><td></td></tr>
<tr><td>未经许可墙前疏浚</td><td>m</td><td></td></tr>
<tr><td>堵塞防汛抢险通道</td><td>m^2</td><td></td></tr>
<tr><td>爆破作业</td><td>件</td><td></td></tr>
<tr><td>取土</td><td>m^2</td><td></td></tr>
<tr><td>开挖</td><td>m^2</td><td></td></tr>
<tr><td>钻探</td><td>件</td><td></td></tr>
<tr><td>打桩</td><td>件</td><td></td></tr>
<tr><td>打井</td><td>件</td><td></td></tr>
<tr><td>违规敷设地下管线</td><td>m</td><td></td></tr>
<tr><td>其他水上水下作业</td><td>件</td><td></td></tr>
<tr><td>防汛通道行驶超设计吨位车辆</td><td>m</td><td></td></tr>
<tr><td rowspan="2">污染河道</td><td>倾倒工业、农业、建筑等废弃物以及生活垃圾、粪便</td><td>件</td><td></td></tr>
<tr><td>清洗装贮过油类或者有毒有害污染物的车辆、容器</td><td>件</td><td></td></tr>
<tr><td colspan="2" rowspan="4">河长制督查涉堤事项</td><td>水岸滩地漂浮物</td><td>m^2</td><td></td></tr>
<tr><td>固废堆积</td><td>m^2</td><td></td></tr>
<tr><td>违法排污</td><td>件</td><td></td></tr>
<tr><td>擅自涂鸦</td><td>件</td><td></td></tr>
<tr><td colspan="2">行政许可批后监管事项</td><td>涉堤在建工程实施内容与行政许可批复时间、工程范围、工程结构、临时措施、监测措施等批复内容不相符</td><td>件</td><td></td></tr>
</table>

（续表）

问　题　类　别			单位	损坏值
涉堤保洁	陆域侧堤防建(构)筑物	白色垃圾及废弃物	m^2	
	墙前绿化	白色垃圾及废弃物	m^2	
	防汛通道	白色垃圾及废弃物	m^2	
	相关附属设施	白色垃圾及废弃物	m^2	
		明显污痕	m^2	
临时堤防（防汛墙）	与两侧防汛墙连接处	渗漏	处	
特殊情况检查	墙前泥面测量	泥面冲刷	mm	
	防汛闸门、潮拍门	无法正常启闭	只	
	河道深坑观测	泥面冲刷情况	m^2	
	支河口泥面观测	泥面冲刷情况	m^2	

3. 现场情况描述

(1) 所在位置：以堤防里程桩号或周边主要建(构)筑物为标识进行填写，以便查找。

(2) 现场情况描述：简明扼要定量、清晰反映问题的具体情况，如墙身破损撞坏应注明高×宽。

4. 处理意见

按第 6.3 节要求，对发现的问题作出紧急处理或及时处理的意见。

(1) 紧急处理：巡查中发现的信息须作紧急上报处理的，巡查作业人员应在发现问题 2 h之内完成上报。

(2) 及时处理：巡查中发现的信息需作及时上报处理的，巡查作业人员应在当天完成上报。

(3) 所有上报信息均须附现场照片，照片内容包括发生点位置及问题实况。

7.1.2　泥面测深记录

防汛墙迎水侧滩面的稳定是确保堤防设施安全的重要因素之一。在堤防日常巡查作业中，常需采用测深杆定期对墙前滩面特别是墙前易受淘刷的重点岸段滩面进行监测。巡查作业人员均应掌握好使用测深杆的工作技能，做到灵活操作、正确计算。

1. 测深杆的使用

(1) 测深杆(图 7－1)由固定操构件(测深杆与收绳盘)和可变测量构件(吊锤与测量绳)组成。每次使用前应检查其构件配置的完整性。

(2) 为保证监测成果的正确性，作业时须 2 人及以上巡查人员共同进行操作。

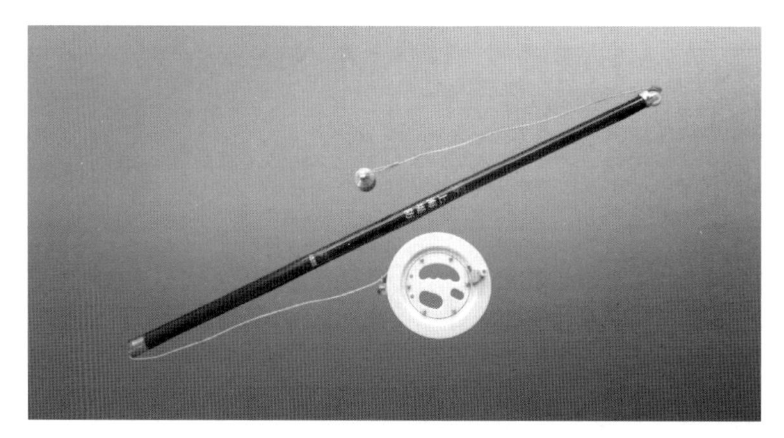

图 7-1 测深杆照片

（3）测量前，巡查作业人员应了解掌握所测位置现状、堤顶的设计高程和墙前泥面设计高程。

（4）为保证监测断面数据的正确性，设定为测量点的位置必须是连续固定的，测量时不得随意移动，当移动位置超过 50 cm 时，应作为初始样本值重新开始计算。

（5）操作时，测深杆应呈同一水平线平稳地搁置在设定的墙顶位置上，如图 7-2 和图 7-3 所示。

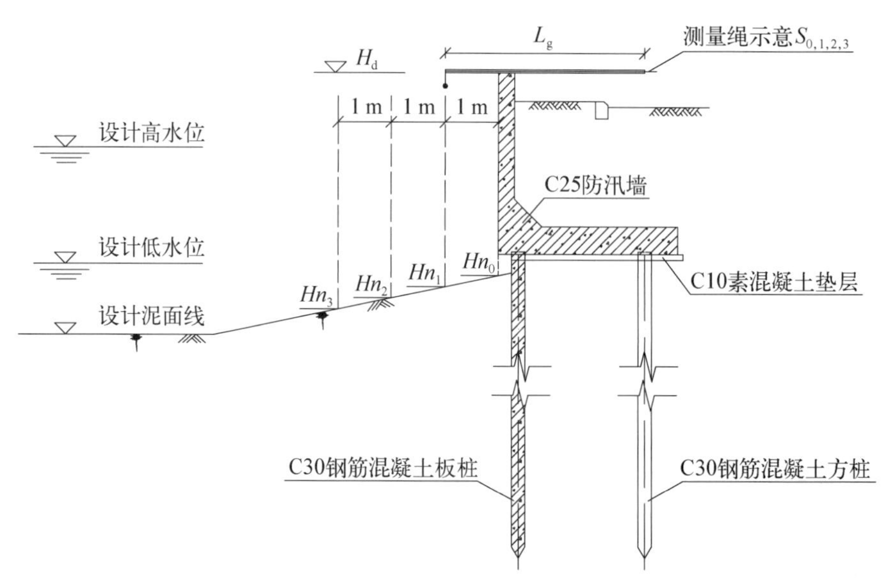

注：图示以高桩承台结构为例，测堤防墙前1 m处的泥面高程

图 7-2 测深示意图

（6）首次测量数据作为对原设计数据的复核，提交复核结果并作为初始样本值 H_s。以后第 2 次测量的数据与测量的初始样本 H_s 数据进行比较分析，确定滩面冲刷情况，以此重复，即每次测量的数据均与首次测量的初始样本 H_s 数据进行比较。

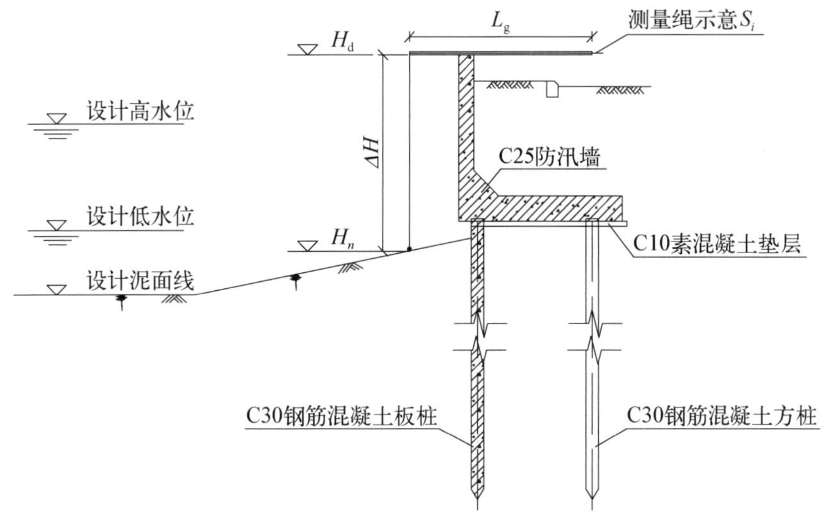

图 7-3　测深示意图

(7) 每个断面从迎水侧墙面开始为实测点，依次向河中每隔 1 m 设一个测点，至 3 m 为止，共设 4 个测点。通过墙前 4 个测点的数据计算出滩面平均高程。

2. 数据处理

墙前泥面高程计算公式为(图 7-2 和图 7-3)

$$H_{ni}=H_d+L_{gi}-S_i \tag{7-1}$$

式中 H_{ni}——墙前泥面高程(m)；

H_d——堤顶高程(m)；

L_{gi}——测深杆长度(对应的任意点现场测量时展开的长度计)；

S_i——任意点的测深绳尾部显示的长度数据；

i——距防汛墙测量点距离 $i=0,1,2,3$(m)。

计算时注意每点测点所采集的数据其对应的绳长 S_i，杆长 L_g不能混淆搞错。

$$H_{np}=H_{ni}=(H_{n0}+H_{n1}+H_{n2}+H_{n3})/4 \tag{7-2}$$

式中，H_{np}为测量断面墙面滩面平均高程。

3. 测深杆观测要求

(1) 公用岸段及非经营性专用岸段按间隔 200～300 m 一个断面，每半年测量 1 次。

(2) 经营性专用岸段其上、下游各 50 m 范围及支流河口堤防按间隔 20～25 m 一个断面，每月测量 1 次。

(3) 重点岸段观测，按间隔 20～25 m 设一个断面，观测频次不少于第 6.2.3 小节要求。

(4) 滩面观测出现冲刷深度 $H_{np}\leqslant 20$ cm 时，调整为 1 次/周。

当滩面冲刷深度 20 cm$\leqslant H_s-H_{np}\leqslant$50 cm 时，调整为每周不少于 2 次。

(5) 当滩面冲刷深度 $H_s-H_{np}>$50 cm 时，应在 2 h 内完成填报(表 7-1)并作紧急上报处理。

(6) 每次现场观测作业完成后,应在当天完成填报“墙前泥面测深记录表”(表 7-3)并上报作业。

7.1.3 手持终端信息查询

巡查作业人员将用户手机号与上海市堤防(泵闸)设施建设与管理系统后台绑定后,可通过手持终端(移动 App)登录。用户登录时只需要输入 4 位 PIN 码,认证通过后正常进入系统首页,可查询水位、在建项目行政许可、即时堤防运行信息等。

7.1.4 手持终端信息上报

手持终端是堤防网格化系统管理中的重要组成部分,具有与网格化系统同步传递和接收堤防设施安全信息的功能。巡查作业人员每次巡查时必须携带好专用的终端连接工具(手机)。

手持终端使用规范参照《上海市堤防泵闸建设运行中心移动终端暂行管理办法》,使用要求如下:

(1) 进入“水务网格化”软件前应确保已打开网络及 GPS 卫星定位功能。

(2) 巡查时不要打开手持终端 wifi 功能,否则会影响网络传输。

(3) 网络接入点模式为中国移动互联网(China Mobile Network, CMNET)。

(4) 巡查人员到达巡查岸段起始处开启“水务网格化”软件,巡查结束时关闭,避免产生无效轨迹。

(5) 巡查过程中应控制行进速度。

(6) 及时更新“水务网格化”软件版本,避免出现进不了系统、采点不准确或采点间隔变长等问题。

(7) 如遇某些特定岸段手持终端始终无信号或无法上网,填写“堤防日常巡查记录表”(表 7-1、表 7-2),及时上报处理。

(8) 发现问题应上报信息并首选手持终端上报方式,网页上报方式作为复审备案。

(9) 信息上报时点击上报按钮后将产生一定的数据传输时间,上报成功与否将有提示框,请勿在数据传输过程中反复点击上报按钮。

(10) 手持终端是堤防巡查专用的工作工具,不得有任何与巡查工作内容不符的操作行为。

(11) PC 端信息处理参见本书第 4 篇第 21 章。

7.2 巡查报告

7.2.1 报告流程

(1) 堤防巡查人员现场发现严重问题或紧急情况时,应立即电话上报,经确认后采用手持终端即时上报信息至上海市堤防(泵闸)设施建设与管理系统。

(2) 堤防巡查人员现场发现一般问题时,采用手持终端即时上报信息至上海市堤防(泵闸)设施建设与管理系统。

(3) 信息员应在工作站点一周内完成填报堤防巡查信息(表 7 - 1 或表 7 - 2、表 7 - 3 及照片)。

7.2.2　报告处理流程

(1) 对于巡查发现的严重问题,巡查单位中心站点应指派专业工程技术人员进行复核确认,并根据《上海市黄浦江和苏州河堤防设施日常养护与专项维修的工作界面划分标准》(沪堤防〔2017〕47 号文)要求,进行定性定量分析后,上报区级堤防设施管理部门。

(2) 对于巡查发现的一般问题,巡查单位中心站点应定期抽检并完成上报堤防设施安全运行工作情况报告。

(3) 区级堤防设施管理单位应通过堤防网格化管理系统对巡查单位中心站点上报的堤防巡查情况进行分类派发。涉及堤防设施损坏的,应及时通知堤防设施养护责任单位按规定要求进行处理;涉嫌违反水务法律、法规行为的,应及时制止,并视违规(法)情况,开具《堤防设施整改告知书》,对整改无效的,移送水务行政执法部门依法处理。

巡查单位应当对前款违法行为的处理予以配合,并将处理结果反馈堤防设施管理单位,及时对已处理完毕的各类信息进行确认后结案闭合。

7.2.3　应急处置报告

"堤防日常巡查记录"(表 7 - 1 或表 7 - 2)中堤防设施"处理意见"中若涉及需作应急处理的,巡查人员及相关人员应补充应急处置报告,巡查人员应在表 7 - 1 备注一栏中补充完善堤防情况的相关信息后上报中心站点,中心站点对应急处置报告内容进行核定、完善后上报区堤防管理部门。

应急处置报告包括以下三项内容。

(1) 堤防设施基本情况:所在位置、河道名称、险情范围、堤防级别、防御水位、堤防高程和交通条件等。

(2) 堤防设施险情情况:险情发生时间、出险位置、险情类型、水位和地面高程等。

(3) 堤防险情处置:现场指挥、抢护人员配备、抢险材料和抢护方案等。

7.3　巡查处置

巡查人员在巡查中,发现堤防设施有突发险情(如滑坡、地面坍塌、漏洞、墙身损坏等)时,除了立即采用智能手持终端向中心站点作应急上报外,还应对险情现场进行巡查处置,防止次生灾害的发生。

巡查处置方式如下所示。

(1) 立即在出险区域 5 m 以外位置处设置临时安全警戒线。

(2) 现场至少应有一人值守，进行现场维护，直至抢护队伍抵达现场。

(3) 根据相关规定要求，确定临时堤防(防汛墙)的设置方式(挡水子堤或挡水墙)。

(4) 临时堤防(防汛墙)布置位置应设在距险情位置 5 m 以外的稳定地基上，以满足后续修复的施工要求。

如遇重大险情工况，在等待抢护队伍的期间，巡查人员还应将险情现场堤防的一些基本参数(如堤顶高程、地面高程、墙前涨落潮工况、墙后交通工况等)上报中心站点。

第3篇
堤防维护

本篇参考文献：

[1] 胡欣.上海市黄浦江和苏州河堤防设施日常维修养护技术指导工作手册[M].上海：同济大学出版社，2014.

[2] 水利电力部水文水利管理司.水工建筑物养护修理工作手册[M].北京：水利电力出版社，1979.

[3] 刘星.FPSC聚合物水泥基复合砂浆及CPC砼防碳化涂料在水利工程上的应用推广[D].南昌：南昌大学，2016.

[4] 金有生.尾矿库建设、生产运行、闭库与再利用、安全检查与评价、病案治理及安全监督管理实务全书[M].北京：中国煤炭出版社，1979.

[5] 李光华.充填式压力灌浆在堤防渗漏处理中的应用[J].河北水利，2003(2)：46－47.

[6] 邹声杰.堤坝管涌渗漏流场拟合法理论及应用研究[D].长沙：中南大学，2009.

[7] 游文荪.DB－3普及型堤坝管涌渗漏检测仪在水利工程中的应用[J].江西水利科技，2004，30(3)：132－136.

[8] 梅孝威.水利工程技术管理[M].北京：中国水利水电出版社，2000.

[9] 叶茂盛，周斌.上海市防汛闸门及潮闸门井损坏的维修养护[J].城市道桥与防洪，2014(8)：143－145.

[10] 海门经济技术开发区江海大厦绿化养护工程[EB/OL]. https://www.doc88.com/p-9959655498532.html?r=1.

第 8 章

堤防设施维护的一般要求

堤防设施维护工作是对堤防设施必须进行的一项重要的经常性工作。通过定期保养、及时修复，防止或减轻外界不利因素对堤防设施的损害，及时消除堤防结构缺陷，保持堤防设施的完好，提高堤防结构的抗损能力，延长使用寿命。

8.1 堤防设施维护的范围

根据堤防缺陷的程度，按照工程规模的大小，上海市黄浦江和苏州河堤防工程维修养护划分为日常养护与专项维修两大范畴。本书所指堤防维护为日常养护（包括定期保养和及时修复），不含专项维修内容。

堤防设施的维护是指为了保证堤防设施的完好，充分发挥堤防设施防汛功能效益，对堤防设施的易损部位按相应标准进行定期保养，对堤防设施的损坏部位进行及时修复。根据《上海市黄浦江和苏州河堤防设施日常养护与专项维修的工作界面划分标准》，对以下内容应开展日常养护。

（1）防汛墙变形缝充填及嵌缝材料脱落（每千米≤10 条）。

（2）防汛墙墙顶局部受外力破损（破损面积≤20 m^2/km 或单节墙体面积≤5 m^2），两侧变形缝错位≤3 cm。

（3）防汛墙墙体非贯穿性局部裂缝（每千米≤10 条或单节墙体≤2 条），裂缝宽度≤0.3 mm。

（4）闸门一般锈蚀（腐蚀程度 A 级）、橡胶止水带老化、部分零件缺失（仅需对闸门进行调试、油漆、橡胶止水带老化更换、部分零件缺失补全等）。

（5）防汛墙护坡局部块石、勾缝脱落（每千米护坡面积≤60 m^2 或单节护坡面积≤20 m^2），原有护坡抛石缺失（每处补抛≤10 m^3）。

（6）防汛通道不畅，路面积水，局部路面破损（≤20 m^2/km）。

（7）堤防里程桩号、标识标牌等设施损坏。

（8）根据《上海市黄浦江防汛墙安全鉴定暂行办法》鉴定为一类、二类防汛墙。

8.2 堤防设施维护的基本要求

(1) 堤防工程的维修养护应坚持“定期保养、及时修复、养修并重”的原则。

(2) 堤防设施的维修养护单位应配备必要的养护设备、检测设备及专业养护技术人员。

(3) 堤防设施的维修养护作业应做到文明、安全、卫生和高效，避免产生对交通、防汛及公众出行的不利影响。

(4) 堤防设施维修养护作业现场应设置有效的隔离防护设施，防止非施工作业人员擅自进入维修养护现场。

(5) 对堤防设施维修养护施工影响范围内的保护对象应予以保护；维修养护单位如在施工中被损坏工程设施，应对被损坏的设施予以修复。

(6) 堤防设施维修养护标准应不低于原设计标准。

(7) 维修养护单位及监管部门应按规定建立堤防设施维修养护技术档案。

(8) 维修养护单位在养护过程中，应对堤防设施进行日常检查、观测，弄清设施受损成因。

(9) 参与堤防设施维修养护的所有单位(部门)应严格执行《上海市黄浦江和苏州河堤防设施维修养护技术规程》(SSH/Z 10007—2017)、上海市《水利工程施工质量检验与评定标准》(DG/TJ 08—90—2014)、上海市《园林绿化工程施工质量验收标准》(DG/TJ 08—701—2020)等相关规定。

第 9 章

堤防(防汛墙)墙身维护

9.1 防汛墙墙面裂缝维护

9.1.1 防汛墙结构裂缝的分类、特征及成因

防汛墙裂缝实例照片如图 9 - 1 所示。

(a) 防汛墙墙身多处贯穿裂缝

(b) 防汛墙墙体裂缝

(c) 防汛墙墙体开裂严重

(d) 防汛墙墙体裂缝严重

图 9 - 1 防汛墙结构裂缝实例照片

9.1.1.1 防汛墙结构裂缝的分类及特征

受场地条件限制，黄浦江、苏州河沿线堤防结构形式绝大部分都为高护岸堤防结构（防汛墙即为堤防），现状防汛墙上部结构一般采用钢筋混凝土薄型结构，常年裸露在自然条件的挡水墙其墙体厚度仅为 30～40 cm，少数岸段存在的块石结构防汛墙，其断面尺寸一般也仅在 50～200 cm 左右。防汛墙常年受各种自然因素影响，则会出现各种破损现象，常见的防汛墙裂缝就是其中之一。

防汛墙墙体上的裂缝因各种不同影响因素而生成，一般常见的有温度裂缝、干缩裂缝、沉陷裂缝、应力裂缝、施工裂缝等。裂缝的分类及特征见表 9－1。

表 9－1 裂缝的分类及特征

序号	分类	特 征
1	温度裂缝	1. 由于裂缝产生原因不同，分别呈表层、深层或贯穿性 3 种情况，表层裂缝的走向一般没有一定规律性； 2. 如果是深层或贯穿性裂缝，其裂缝方向一般与主筋方向平行或接近平行，与分布筋方向垂直或接近垂直； 3. 裂缝宽度大小不一，但每条裂缝沿长度方向其裂缝宽度较均匀，基本无大变化； 4. 裂缝宽度受温度变化影响，热胀冷缩较明显
2	干缩裂缝	1. 裂缝属于表面性的，走向纵横交错，没有一定的规律性，形似龟纹； 2. 缝宽及长度都很小，如发丝一般
3	沉陷裂缝	1. 裂缝属于贯穿性的，其走向一般与沉陷走向一致； 2. 裂缝宽度受温度变化影响较小； 3. 较小的不均匀沉陷引起的裂缝，一般看不出错距，较大的不均匀沉陷引起的裂缝则常有错距（如砌石结构）； 4. 对于轻型薄壁的结构，往往有较大的错距
4	应力裂缝	1. 裂缝属于深层或贯穿性的，走向基本上与主应力方向垂直； 2. 钢筋混凝土建筑物的裂缝方向与主钢筋方向垂直或接近于垂直； 3. 裂缝宽度一般较大，且沿长度或深度方向有显著的变化； 4. 缝宽受温度变化的影响较小
5	施工裂缝	1. 裂缝属于深层或贯穿性的，走向与工作缝面一致； 2. 竖直施工缝开裂宽度较大（一般＞0.5 mm）；水平施工缝一般宽度较小

9.1.1.2 裂缝的成因

防汛墙裂缝形成的原因是多方面的，其主要原因有以下几点。

（1）墙体配筋不足以及钢筋布置不当等，致使结构强度不足，建筑物抗裂性能降低。

（2）基础处理不当，导致基础不均匀沉降而使建筑物发生裂缝。

（3）墙体分缝段长度过长，使得温度应力超值，引起建筑物产生裂缝。

（4）混凝土浇筑时，质量控制不严，混凝土均匀性、密实性和抗裂性较差。

（5）混凝土凝结过程中，由于养护不当，外界温度变化过大，使混凝土表面剧烈收缩。

（6）混凝土未达到设计强度时因沉降、振动、收缩作用而引起的裂缝。

(7) 台风和超标准水位运行，以及风、暴、潮同时袭击等引起建筑物的振动或者超设计荷载作用而发生裂缝甚至破损。

(8) 结构建设年代久远，环境及空气污染对混凝土产生侵蚀作用，如空气中的碳酸盐类使混凝土收缩。

上述第(1)～(3)条主要为设计方面的原因，第(4)～(6)条主要为施工方面的原因，第(7)条和第(8)条主要为自然因素方面的原因。

9.1.2　墙体裂缝的检查、观测及维修方法的选择

9.1.2.1　墙体裂缝的检查与观测

防汛墙墙体出现裂缝，应加强检查与观测。根据裂缝的特征，结合设计、施工资料以及现场实际情况进行分析，查明裂缝性质、原因及其危害程度，为制订维修方案提供可靠依据。检查与观测包括以下内容。

(1) 裂缝的位置、走向、长度、宽度、深度错距及分布范围。

(2) 裂缝是否稳定，长度、宽度有无发展，裂缝的开度与温度、水位的变化关系，一般应连续观测 1～3 周。

(3) 有渗水的裂缝(包括块石体结构)应进行定量观测，以判断结构内部裂缝(缝隙)情况。裂缝观测的具体方法按照《工程测量标准》(GB 50026—2020)和《水利水电工程施工测量规范》(SL 52—2015)有关规定执行。

9.1.2.2　墙体裂缝维修方法

墙体裂缝维修的目的是恢复其整体性，保持结构的强度、耐久性和抗渗性。一般裂缝宜在地下水位较低且适宜于修补材料凝结固化的温度、湿度下进行；在水下部分的裂缝，若必须在水下修补时，应采用相适应的修理材料和方法；对受气温影响的裂缝，宜在低温季节开度较大的情况下修理，对不受气温影响的裂缝，则宜在裂缝已经稳定的情况下选择适当的方法修理，裂缝修复方法的选择可参考表 9-2。

表 9-2　裂缝修复方法

序号	裂缝类型	渗水现象	对结构强度的影响	修复方法	备　注
1	龟裂缝	不渗水	影响抗冲、耐蚀能力	表面涂抹环氧砂浆或防渗涂料	
2	裂缝宽度≥0.3 mm(裂缝不贯穿)	不渗水	无影响	表面涂抹环氧砂浆	在裂缝出现面处理
3	裂缝宽度≥0.3 mm(裂缝贯穿)	少量渗水	无影响	迎水面凿槽嵌补，背水面涂抹环氧砂浆	
4	对结构强度有影响的贯穿裂缝	渗水或不渗水	削弱或破坏	钻孔灌浆封堵裂缝或凿槽嵌补	如是沉陷缝须先进行地基加固处理

（续表）

序号	裂缝类型	渗水现象	对结构强度的影响	修复方法	备　注
5	施工缝	渗水或不渗水	有影响	钻孔灌浆或迎水面凿槽嵌补	
6	数量多、分布广的细微裂缝	不渗水	无影响	表面涂抹水泥砂浆或其他材料	

9.1.3 防汛墙墙面裂缝维护方法

9.1.3.1 表面涂抹

常用的表面涂抹方法有水泥砂浆，防水快凝砂浆，环氧砂浆等涂抹在裂缝部位的混凝土表面。

1. 水泥砂浆涂抹

水泥砂浆涂抹是先将裂缝附近的混凝土表面凿毛，并尽可能使糙面平整，清理干净后，喷水使之保持湿润，涂刷界面剂，然后采用 1∶1～1∶2 的水泥砂浆涂抹。涂抹时混凝土表面不能有流水，涂抹的总厚度一般为 1.0～2.0 cm，最后用泥刀压实、抹光。砂浆配置时所用砂子不宜太粗，一般为中细砂。水泥可用普通硅酸盐水泥，其强度等级不低于 42.5。温度高时，涂抹 3～4 h 后即需洒水养护，并防止阳光直射；冬季应注意保温，不可受冻，否则所抹的水泥砂浆经冻后轻则强度降低，重则报废。

本方法还适用于砌石体结构勾缝料脱落的修补（平、凹缝修补），混凝土坡面裂缝或缺口、破损的修复以及墙面涂鸦保洁维护等。

墙面涂鸦保洁维护一般采用 1∶2 水泥砂浆涂抹，涂抹厚度以涂鸦面完全遮盖、无阴影面显露为止。对于涂鸦色彩较深且污渍较严重的墙面，应采用高压水冲洗后再进行涂抹。

2. 防水快凝砂浆涂抹

防水快凝砂浆是在水泥砂浆内加快凝剂，以达到速凝和提高防水性能的目的。该方法适用于常水位以下的墙体部位或护坡面在低潮位时进行赶潮快速修复。防水剂可采用市场成品产品。防水快凝灰浆和砂浆的配比可参考表 9-3。

表 9-3 防水快凝灰浆、砂浆配合比

序号	名　称	配比（重量比）				初凝时间 /min
		水泥	砂	防水剂	水	
1	急凝灰浆	1		0.69	0.44～0.522	2
2	中凝灰浆	1		0.2～0.28	0.4～0.52	6
3	急凝砂浆	1	2.2	0.45～0.58	0.15～0.28	1
4	中凝砂浆	1	2.2	0.2～0.28	0.4～0.52	3

防水快凝灰浆和砂浆的配置，是先将水泥或水泥与砂拌匀，然后将防水剂注入并迅速搅

拌均匀,立即用刮板和泥刀刮涂在混凝土面上,压实抹光。由于快凝灰浆或砂浆凝固速度快,使用时应随拌随用,一次拌量不宜过多,可以一人拌料,另一人涂抹。涂抹工艺是先将裂缝凿成深约 2 cm,宽约 20 cm 的毛面,清洗干净并保持表面湿润,然后在其上涂刷一层防水快凝灰浆约 1 mm 厚,硬化后即抹一层防水快凝砂浆,厚度 0.5～1.0 cm,再抹一层防水快凝灰浆,又抹一层防水快凝砂浆,直至与原混凝土面齐平为止。

3. 环氧砂浆涂抹

根据堤防结构的特殊性,裸露在外的墙体基本上都为直立体,为此,墙面修护选用"HC－EPC 水性环氧修薄层修补砂浆"产品时应选用适用于垂直面的特殊配方 T 型产品。

施工操作要求具体如下。

(1) 表面处理：施工表面必须干净、无灰、无松动、无积水,以确保砂浆的表面黏结力。混凝土表面的浮浆必须铲除或喷砂去除,各类油污必须清除干净,确保黏合剂料的完全渗透,对暴露的钢筋采用除锈和涂防锈底漆。

(2) 混合搅拌：严格按产品说明要求拌和砂浆料。

(3) 施工：将搅拌好的黏合修护料用泥刀或刮板尽快刮到处理好的施工表面或黏结材料表面,以达到修护的厚度。根据气温的高低施工期夏天 2 h、冬天 3 h 内施工完毕,施工温度范围 5～30℃。施工时用力压抹以确保修护料同基面完全黏附。刮刀将表面抹平整;压平后修去多余物料,及时整平表面达到最终的效果。

(4) 施工厚度：施工厚度 2～20 mm。

4. 表面涂抹质量标准

(1) 严格按照规定要求进行操作。

(2) 涂抹厚度均匀,墙面无深、浅痕迹。

(3) 修补后水泥砂浆无裂痕、无断裂现象。

(4) 墙面光滑、平整,连接面自然无缝隙。

9.1.3.2　凿槽嵌补

凿槽嵌补是沿混凝土裂缝凿一条深槽,槽内嵌填防水材料,如环氧砂浆及防水砂浆等,以防渗水。它主要用于修理对结构强度没有影响的裂缝。

1. 缝槽处理形式

沿裂缝凿槽,槽形根据裂缝位置和填补材料而定,可以凿成形状如图 9－2 所示。

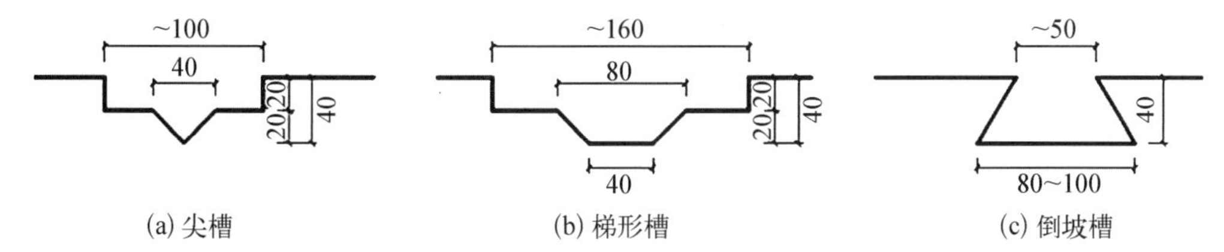

图 9－2　缝槽形状及尺寸图(单位：mm)

图(a)类型槽多用于竖直向裂缝;图(b)类型槽多用于水平向裂缝;图(c)类型槽的特点

是内大外小，填料后在口门用木板挤压，可以使填料紧密而不致被挤出来，因而一般多用于顶平面裂缝及有渗水的裂缝。

槽的两边混凝土面必须修理平整，槽内必须清洗干净。如果槽口外需要抹水泥砂浆或喷砂浆等材料时，在凿槽时应一并将槽口外的混凝土面凿毛（凿毛范围根据需要而定），同时清理干净。

用水泥砂浆填补时，事先要保持槽内湿润，但不能有流水现象；用环氧砂浆填补时，要保持槽内干燥，否则应采取其他措施后才能进行填补。

2. 水泥砂浆嵌补

水泥砂浆嵌补较简单，在工作面保持湿润状态的情况下，将拌和好的砂浆用刮板或泥刀抹到修护槽内，反复压实、抹光后，按普通混凝土的要求进行养护。（具体操作要求可参照第9.1.3.1节第1条）

3. 环氧砂浆嵌补

双组分环氧砂浆是裂缝修护的一种常用材料，其修复效果优于水泥砂浆。它由优质的砂骨料和环氧树脂调配而成，并加入多种辅助剂，可控制材料的流动性和耐老化性，施工方便，可用刮板和泥刀进行施工，根据场地环境条件不同，有普通级、垂直施工级、潮湿级、细质级等，施工时应根据现场条件进行选用。

施工操作要求包括以下几方面。

(1) 表面处理：施工表面必须干净、无灰，无松动和无积水，以确保砂浆的表面黏结力。混凝土表面的浮浆必须铲除或喷砂去除，各类油污必须清除干净，确保黏合剂料的完全渗透。对暴露的钢筋采用除锈和涂防锈底漆。

(2) 混合搅拌：严格按产品要求拌和砂浆料。

(3) 施工：将搅拌好的砂浆用泥刀或刮板尽快刮到处理好的施工面上，以达到修护的厚度，根据气温的高低在20～45 min内施工完毕。施工时需用力压抹以确保修护料同基面完全黏附。刮刀将表面抹平整；为使表面更光滑平整，可在施工期将表面撒上些水再用泥刀压平整，也可戴塑胶手套压平；

(4) 施工厚度：垂直面施工最大厚度20 mm，水平面最大厚度50 mm。

4. 凿槽嵌补质量标准

(1) 严格按照规定要求进行操作。

(2) 修补面缝口平整、光滑，凹面、凸面≤2 mm。

(3) 顶平面修补缝口范围内，注水检验，不积水，凸面≤2 mm。

9.1.3.3 化学灌浆

对于贯穿性裂缝的修复，通常采用钻孔灌浆的方式进行修护，常用水泥灌浆和化学灌浆两种方式。目前上海地区对于防汛墙贯穿性裂缝的修护通常采用的是化学灌浆方式。

化学灌浆材料具有良好的可灌性，可以灌入0.3 mm或更窄的细裂缝。同时化学灌浆材料可调节凝结时间，适应各种情况下的堵漏防渗处理，效果较为理想。

1. 施工程序

钻孔→压气检验→注浆→封孔→检测。

2. 技术要求

(1) 钻孔。

① 布孔方式：通常分为骑缝孔和斜孔两种，如图 9－3 所示。对于大体积混凝土结构且裂缝较深的，当浆液扩散范围不满足要求时可采用斜孔辅助。上海地区防汛墙结构厚度一般在 0.3～0.6 m 范围，结构厚度不大，为此一般情况下均采用骑缝注浆形式。

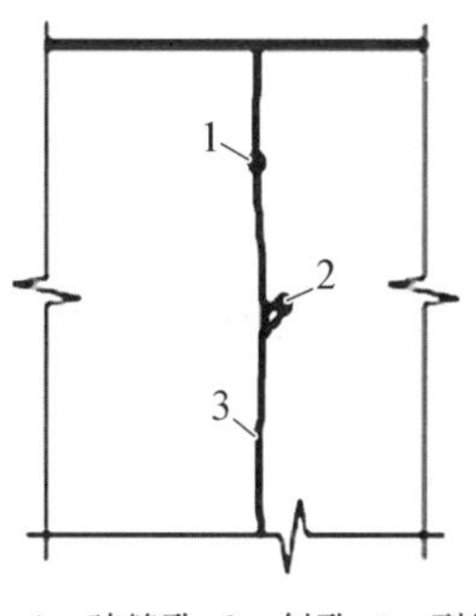

1—骑缝孔；2—斜孔；3—裂缝

图 9－3　钻孔布置方式示意图

② 孔距及孔径：孔距根据浆液扩散性质、裂缝宽度及缝面畅通情况、建筑物结构尺寸等因素确定，一般采用沿裂缝 200～500 mm 布孔 1 只，孔径为 12～18 mm，孔深为 100 mm 左右。

③ 设备安装：根据产品要求进行安装及操作。

(2) 压气检验。

压气检验的目的主要是检查钻孔与缝面的通畅情况，可用耗气量来检查结构物内部是否有大的缺陷，检验时气压一般应稍大于注浆压力。

(3) 注浆方法。

① 材料：一般常用的灌浆材料是改性环氧树脂，目前市场上化学灌浆材料品种较多，施工时应根据场地现状条件以及工程存在的具体问题选用相匹配的产品，以保证灌浆质量效果。另外，也可以聘请专业技术公司进行加固修复；

② 灌浆压力：0.3～0.5 MPa，结束压力 0.5～0.6 MPa，注浆时压力由低到高，当压力骤升而停止吸浆时，即可停止注浆。

(4) 质量标准。

混凝土墙面裂缝修补完成后，采用《回弹法检测混凝土抗压强度技术规程》(JGJ/T 23—2011)中的方法检测，混凝土等级强度应不小于 C30。

9.1.3.4　CPC 混凝土防碳化涂料

CPC 混凝土防碳化涂料是一种高性能防碳化乳液改性的水泥基聚合物复合材料，涂抹在混凝土表面并与之牢固黏结形成高强、坚韧、耐久的弹性涂膜保护层。可有效阻止自然环境中的腐蚀介质对结构材料的侵蚀，以保护混凝土墙体的安全，延长其使用寿命。

1. 产品特点

(1) 良好的黏结强度与黏结能力，可涂刷在多种建筑材料表面。

(2) 抵抗大气侵蚀，抗紫外线照射，耐磨损，正常使用条件下，使用寿命可达 20 年以上。

(3) 优良的柔韧性，既可阻止微细裂缝的进一步扩展，又可抵抗由于混凝土基体膨胀、收缩而引起新的开裂的产生，阻止水分进入混凝土内部。

(4) 具有良好的防水和密封性能，防止外界雨水对结构的损坏。

(5) 可抗有害气体,如二氧化碳、氧气、盐雾等的渗透性能,防止混凝土中性化,又耐轻度化学腐蚀,阻止氯离子及酸、碱、盐物质渗入混凝土内部,防止钢筋锈蚀。

(6) 为水性涂料,无毒、无味、无污染。

(7) 根据需要提供多种颜色,深灰、灰白、米黄和浅蓝为标准色。

2. 施工方法

(1) 基面处理。

① 混凝土基面:应坚硬、平整、粗糙、干净、湿润。基面凹凸不平之处,应先用角磨机打磨平整;基面浮尘、浮浆、油污等处应用钢丝刷除掉,疏松、空鼓部位应凿除;较大缺陷用CPC混凝土防碳化涂料调配的聚合物砂浆修补找平,配比为(质量比,以下同):A组分∶B组分∶细砂∶水=1∶4∶2∶适量;各种缝隙、裂缝或蜂窝、麻面等不平整处用CPC混凝土防碳化涂料调配的聚合物腻子找平,配比为:A组分∶B组分∶水=1∶4∶适量。涂刷防碳化涂层之前,混凝土基面应预先喷水清洗和湿润处理,稍晾一段时间后无潮湿感时再施刷涂料。

② 黏结碳纤维布后表面:按正常工序黏结碳纤维布后,应在最后一道面胶涂刷后在其表面均匀点黏一层干净的石英砂(石英砂40~70目,点黏应薄而均匀),并用辊筒碾平,待表面干透后进行涂料的涂刷。对粘贴碳布与混凝土基面过渡区域,应采用聚合物腻子找平,平缓过渡。

③ 粘钢表面:按正常工序粘钢施工结束后,清除钢表面的油脂、污垢及铁锈等附着物,然后涂刷2道环氧铁红防锈涂料,当防锈涂料未干时在其表面均匀点黏一层干净石英砂,并用辊筒碾平,待表面干透后进行涂料的涂刷。

④ 腻子找平:如果基面凹凸不平、纹路较深,涂层不能覆盖或涂料表面装饰功能要求高时,应采用CPC柔性耐水腻子在基面上整体批刮2道,再涂刷CPC防碳化涂料涂刷,以达到更好的美观效果。

(2) 涂料拌制。

每次涂料配制前,应先将液料组分搅拌均匀。涂料的质量配比为:A组分∶B组分∶水=1∶3∶(0~0.2)。涂刷底层时,加水量可取高限值。液料与粉料的配比应准确计量,采用搅拌器充分搅拌均匀,搅拌时间约5 min,拌制好的涂料应色泽均匀,无粉团、沉淀。涂料搅拌完毕静置3 min后方可涂刷。

(3) 涂料涂刷。

涂层应分层多道涂刷完成。基面未批刮腻子层时,涂料应涂刷4~5道,使之形成1~1.2 mm厚度的涂层:有腻子层时涂刷3道即可,形成厚度约0.75 mm的涂层。后道涂刷必须待前道涂层表干不黏手后方可进行(推荐即使在夏季快干季节,间隔时间也不要低于1.5 h)。当前道涂刷施工完毕后,应检查涂层是否厚薄均匀,严禁漏涂,合格后方可进行后道涂刷施工。涂刷工具可采用刷子或绒毛辊筒。辊涂时应来回多辊几次,以使涂料与基层之间不留气泡,黏结牢固。每遍涂刷宜交替改变涂层的涂刷方向。在使用中涂料如有沉淀应注意随时搅拌均匀。

(4) 涂层养护。

最后一道涂层施工完 12 h 内不宜淋雨。若涂层要接触流水,则需自然干燥养护 7 d 以上才可。密闭潮湿环境施工时,应加强通风排湿。

3. 质量标准

(1) 漏涂、透底:不允许。

(2) 反锈、掉粉、起皮:不允许。

(3) 泛碱、咬色:不允许。

(4) 厚度:厚度一致。

(5) 针孔、砂眼:允许轻微少量。

(6) 光泽:均匀。

(7) 开裂:不允许。

(8) 颜色:色泽一致。

4. 产品性能指标

CPC 混凝土防碳化涂料性能指标见表 9-4 和表 9-5。

表 9-4 CPC 混凝土防碳化涂料(底涂)

项 目		指 标
凝结时间	初凝时间/min	≥45
	终凝时间/h	≤24
抗折强度/MPa	7 d	—
	28 d	≥6.0
抗压强度/MPa	7 d	—
	28 d	≥18
湿基面黏结强度/MPa	28 d	≥1.0
抗渗压力/MPa	28 d	≥1.5

表 9-5 CPC 混凝土防碳化涂料(面涂)

序 号	项 目	技术指标
1	容器中状态	搅拌混合后无硬块,呈均匀状态
2	施工性	施工无障碍
3	低温稳定性	不变质
4	涂膜外观	正常
5	干燥时间(表干)	≤2 h

(续表)

序　号	项　目	技术指标
6	耐水性(7 d)	无异常
7	耐碱性[饱和 $Ca(OH)_2$溶液浸泡 7 d]	不粉化、不起泡、不龟裂、不脱落
8	耐酸性(1% H_2SO_4溶液浸泡 7 d)	不粉化、不起泡、不龟裂、不脱落
9	耐盐性(36% NaCl 溶液浸泡 7 d)	不粉化、不起泡、不龟裂、不脱落
10	耐湿热老化试验(1 000 h)	不粉化、不起泡、不龟裂、不脱落
11	耐冻融循环试验(25 次)	不粉化、不起泡、不龟裂、不脱落
12	对 CO_2的隔离性	相对碳化深度≤20%

注：1. CPC 混凝土防碳化涂料(底涂)用量基面批刮腻子时，CPC 防碳化涂料一般涂刷 3 道，每平方米涂料组合用量约 1 kg，涂层厚度约 0.75 mm。基面不刮腻子时，一般涂刷 2～3 道 CPC 防碳化涂料，每平方米涂料组合用量约 1.2～1.5 kg，涂层厚度约 1～1.2 mm。为了保证防碳化效果，基面未批刮腻子层时，涂层厚度不应小于 1.0 mm，每平方米涂料用量不得少于 1.2 kg。

2. CPC 混凝土防碳化涂料(面涂)用量 5～7 m^2/kg。

5. 施工注意事项

(1) 涂料施工时应避免阳光暴晒或大风吹刮，施工气温宜在 5℃以上，不应在雨季中施工。

(2) 基面应坚实、平整、洁净，无油污和油渍、无浮渣、无疏松起砂、起皮、裂缝等缺陷，修补区应填塞、黏结良好。

(3) 涂料配制量以实际面积计算，应随配随用以免结硬，涂料配制后一般宜在 1 h 内用完为宜，干稠后不应加水再使用。

(4) 同一工程，应采用同一批号的涂料，现场配比应准确、统一，搅拌应均匀透彻，无粒状、花白料，否则难保颜色均匀一致。

(5) 施工中发现涂层有脱开、裂缝、针孔、气泡或接茬不严密等缺陷时，应及时补救。

9.1.4 施工注意事项和安全防护措施

(1) 施工过程中注意回收凿除的混凝土弃渣和水泥砂浆废渣，防止废料污染周围建筑设施。

(2) 施工脚手架搭设严格按照脚手架安全技术防护标准和规范进行。

(3) 所有参与现场施工的人员必须佩戴安全帽，如果涉及高空作业，必须佩戴安全缆绳，水上作业施工人员需穿戴救生衣。

9.2 堤防(土堤)裂缝维护

9.2.1 堤防式结构裂缝的种类和成因

堤防式防汛墙与二级组合式挡墙，其第二级挡墙的土体出现裂缝是一种常见的缺陷，有的堤防式结构裂缝在土体表面就可以看到，有的则隐藏在坝体内部，需开挖检查才能发现，如图 9－4 所示。

(a) 堤坡裂缝

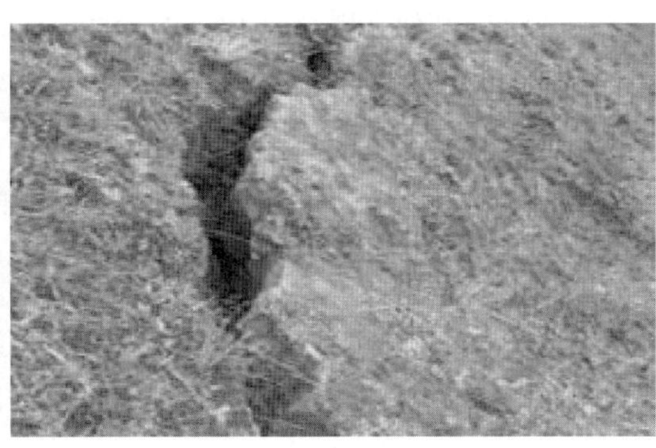

(b) 裂缝险情扩大

图 9－4　防汛堤裂缝破坏实例照片

9.2.1.1　堤防式结构裂缝的分类及特征

堤防式结构裂缝宽度最窄的不到 1 mm，宽的可达数十厘米；裂缝的长度短的不到一半，长的有数十米或更长；裂缝深度深浅不一，裂缝走向有平行于堤岸线的纵缝，有垂直于堤岸线的横缝，还有倾斜裂缝。各种类型的裂缝各有其特征，归纳如表 9－6 所示。

表 9－6　裂缝分类及特征

分类	裂缝名称	裂缝特征
按裂缝部位分	表面裂缝	裂缝暴露在土体表面，缝口较宽，一般随深度变窄而逐渐消失
	内部裂缝	裂缝隐藏在土体内部，水平裂缝呈透镜状，垂直裂缝多为下宽上窄的形状
按裂缝走向分	横向裂缝	裂缝走向与堤岸线垂直或斜交，一般出现在堤顶较多，严重的发展到堤坡，近似铅垂或稍有倾斜，堤顶路面随缝开裂
	纵向裂缝	裂缝走向与堤岸线平行或接近平行，多出现在堤顶及堤坡上部，一般较横缝长
	龟裂缝	裂缝呈龟纹状，没有固定的方向。纹理分布均匀，一般与土堤表面垂直，缝口较窄，深度 10～20 cm，很少超过 1 m
按裂缝成因分	沉陷裂缝	多发生在堤坝分区分期填土交界处、堤下埋有穿堤管线的部位，以及土堤与建筑物接触的部位
	干缩裂缝	多出现在土堤表面，密集交错，没有固定方向，分布均匀，有的呈龟纹裂缝形状，降雨后裂缝变窄或消失。有的也出现在防渗体内部，其形状呈薄透镜状
	滑坡裂缝	裂缝中段接近平行堤岸线，缝两端逐渐向堤脚延伸，在平面上略呈弧形，缝较长，多出现在堤顶、堤肩、背水坡堤坡及排水不畅的堤坡下部。在水位骤降或地震情况下，迎水坡也可能出现。形成过程短促，缝口有明显错动，下部土体移动，有离开堤体倾向
	振动裂缝	在经受强烈振动或烈度较大的地震以后发生纵横向裂缝，横向裂缝缝口随时间延长，缝口逐渐变小或弥合，纵向裂缝缝口没发生变化。堤顶多出现裂缝，严重的堤顶两侧土路肩坍塌

9.2.1.2 裂缝的成因

土堤裂缝的成因，主要是由于堤基承载力不均匀、堤身施工质量差、堤身结构及断面尺寸设计不当或其他害堤隐患等所引起的。有的裂缝由于是单一原因所引起，有的则是多种因素造成的。

1. 堤防中隐患的种类

(1) 动物洞穴：害堤动物有狐、獾、鼠、蛇等，其洞穴直径一般为 10～50 cm，洞身纵横分布，有的互相连通或横穿堤身，形成漏水通道，危害堤防。

(2) 白蚁穴：白蚁也称白蚂蚁，是一种群性生活的昆虫，幼蚁为白色，工蚁和兵蚁的颜色较浅，白蚁活动非常隐蔽，一般活动在靠近水源、潮湿、阴暗、通风较差、食物集中、偏僻不被惊动的地方。白蚁巢穴不但有直径 0.8～1.5 m 的主巢，且周围还有许多副巢，副巢的蚁路四通八达，甚至横穿堤身，水涨时水沿蚁路浸入堤身，即形成漏洞，引起塌坑，常常由此导致堤防决口。白蚁一般在 3—6 月或 9—11 月大量外出觅食，可利用该期间进行普查白蚁，查找白蚁外出留下的泥线、泥被、移植孔等迹象。捕捉白蚁的方法有地表普查法、铲挖法、引诱法等。

(3) 人为洞穴：主要有排水沟、废井、坟墓等，这些洞穴往往埋藏在大堤深处，汛期一旦淋水，易发生漏洞、跌窝而引起堤身破坏。

(4) 暗沟：修堤局部夯压不实，或留有分界缝，或用泥块填筑，造成堤身内部隐患，雨水或河水渗入后，逐渐形成暗沟，洪水时期极易产生塌坑和脱坡。

(5) 虚土裂缝：修堤时由于土料选择不当、夯压不均匀，或培堤时对原堤坡未铲草刨毛，以致新旧土接合不紧或有架空现象；或由于干缩、湿陷而引起不均匀沉陷，一到汛期，也易产生渗漏或脱坡等险情。

(6) 腐木空穴：堤内埋有腐烂树干、树根，年久形成洞穴，盘根错节地蔓延更广，危害较大。

(7) 接触渗漏：穿堤涵管周围回填土质量不好，造成接触面产生裂缝漏水。

2. 裂缝成因

(1) 表面裂缝。

① 横向裂缝。

a. 沿堤岸线方向的堤基地质不同，物理力学性质差异很大，堤身成形后压缩变形不一，相邻断面易产生不均匀沉陷；

b. 分段分期施工及闭合段采取台阶式连接，沉降不均匀；

c. 未按设计要求填土，沉降不均匀，形成裂缝；

d. 堤身碾压不实，特别是穿堤管线部位、管壁填土夯实不够，形成裂缝；

e. 强烈振动影响，如搅拌车辆的连续行驶引起的振动。

② 纵向裂缝。

a. 垂直于堤岸线方向，地质条件变化很大，如局部含有暗浜，土层厚度等堤基不均匀沉降引起裂缝；

b. 堤坡太陡，抗滑稳定安全系数不足；

c. 堤身碾压不实，未达到设计要求，较易引起裂缝；

d. 横断面分期施工，填筑层高差过大，接合面坡度太陡，碾压不均，在接合面可能产生纵向裂缝；

e. 堤顶超载，重型车辆行驶振动造成裂缝；

f. 堤坡面地被绿化，当暴雨后，堤坡排水不畅，堤坡表面发生裂缝。

③ 龟裂缝。

a. 在长期干燥的条件下，如长久干旱不下雨，堤身表面含水量蒸发，土体收缩干裂；

b. 温度影响变化，如长时间高温或低温影响形成表面裂缝。

(2) 内部裂缝。

① 横向裂缝：堤基局部含有高压缩性软弱土层，且其压缩性远比相邻堤基要大，致使局部堤身下部的受力情况如同简支架，堤基底部产生拉应力，引起底宽上窄的横向裂缝；

② 纵向裂缝：修筑堤身的土料黏粒含量过高，含水量太大，竣工后含水量逐渐蒸发消散，土体干缩变形，堤身内部产生拉应力，引起内部裂缝。

9.2.2　土堤裂缝的检查与判别

堤防巡查是在堤防建成后进行的，因而一般对施工中存在的隐患不甚了解，因而，必须在日常管理中加强巡视检查，并根据堤防显现出来的问题进行总结、分析判别。

9.2.2.1　裂缝检查

(1) 应加强检查的事项。

① 堤身有沉陷变化时；

② 堤坡面有隆起、塌陷时；

③ 长时间干旱无雨天气时；

④ 堤顶常有重载车辆行驶。

(2) 应重点检查的部位。

① 有管线穿越的部位；

② 堤身有高差变化且较大处；

③ 堤坡面陡、缓变化较大处；

④ 坡面冲刷较厉害处。

(3) 检查观测的方法。

① 一般的裂缝检查观测按照《工程测量标准》(GB 50026—2020)和《水利水电工程施工测量规范》(SL 52—2015)执行；

② 搜集施工记录，了解施工进度及填土质量是否符合设计要求；

③ 有条件地通过钻探取样进行物理力学性质试验，进行对比，分析裂缝原因；

④ 采用雷达检测设备，探测堤身内部裂缝或隐患。作业人员在堤身上选定若干纵横断面，在断面上插上两个电极通直流电，然后在该断面的堤坝表面依次测量两点不同位置的电位差，据此推算出该处地层的电阻率。在含水量相同的土体中，土质结构较松散的，电阻率较高，土质结构较密实的，电阻率较低。可根据不同位置电阻率的大小和突变情况，判断地层内有无隐患或隐患位置。

9.2.2.2 裂缝判别

裂缝的种类有很多，如果不了解裂缝的性质，就不能正确地处理，特别是滑动性裂缝和非滑动性裂缝，一定要认真予以辨别。

判断的主要方法，首先应掌握各种裂缝的特征（表 9－6），并据此进行判断。滑坡裂缝与沉陷裂缝的发展过程不相同，滑坡裂缝初期发展较慢而后期突然加快，而沉陷裂缝的发展过程则是缓慢的，并到一定程度而停止。只有通过系统的检查观测和分析研究才能正确判断裂缝的性质。

9.2.3 裂缝的维护

各种裂缝对土质堤身来说都有不利的影响，危害最大的是贯穿堤身的横向裂缝以及滑坡裂缝，一旦发现，除认真观测和监视外，还应该查明原因，及时处理，以免造成不良后果。对很浅的表面裂缝，如干缩裂缝，以及宽度小于 0.5 mm、深度小于 1 m 的纵向裂缝，也可以不予以处理，但要填塞缝口；其他裂缝可观测一段时间，待裂缝趋于稳定后，分析原因，研究措施，然后处理。无论哪种裂缝，发现以后都应采取临时防护措施，防止雨水进入影响。

9.2.3.1 非滑动性裂缝的维护

1. 开挖回填

开挖回填是处理裂缝的比较彻底的方法，适用于不太深的表层裂缝及防渗部位的裂缝。

（1）处理方法。

① 梯形楔入法：适用于裂缝不太深的非防渗部位，见图 9－5(a)。

② 梯形加盖法：适用于裂缝不深的防渗斜墙及均质土坝迎水坡的裂缝，见图 9－5(b)。

③ 梯形十字法：适用于处理坝体或坝端的横向裂缝，见图 9－5(c)。

（2）裂缝的开挖。

① 开挖长度应超过裂缝两端 1 m 以外；

② 开挖深度应超过裂缝尽头 0.5 m；

③ 开挖坑槽的底部宽度至少 0.5 m，边坡应满足稳定及新旧填土接合的要求，一般根据土质、碾压工具及开挖深度等具体条件确定；

④ 开挖前应向裂缝内灌入白灰水，以便掌握开挖边界；

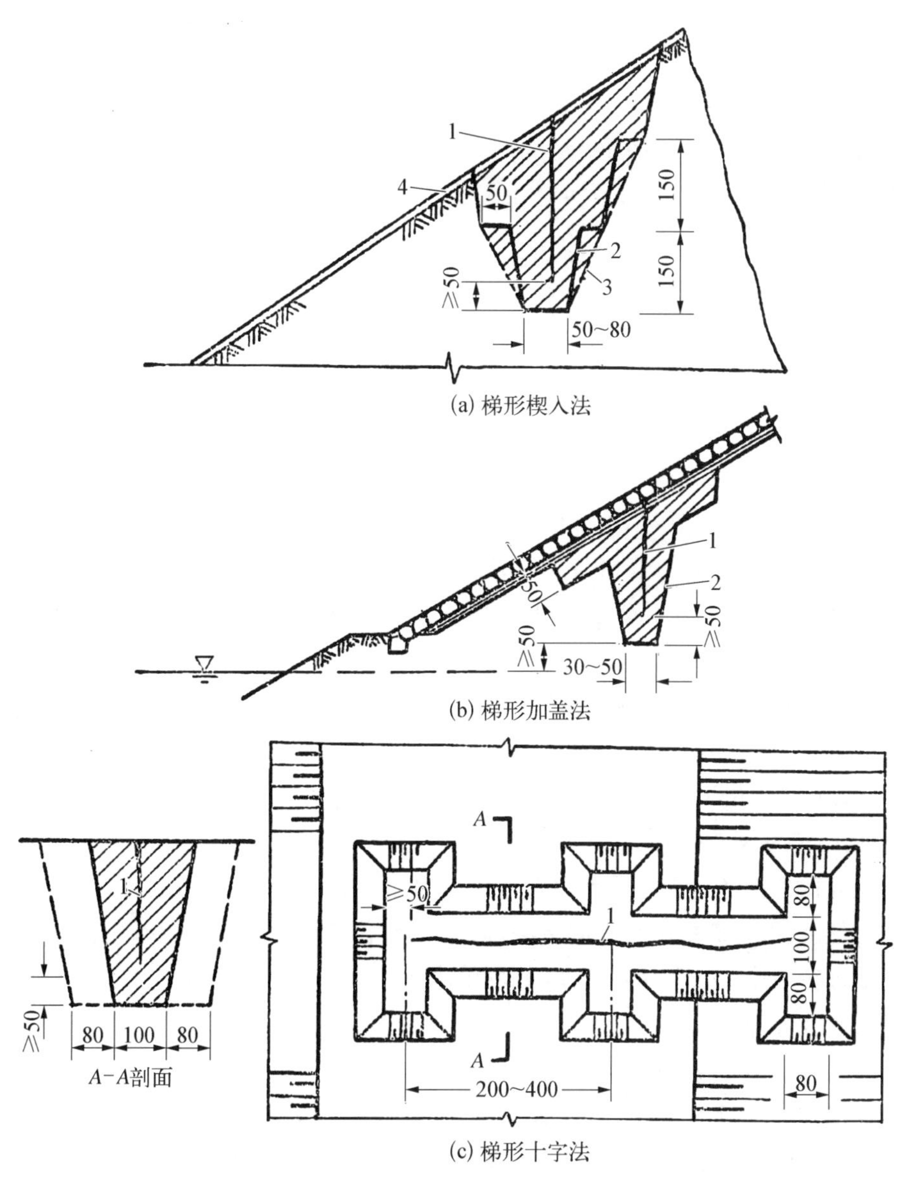

(a) 梯形楔入法

(b) 梯形加盖法

(c) 梯形十字法

1—裂缝;2—开挖线;3—回填时削坡线;4—草皮护坡

图 9-5　开挖回填处理裂缝示意图(单位: cm)

⑤ 较深坑槽也可挖成阶梯型,以便运出土料和安全施工;

⑥ 挖出的土料不要大量堆积在坑边,不同土质应分区存放;

⑦ 开挖后,应保护坑口,避免日晒、雨淋或冰冻,以防干裂、进水或冻裂。

(3) 土料的回填。

① 回填的土料应根据堤身土料和裂缝性质选用,对回填土应进行物理力学性质试验。对沉陷裂缝应选用塑性较大的土料,控制含水量大于最优含水量 1%~2%;对滑坡、干缩或冰冻裂缝的回填土料,应控制含水量等于或低于最优含水量的 1%~2%。

② 堤身挖出的土料，待鉴定合格后才能使用。对于浅小裂缝可用原土堤的土料回填。

③ 回填前应检查坑槽周围土体的含水量，如土体偏干则应将表面润湿；如土体过湿或冰冻，应清除后再进行回填。

④ 回填土应分层夯实，填土层厚度以10～15 cm为宜。压实工具视工作面大小，可采用人工夯实或机械碾压。一般要求压实厚度为填土厚度的2/3。回填土料的干容量，应比原堤身干容量稍大些。

⑤ 回填时，应将开挖坑槽的阶梯逐层削成斜坡，并进行刨毛，要特别注意坑槽边角处的夯实质量。

2. 灌浆

对堤内裂缝、非滑动性的较深的表面裂缝，由于开挖回填处理工作量过大，可采用压密注浆方式进行处理，操作方式可参见上海市《地基处理技术规范》(DG/TJ 08—40—2010)中有关章节要求进行，施工技术指标要求参见本书附录C。

根据堤防结构形式特点，在对土堤裂缝进行灌浆作业时应注意以下几点。

(1) 对于较长而深的非滑动性纵向裂缝，灌浆时应特别慎重，一般宜用重力或低压力灌浆，以免影响堤坡稳定。

(2) 对于尚未做出判断的纵向裂缝，不应采用压力灌浆处理。

(3) 灌浆时，应密切注意堤坡稳定，如发现突然变化，应立即停止灌浆。

(4) 雨天及高水位工况下不建议灌浆。

3. 开挖回填与灌浆相结合

当场地开挖条件受到一定限制，不能全部采用开挖回填的办法处理时，可将上述两种方法相结合，对裂缝的上部采用开挖回填法，对裂缝的下部采用灌浆法处理，先沿裂缝开挖至一定深度即进行回填，在回填的同时进行布孔，预埋注浆管，然后采用重力或压力灌浆，对下部裂缝进行灌浆处理。

9.2.3.2 滑动性裂缝的维护

滑坡通常是由裂缝开始，如能及时注意，并采取适当的处理措施，则可以大大减轻损害。否则，一旦形成滑坡就可能造成重大损失。对于滑动性裂缝，一般采用以下方法进行处理。

1. 迎水坡面裂缝处理

(1) 在保证堤身有足够的挡水断面的前提下，将主裂缝部位进行削坡。

(2) 在堤(坡)脚部分抛砂、石袋，做临时压重固脚。

2. 背水坡面裂缝处理

(1) 背水坡面裂缝若是由渗漏引起，应在坡面上开沟导渗，使渗透水快速排出，同时在迎水坡铺设土工膜加袋装土压渗。

(2) 背水坡面裂缝若是其他原因产生的滑动裂缝，则应采取在堤脚压重或放缓边坡的处理措施。

(3) 若滑动裂缝达到堤脚,应采取压重固脚的措施进行处理。

3. 滑动性裂缝处理时注意事项

(1) 开挖与回填的次序,应该符合“上部减载、下部压重”的原则,切忌在滑坡体上部压重。开挖回填工作时,应分段进行,并应保持允许的开挖边坡。开挖过程中,对于松土与稀泥都必须彻底清除。

(2) 填土应严格掌握施工质量,土料的含水量与干容重必须符合设计要求,新旧土体的结合面应刨毛。迎水侧堤坡面填土,在处理滑坡阶段进行填土时,应采用袋装土(砂)分层交错叠压紧实,待堤坡稳定后再根据设计要求进行坡面恢复。

(3) 滑坡主裂缝,一般不宜采取灌浆方法处理。

(4) 滑坡处理前,应严格防止雨水渗入裂缝内,可用塑料薄膜、沥青油毡或油布等加以覆盖,同时还应该在裂缝上方修筑截水沟,以拦截和引走堤面的雨水。

(5) 如涉及堤坝须同时加高,则应在堤体培厚的基础上加高,只有通过稳定分析,确认无问题时,才能直接加高。

当滑坡已经形成且坍塌终止后,应根据情况分析研究,进行永久性地处理。滑坡处理时,应选择在低水位时进行施工,以确保安全施工。在滑坡抢护中设置的临时建筑物料,应全部清除干净,滑坡体上部已松动的土体,应彻底挖除,然后按设计堤坡线分层回填夯实,并做好坡面结构层。

9.2.3.3　害堤隐患处理

1. 处理措施

害堤隐患处理一般有灌浆和翻修两种方法。有时也可采用上部翻修下部灌浆的综合措施。

(1) 灌浆:对于堤身蚁穴、兽洞、裂缝、暗沟等隐患,如翻修比较困难时,均可采用灌浆方法进行处理。

(2) 翻修:将隐患处挖开,重新进行回填。这是处理隐患比较彻底的方法,但对于埋藏较深的隐患,由于开挖回填工作量大,并且限于在非汛期低水位时进行,是否采用需根据具体条件进行分析比较后确定。

2. 灌浆处理技术要求

(1) 宜优选泥浆灌浆。土料一般以粉质黏土较为适合,浆液配比为 2∶1～0.4∶1(水∶干料),为使大小缝穴都能良好地充填密实,可采用先稀后浓的浆液。另外,如要加速凝固时间,提高浆液早期强度,也可采用黏土水泥混合浆液。水泥掺量约为干料重的 10%～30%。

(2) 注浆时,注浆管应渗入至洞穴底部 50 cm,注浆压力 0～0.3 MPa,进浆量小于 0.4～0.2 L/min,并持续 30 min 以上,灌浆达到结束标准。

(3) 施灌过程中,浆液应不断搅拌,防止沉淀离析。对于黏土水泥混合浆,从搅拌起算,超过 8 h 未用者,应禁止使用。同时,做好各种施工记录(如浆液配比、容重、掺和料比例、灌浆起止时间、压力等)。

(4) 第一次灌浆结束后 10～15 d，应对灌浆量较大的孔进行 1 次复灌，以弥补上层浆液在凝固过程中的脱空缺陷。

3. 灌浆质量标准

(1) 浆液凝固后，视缝隙的深浅，采用钻孔或坑探法进行质量检查，当发现缝隙，尚有空隙时，应在加密钻孔后再进行灌浆。

(2) 灌浆质量检验参照上海市《水利工程施工质量检验与评定标准》(DG/TJ 08—90—2014)的相关规定执行。

4. 翻修处理注意事项和安全防护措施

翻修时的开挖回填要求，参考本章节非滑动性裂缝处理中的要求进行翻修，此外还应注意下列各点。

(1) 根据查明的隐患情况，决定开挖范围。开挖中如发现新情况，必须跟踪开挖，直至全部挖除干净为止，但不得掏挖。

(2) 开挖时应根据土质类别，预留边坡和台阶，以免崩塌。

(3) 在汛期一般不得开挖，如遇特殊情况必须开挖时，应有安全措施并报请上级主管部门批准。

(4) 回填前，如开挖坑槽内有积水、树根、苇根及其他杂质等，应彻底清除。

(5) 回填时，原则上不要使用开挖出来的土料，但如挖出的土料经鉴定符合要求时，则亦可采用。

(6) 回填土应保证达到规定的容重。

(7) 新旧土接合处，应刨毛压实，必要时应做结合槽，以保证紧密结合，防止渗水。

(8) 回填后的高度，应略高于原堤面 5～10 cm，以备沉陷。

(9) 施工过程中应注意回收凿除的混凝土弃渣和水泥砂浆废渣，防止废料造成环境污染。

(10) 所有参与现场施工的人员必须佩戴安全帽，如果涉及高空作业，必须佩戴安全缆绳。

9.3 堤防(防汛墙)渗漏维护

上海地区由于大多数地面高程低于高水位，防汛墙结构是建造在土基上面的，具有一定的透水性，渗漏现象通常是不可避免的。当黄浦江和苏州河水位高于堤防(防汛墙)后地面高程时，堤(墙)后地面会出现渗水，随着水位不断地上涨，堤(墙)后渗水会加大并形成积水。同时，随着水位下降，地面积水也会逐渐减少甚至消失。这种随江水涨落而形成的渗水现象，虽然在短时间内不会对堤防结构造成破坏，但如果不及时进行处理，在一定的外界条件影响下，时间一长，即可从正常渗漏转化为异常渗漏，如出现管涌、地基淘空、地面坍塌等险情，给周边地区造成严重危害。

9.3.1　堤防(防汛墙)渗漏的种类、成因及危害

堤防构筑物渗漏实例如图 9－6 所示。

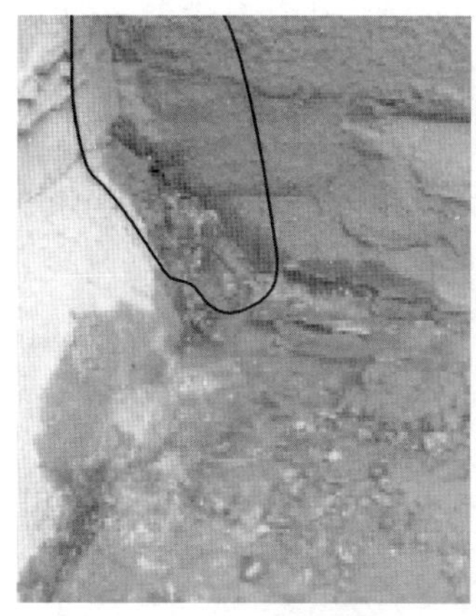

(a) 防汛墙后地面渗水

(b) 外滩空厢厨底变形缝漏水

(c) 拦路港堤防基础渗漏

图 9－6　防汛墙渗漏实例

9.3.1.1　渗漏的种类

堤防(防汛墙)的渗漏,按其发生的部位,一般可分为以下几种。

(1) 结构本身渗漏,如由于裂缝、结构缝、变形缝和破损等原因引起的渗漏。

(2) 结构基础渗漏。

(3) 结构与其他管线接触面渗漏,如下水道出水管接口封堵不实或脱节、断裂等。

9.3.1.2　渗漏的原因

堤防(防汛墙)渗漏的原因是多方面的,由于设计或施工中的缺陷,或在运行中遭受意外破坏作用,都容易导致构筑物发生渗漏。

(1) 由于勘探工作做得不够细致,地基留有隐患,造成不均匀沉降引起渗漏。

(2) 由于设计考虑不周,滩地淘刷造成结构基础淘空引起渗漏。

(3) 浆砌块石墙身砌筑不密实以及混凝土施工时未振捣密实,局部产生蜂窝、裂缝等引

起渗漏。

（4）防汛墙与桥台(墩)未形成防渗封闭体系，兼作防汛墙的桥台结构未设置地基防渗构筑物；以及桥台防渗结构与防汛墙防渗构筑物之间没有形成封闭团体系。加之墙后地坪低于常水位，回填土抗渗性差，回填不密实而引起渗漏。

（5）底板结构裸露于泥面以上，致使基础淘空导致墙后渗漏。

（6）设计、施工中采取的防渗措施不到位，引起渗漏。如变形缝止水损坏，墙后回填料为松散性弃料、回填土夯实不密，板桩脱榫或板缝未处理好、穿堤(墙)管线接口脱节断裂等。

（7）突发事件使堤防构筑物或基础产生裂缝，如大型地下管线施工穿越堤防，引起渗漏。

（8）穿堤压力管道，若本身强度不够，在地基产生不均匀沉降后，管身断裂，有压水流通过裂缝沿管壁或堤身薄弱部位流出，形成堤身渗水通道。

9.3.1.3 渗漏的危害

（1）防汛墙结构本身渗漏，将使结构内部产生较大的渗透压力，甚至影响结构的稳定。如果渗出的水具有侵蚀性，还会产生侵蚀破坏作用，使混凝土强度逐渐降低，缩短防汛墙的使用寿命。

（2）基础渗漏、接触面渗漏或绕基渗漏，会增大基地扬压力，影响结构整体稳定，严重时将因流土、管涌及集中冲刷等渗透变形而引起沉陷，造成结构破坏。

（3）管道(线)渗漏将引起管周填土的渗透变形，造成管道(线)本身的结构破坏。穿堤管往往由于渗漏而引起堤身塌陷和管涌，严重的甚至引起堤防结构破坏、失事。

9.3.2 渗漏的检查判别及处理原则

9.3.2.1 常规方法对渗漏的检查与判别

当地面出现渗水情况后，如有积水，首先应开沟引流，排除积水，同时找到渗水集中点(区)位置。根据现场的实际情况，采用排除法检查判断产生渗水的最终原因。判别渗水原因一般从以下几个方面进行考虑。

（1）如墙后渗水区域面较大，现场周边土质松软，则有可能是墙后回填土不密实引起渗水。

（2）墙后渗水区地面如发生凹陷，除了回填土不密实以外，还需考虑防汛墙基础有淘刷的可能性。

（3）渗水区内如有变形缝，则可通过观察相邻墙体有无不均匀沉降来判别是否为基础底板止水带断裂而导致渗水。

（4）临水面如有排放口，则需检查管口周围有无渗漏水的现象，管道长期失修，江水通过管壁与墙身接合部位渗出地面也存在可能性。

（5）此外，墙后出现突发集中渗水现象，一般为下水道破损的可能性比较大。

（6）如防汛墙为浆砌块石墙身，墙后普遍出现渗漏水，则为墙身砌筑不密实或块石脱缝引起的可能性较大。

(7) 板桩脱榫或板桩缝未处理好是板桩驳岸墙后渗水原因之一。

渗水原因确定后，应根据现场渗水程度和影响范围，制订修复方案，消除堤防险情。

9.3.2.2 采用探测设备对渗漏的检查与判别

采用探测设备对堤防(防汛墙)进行渗漏检查，能有效地避免人工判断的局限性，其优点是工作时间短，探测范围广，能快速反映地下土层的分布情况，精准确定渗漏位置。

1. DB－3A 堤坝管涌渗漏检测仪

(1) 基本原理。

DB－3A 堤坝管涌渗漏检测仪由信号发送机、接收机和传感器三部分组成。基于堤坝渗漏流场指向入水口及存在水流通道的物理事实，利用渗漏流场与电流密度场的相关性，在堤坝两侧人工发送一种特殊波形，用电流场模拟渗漏水流场，其探测原理如图 9－7 所示。该检测仪通过在水中测定电流密度分布确定渗漏部位或管涌进水口，为汛期紧急抢险和灾后治理提供了科学决策的依据。

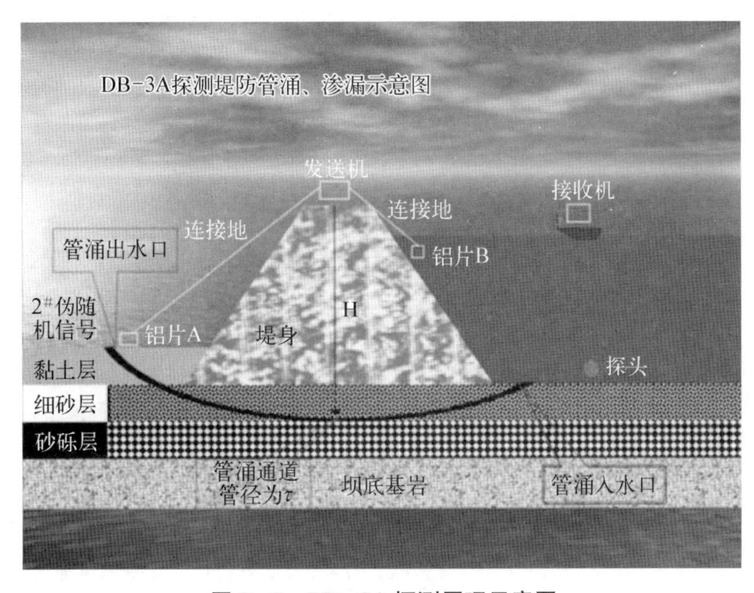

图 9－7 DB－3A 探测原理示意图

流场法堤坝渗漏管涌入水口探测的基本思路是：江、河、库、湖中水流的正常分布有其自身规律。江、河中的正常水流大体是沿着河床的走向，除了山泉等的补给和侧向渗流等之外，水库中的水，总体是静止的。湖水运动则较为复杂，它与江、河的交汇，水的补给和流失等各种原因均可引起水的运动，温度的差异也可引起水的对流。然而，在局部范围内水的流动是相对简单的。水流速度在空间上的分布，可以视为流场。在正常情况下，即在没有渗漏的情况下，流场为正常场：$V=Vn(x, y, z, t)$，一旦出现管涌、渗漏，就会出现两方面的异常情况。

① 在正常流场基础上，出现了由于渗漏造成的异常流场，此异常流场的重要特征是水流速度的矢量场指向漏水口，如果测量到了此异常矢量场的三维分布就可以找到渗漏入口。

然而，由于正常流场的存在，并且正常流场常常大于异常流场。因此，关键的问题是如何分辨出异常流场来，并且必须快速和准确。

② 由于渗漏的出现，必然存在从迎水面向背水面的渗漏通道。在出现管涌的情况下，该通道更为明显。该通道既是客观存在的，也是探测渗漏管涌入水口可以利用的物理实体。

流场法是基于以上物理事实，在背水面的堤坑内和迎水面的水中同时发送一种人工信号——特殊波形电流场去拟合并强化异常水流场的分布。这样，通过测量电流场分布密度就可直接或间接测定渗漏水流场，从而寻找渗漏管涌入水口。

(2) DB－3A 堤坝管涌渗漏检测仪主要性能指标如表 9－7 所示。

表 9－7　DB－3A 堤坝管涌渗漏检测仪主要性能指标

项　目		性能指标
应用范围	坝体	土坝、石坝及混凝土坝
	渗漏类型	管涌及渗漏
检测速度	探头移动速度	≤2 km/h
	进水部位探测时间	30 min
探测准确度	汛期渗漏点判断准确度	>95%
	渗漏点定位精度绝对误差	<1 m
适应性	水深	≤50 m
	最小入口直径	<0.1 m
	出水点离堤距离	≤1 000 m
灵敏度	探查类型	管涌、散浸
	灵敏度	高
重量及电源	重量	<15 kg/件
	电源	一般可充电电源
抗干扰能力	天气	适应不同气候条件
	水流	洪水
温、湿度要求	温度	0～45℃
	相对湿度	<90%
操作简便度	难易程度	比较简单
	对使用者文化程度要求	中学以上
探测时间	电池充电一次连续使用时间	>7 h

(3) 使用方法。

① 发送机的安置：发送机应放置在待测堤坝附近地势较高、视野开阔、通讯方便并且相

对安全的地方。一般情况下放在待测堤坝顶部。

② 供电电极的布置。

A极布置：将A极放在堤坝的渗漏出水口处，如有多处渗漏，则可在每个渗漏处各布置1个电极然后用导线将它们并联起来。布置A极时应尽量使其固定好以免被水流冲走或被意外拔出。

B极布置：或称"无穷远极"，其布置原则是B极应布置在离查漏区域较远的水体一侧，如放在河或水库对岸的水体中或河的上游或下游。

③ 导线的敷设：当供电电极布置妥当后将A极、B极分别用导线连接到发送机面板"A""B"接线柱上。在敷设导线的过程中应将导线放在比较干燥的地方，尽量不要把导线放在水中，并尽量避开人、牲畜流动量大的地方。导线应严防人、畜触碰导线，以免发生意外事故。导线的接头用高压绝缘布包好。

④ 查漏测线的布置：先选定参照系，然后进行测网布置。条件较好时可用最简单的方法，如在河堤上(最好是待测河段附近)以某一特别的标志点作为每次探测的起始点(如桩或公里碑)，并用测绳或皮尺在待测区段河堤(大坝)上按1 m或2 m的间距进行定点，且每一点标记须明显。如果标志点在待测河(坝)段内，可以将该标志点定位为100号点，往下游(左边)方向1 m处用红纸或红布条做上记号，将其点号定为101号，以此类推，一直延伸到探测区域边界。反之，从标志点往上游(右边)方向点号，依次减小。如果标志点在区域外，可以用类似方法进行定点。

测线线距根据实际情况可采用1～5 m线距(即两条探测线之间的距离)。在条件不允许的情况下可用两台以上的经纬仪做前交会或用全站仪、GPS定位。整个工作过程中，既要保证现场有明确的测点位置，又要保证这些测线和测点构成的测网能准确地落在工作布置及查漏成果图上。

⑤ 渗漏进水部位的分析判断：当对某一水域进行探测时，在没有管涌、渗漏出现的正常情况下，接收机面板上渗漏指示表中有一较弱的数值显示，该数值反映了本区域正常情况下的电流密度分布特征，此时的电流密度场称之为正常场，其观测值称之为正常值。在实际工作过程中所说的正常场就是所说的正常值。对于不同的水域其正常场的电流密度分布特征有所不同，不同区域正常场值(即观测值)是不同的，它所具有的数值范围一般较小。异常场是相对正常场而言的，由于渗漏的存在使得电流密度的分布特征发生改变，在局部地段会出现高值反应，该高值称之为异常场，其幅值的大小与分布范围与管涌渗漏点的分布情况有密切的关系。具体如一个区域大多数据在0～10，那么以10为正常场，则大于等于2倍正常场值为异常场；如果异常幅值高范围较小，一般是管涌的特征；异常幅值高范围大，则是集中渗漏的特征；异常幅值低，一般是散浸的特征，特别是大面积幅值介于正常场与异常场的区域，基本是由于散浸所引起的。

(4) 使用适用情况。

DB-3A堤坝管涌渗漏检测仪适用于堤坝后已出现管涌、渗漏的情况，存在出水口，需要快速探查管涌入水口的情况，并具有抗强干扰能力和对各种坝型的适应性，特别适合汛期抗洪抢险恶劣环境的需要。使用过程中应保证水体一侧水流相对平稳，并且保证电极B极布设在离查漏区域较远的水体一侧，距离需尽量远。

2. 美国SIR－4000探地雷达

(1) 基本原理。

探地雷达法是利用探地雷达发射天线向目标体发射高频脉冲电磁波，由接收天线接收目标体的反射电磁波，探测目标体空间位置和分布的一种地球物理探测方法。实际是利用目标体及周围介质的电磁波反射特性，对目标体内部的构造和缺陷(或其他不均匀体)进行探测。

探地雷达通过天线对隐蔽目标体进行全断面连续扫描的方式获得断面的垂直二维剖面图像，具体工作原理是：探地雷达系统利用天线向地下发射宽频带高频电磁波，电磁波信号在介质内部传播时遇到介电差异较大的界面时，就会发生反射、透射和折射，其旅行时间为t，当地下介质的介电常数已知时，便可知道电磁波在介质中的传播速度，根据测得的电磁波的准确旅行时间，求出反射体的深度。由于地下介质相当于一个复杂的滤波器，且介质一般横向和纵向的不均匀性较大，故在地面接收到的信号也有所不同，反映在接收到的信号上，有振幅、频率及相位等的变化。根据这些特征在剖面上的变化情况，就可以得到地下地层及地质体的分布情况。探测雷达原理如图9－8所示。

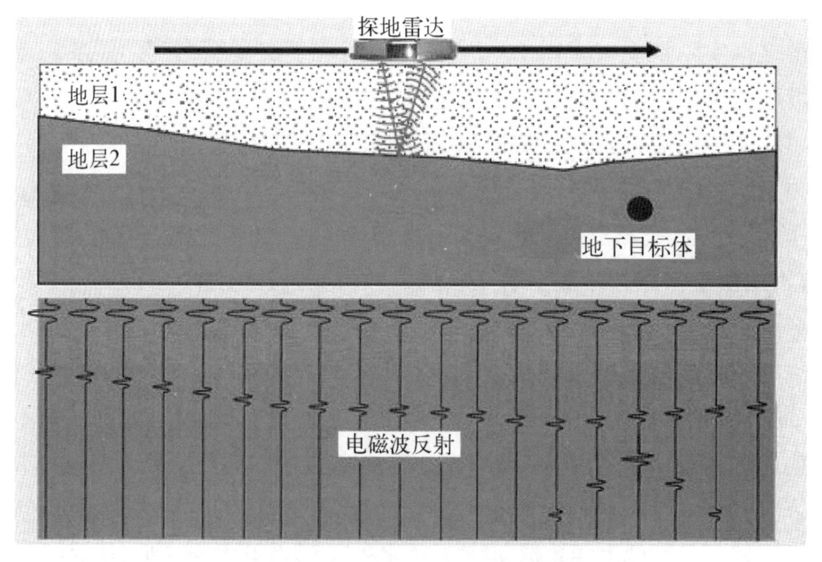

图9－8　探地雷达法原理示意图

(2) 探地雷达仪器设备。

美国生产的SIR－4000探地雷达，发射天线频率为100 MHz、400 MHz。该仪器具有高保真效果，天线屏蔽抗干扰性强，探测范围广，分辨率高，具有实时数据处理和信号增强，可进行连续透视扫描，现场实时显示二维黑白或彩色图像。

(3) 数据处理和解释。

探测的雷达图形以脉冲反射波的波形形式记录,以波形或灰度显示探地雷达垂直剖面图。探地雷达探测资料的解释包括两部分内容:一为数据处理,二为图像解释。由于地下介质相当于一个复杂的滤波器,介质对波的不同程度地吸收以及介质的不均匀性质,使得脉冲到达接收天线时,波幅减小,波形变得与原始发射波形有较大的差异。另外,不同程度的各种随机噪声和干扰,也影响实测数据。因此,必须对接收信号实施适当的处理,以改善资料的信噪比,为进一步解释提供清晰可辨的图像,识别现场探测中遇到的有限目标体引起的异常现象,对各类图像进行解释提供依据。

图像处理包括消除随机噪声、压制干扰和改善背景,进行自动时变增益或控制增益以补偿介质吸收和抑制杂波,进行滤波处理除去高频,突出目标体,降低背景噪声和余震影响,在此基础上进行雷达图像解释。

(4) 仪器参数。

使用时推荐仪器参数,如表 9-8 所示。

表 9-8　仪器参数推荐

操作顺序	系统参数	操作菜单	参数
1	天线	主界面→天线/MHz	100
2	发射率	主界面→天线→发射率/kHz	50
3	系统调用	系统→调用设置/met	100
4	显示刻度	输出→垂直刻度→垂直单位	Time /纳秒
5	测量模式	雷达→采集模式	时间方式 点测方式
6	采样点数	雷达→采样/扫描	512/1 024
7	记录长度(纳秒)	雷达→记录长度/ns	100～200～300
8	介电常数	雷达→介电常数	8
9	扫描速度(扫描/s)	雷达→扫描/s	16～32
10	测点(扫描/单位)距离	雷达→扫描/m	10
11-1	信号位置:模式	雷达→信号位置方式	手动
11-2	信号位置:延时	雷达→信号位置方式→延时	
11-3	信号位置:地面	雷达→信号位置方式→表面/%	0
12	滤波	处理→滤波	
12-1	低通-无限响应滤波器	→IIR 低通/MHz	300
12-2	高通-无限响应滤波器	→IIR 高通/MHz	25
12-3	低通-有限响应滤波器	→FIR 低通/MHz	0

（续表）

操作顺序	系 统 参 数	操 作 菜 单	参 数
12-4	高通-有限响应滤波器	→FIR 高通/MHz	0
13	叠加(扫描)	处理→滤波→叠加	3～64
14	背景去除(扫描)	处理→滤波→背景去除	0
15	增益：类型-点数	处理→增益方式→自动-编辑增益曲线	Y-5
16	颜色变换	输出→颜色变换	
17	颜色拉伸	输出→颜色拉伸	
18	保存参数	系统→保存设置	SETUP01
19	数据采集/数据保存	START 键/STOP 键	
20	数据传输	回放→复制到 USB	Y

(5) 使用适用情况。

探地雷达法适用于检测堤后防汛通道地下存在塌陷、空洞或疏松等情况。探测时需保证地面相对平整，天线能够紧贴地面。当地下存在屏蔽电磁波物体(如钢板、钢筋网等)或周边存在强干扰源时，探地雷达法则不适用。

9.3.2.3 渗漏的处理原则

渗漏处理的基本原则是以堵为主，疏导为辅，在制订处理措施时，应根据渗漏发生的原因、部位和危害程度以及修复条件等实际情况而定。

(1) 对于构筑物本身渗漏的处理，凡有条件的应尽量在迎水面封堵，以直接阻止渗漏源头。如迎水面封堵有困难，且渗漏水不影响堤防主体结构稳定的，如穿墙管线接口，也可以在背水面进行截堵，以减少或消除漏水和改善作业环境。

(2) 因渗漏引起基础不均匀沉降的，应先进行基础加固处理。

(3) 对于地基渗漏的处理，应分析产生渗漏的具体原因，分别采取相应的处理方式。

9.3.3 堤防(防汛墙)结构渗漏的维护

9.3.3.1 裂缝渗漏的处理

裂缝渗漏的处理应根据裂缝发生的原因及其对结构影响的程度，渗漏量的大小和集中、分散等情况，分别采取以下不同的处理方式。

(1) 结构主体裂缝渗漏的处理。

① 表面处理：按裂缝所在部位，可按第 9 章第 9.1 节所述方法处理；

② 内部处理：采用灌浆充填漏水通道，达到堵漏的目的。有关灌浆的工艺与技术要求，参见附录 C.5。

(2) 穿堤(墙)管线渗漏的修复处理。

① 迎水面处理：趁低潮位时施工，首先消除管周口处杂物及失效的充填料。然后，根据

管口缝隙的尺寸采用遇水膨胀止水条或沥青麻丝进行人工嵌塞密实,外口再采用单组份聚氨酯密封胶封口。施工时,如果有潮拍门损坏,则应同时更换潮拍门。

② 背水面处理:迎水面外口封堵后,进行墙后开槽,探查判定管道有无损坏,如果管道有损坏,则需更换管道;如果管道是完好的,还需对内侧接口处特别是管口底部进行灌浆补强加固,并采用密封胶封口。

③ 管槽回填:管线渗漏修复后,管线与墙体的接口部位采用土工布(250 g/m^2)遮帘(两侧搭接长度大于 50 cm),然后采用水泥土回填夯实。水泥土回填技术要求参见附录 C.8。

9.3.3.2　地基渗漏的处理

常见的地基渗漏处理方式有换填土、压密注浆,高压旋喷桩等类型,操作方法可参见上海市《地基处理技术规范》(DG/TJ 08—40—2010)中有关章节,具体施工技术指标要求参见本书附录 C。

根据堤防结构型式特点;地基渗漏加固处理作业时需注意以下几点。

(1) 作业时间均应安排在低潮位时进行。

(2) 板桩有脱榫情况时,施工时应先对板桩缝采用回丝或木板条进行嵌塞处理,墙后侧加固完成后,还应在迎水侧通过板桩缝增加水平灌浆加固,间距为水平向 0.5 m,垂直向 1 m。

(3) 除板桩结构外,对于其他底板裸露于泥面以上的结构,施工时,应首先将底板露出部位进行封堵。如果结构底板以下有空洞存在,应采用 C15 混凝土或水冲法灌砂方式先进行填实,再注浆固结形成整体。

(4) 修复处理范围界定,见图 9-9。

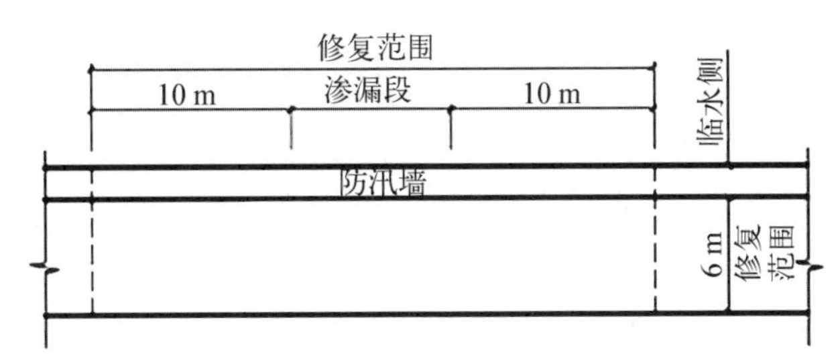

图 9-9　渗漏修复范围平面图

9.3.3.3　变形缝渗漏处理

(1) 变形缝修复处理方式可根据原有变形缝结构的设置情况,以及现场许可条件,参照第 9 章第 9.4 节进行选用处理。

(2) 如果变形缝结构有不均匀沉降现象,应采用压密注浆方式先进行地基加固处理后,再进行变形缝的修复。

(3) 如变形缝之间变形差达 2 cm 时,应由专业设计单位对该段防汛墙进行安全复核,根据复核结果确定修复方案。

9.3.3.4　渗漏维护质量标准

(1) 二次高水位检验无渗漏水为合格。

(2) 相关质量要求参照《水利水电工程混凝土防渗墙施工技术规范》(SL 174—2014)执行。

9.3.3.5 施工注意事项和安全防护措施

(1) 施工过程中注意回收凿除的混凝土弃渣和水泥砂浆废渣,防止废料污染周围环境。

(2) 施工脚手架搭设应严格按照脚手架安全技术防护标准和规范执行。

(3) 所有参与现场施工的人员必须佩戴安全帽,如果涉及高空作业,必须佩戴安全缆绳,水上作业施工人员需穿戴救生衣。

9.4 堤防(防汛墙)结构变形缝维护

9.4.1 防汛墙结构变形缝的种类和损坏成因

防汛墙结构变形缝损坏实例如图 9-10 所示。

(a) 墙体错位，变形缝损坏

(b) 变形缝沥青剥落

(c) 变形缝沉降错位、缝宽拉大

(d) 变形缝止水带损坏

图 9-10 防汛墙结构变形缝损坏实例

9.4.1.1　堤防(防汛墙)结构变形缝的种类

为满足堤防结构在自然环境条件下的安全稳定，上海市沿江沿河堤防(防汛墙)一般每间隔 15 m 左右就设有 1 条约 2 cm 宽的变形缝。由于大部分堤防(防汛墙)为高护岸结构形式(即墙顶高于地面)，且高水位高于地面，为此设置的变形缝还须具有止水功能要求。常见的变形缝形式有如下两种。

(1) 墙体中间设橡胶止水带，缝内采用聚乙烯硬质泡沫板隔断，外周面用单组份聚氨酯密封胶 20×20 封缝止水。这是目前沿江沿河新建或改建防汛墙其变形缝结构处理采用的较为普遍的形式。

(2) 墙体中间不设置橡胶止水带，缝间采用沥青麻丝板或泡沫板隔断，外周面用密封胶封缝。此种处理形式在低护岸结构型式(墙顶高于地面 50 cm 以下以及前驳岸后堤防式结构)中占据较多。该种处理方式变形缝存在渗水漏土隐患。目前在建、改建的结构中，如没有设置安全可靠的隔离防漏措施，一般不允许采用。

9.4.1.2　堤防(防汛墙)结构变形缝损坏成因

造成变形缝止水损坏的原因一般有以下几个方面。

(1) 堤防(防汛墙)不均匀沉降较严重，造成变形缝错位，致使填缝料脱落，止水带损坏。

(2) 施工时橡胶止水带搭接不规范，导致止水带断开，造成贯通。

(3) 堤防(防汛墙)受外力突袭作用，墙体失稳造成变形缝止水带拉断。

(4) 堤防(防汛墙)变形缝填缝料老化、脱落，使变形缝形成内外贯通。

9.4.2　堤防(防汛墙)结构变形缝的判断

变形缝止水有无损坏检查判别较为简单，地面以上部分可根据变形缝结构现状进行直观判断，地面以下部分可根据变形缝处相邻墙体不均匀沉降或错位、高潮位时地面有无渗水情况来判断止水带是否断裂。

9.4.3　堤防(防汛墙)结构变形缝的维护

根据现场条件及变形缝止水出现的不同情况，分别采取不同的修复方法。

9.4.3.1　变形缝嵌缝料老化、脱落，但墙体中间有橡胶止水带且未断裂

变形缝嵌缝料老化、脱落，但墙体中间有橡胶止水带且未断裂的修复方法包括：

① 将原有变形缝缝道内已老化的填缝料清理干净，混凝土显露面应无油污无粉尘；

② 原有墙体中间埋设的橡胶止水带保留，清理时不得损坏；

③ 缝道清理干净后，采用人工方式用铁凿将沥青蔴丝(交互捻)3～4 道顺缝向内嵌塞，外周面留有 2.0 cm 左右缝口，缝口内采用单组份聚氨酯密封胶嵌填；

④ 密封胶嵌填前变形缝缝口的黏结表面必须无油污且无粉尘，嵌填时，宜在无风沙的干燥的天气下进行，若遇风沙天气，应采取挡风沙措施，以防黏结表面因沾上尘埃而影响黏结力；

⑤ 密封胶嵌填完毕后，其外表面应达到平整、光滑、不糙；

⑥ 修复断面如图9－11所示。

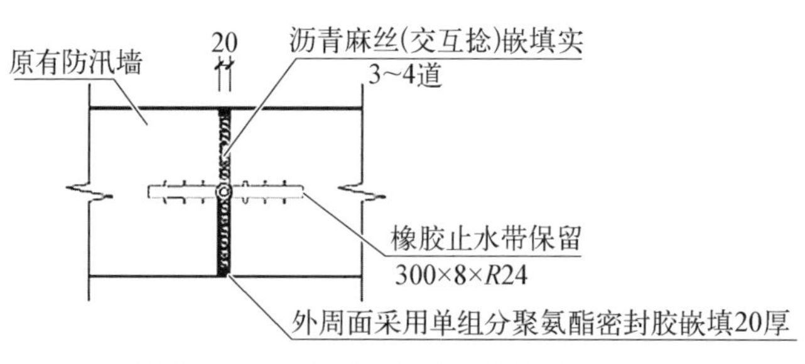

图 9－11 变形缝修复断面图(单位：mm)

9.4.3.2 变形缝嵌缝料老化、脱落，墙体中间未设置橡胶止水带或原有止水带老化

1. 在原有变形缝位置处修复止水的具体做法

凿除原有防汛墙变形缝两侧混凝土(各凿出宽度约 30 cm)，凿出钢筋保留扳正，然后将凿出钢筋与止水带定位钢筋焊接。中间埋置橡胶止水带，缝间采用 20 mm 厚的聚乙烯硬质泡沫板隔开，外周用单组份聚氨酯密封胶 20×20 嵌缝。做法详见图 9－12。在原有变形缝位置处修复止水涉及到防汛墙破墙施工。为此，在防汛墙凿除前，必须按防汛墙标准先设置临防。

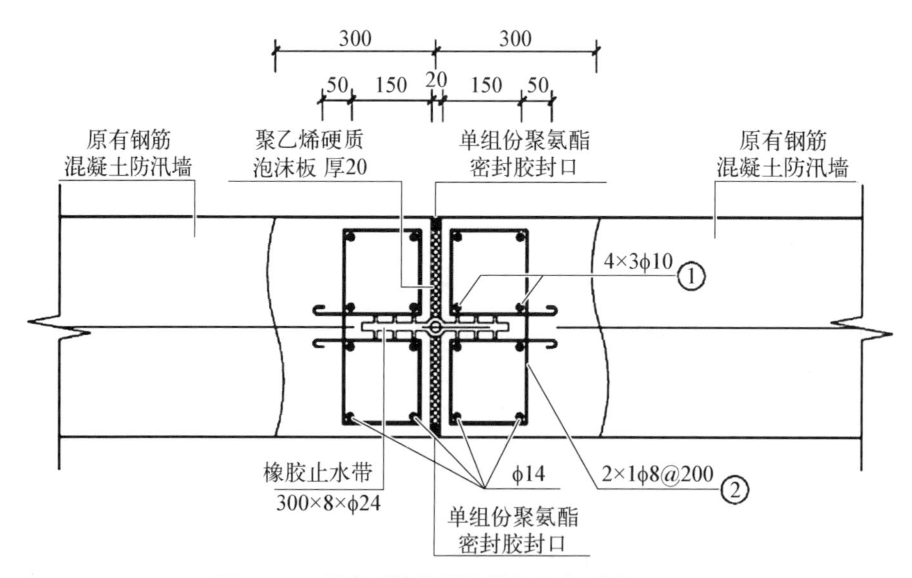

图 9－12 原变形缝位置处修复止水(单位：mm)

2. 在原有变形缝后侧设置止水，即后贴式止水的具体步骤和做法

(1) 首先将防汛墙原有变形缝缝道全部清理干净，然后采用人工方式用铁凿将沥青麻丝(交互捻)嵌塞进去，临、背水面各嵌 3～4 道，临水面外口留 2 cm 采用单组份密封胶封口，中间空档缝隙采用聚氨酯发泡堵漏剂堵实。

(2) 然后在背水侧凿除原有变形缝两侧各 40 cm 混凝土面层，深度约 5 cm，凿出钢筋保留，清理干净后，与止水带定位钢筋焊接。最后立挡模，分别浇筑 C30 混凝土，缝间采用2 cm 厚聚乙烯硬质泡沫板隔开，外周用单组份聚氨酯密封膏 20×20 嵌缝。

(3) 后贴式止水修复常用的修复方式有两种,如图9－13和图9－14所示。两种形式区别主要是止水带设置位置有所不同,施工时可根据场地实际情况进行选用。

一般情况下,当遇到两种不同结构形式连接时,止水带设置,宜选用图9－14形式。后贴式止水修复方式,因不涉及破墙,不需要修筑临时防汛墙而被广泛采用。

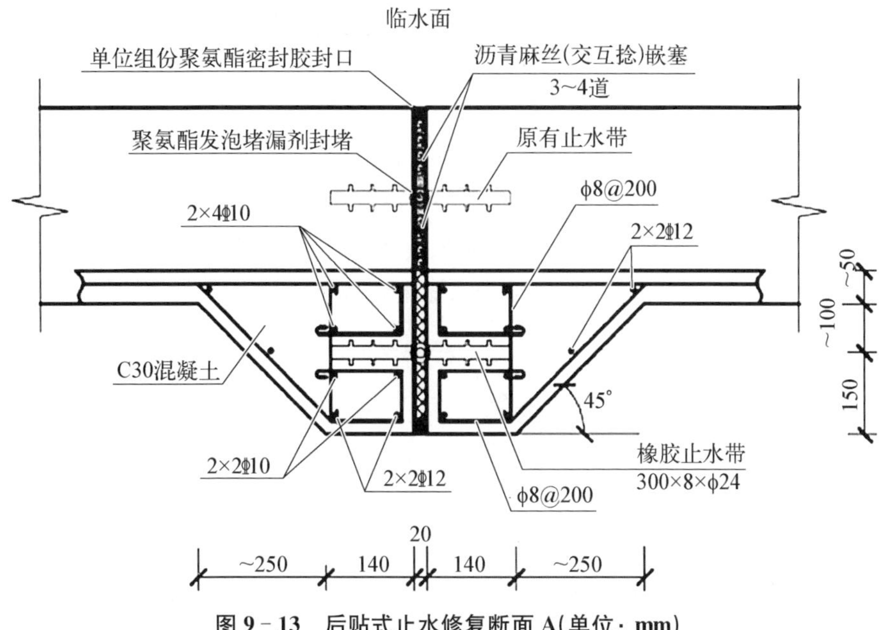

图9－13　后贴式止水修复断面A(单位: mm)

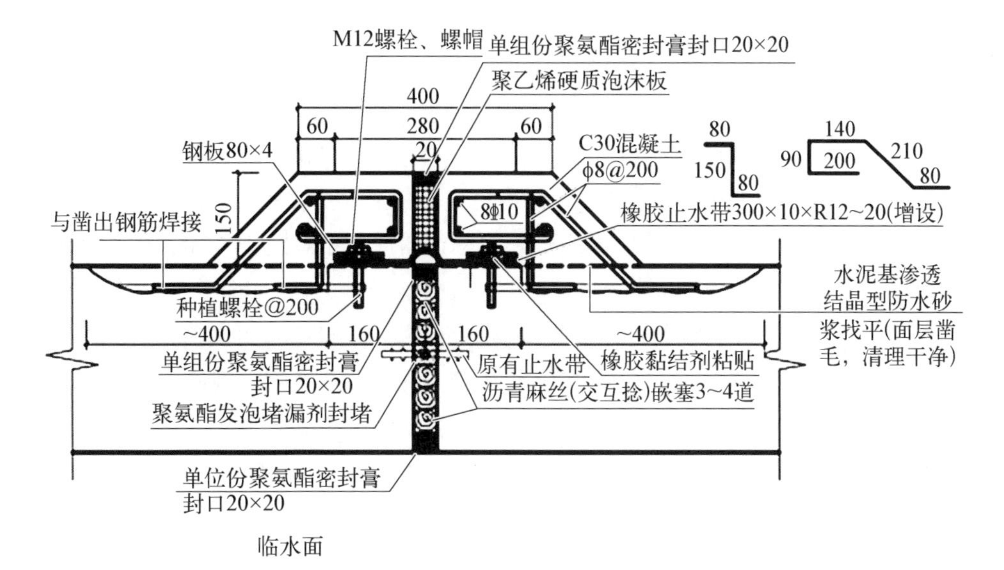

图9－14　后贴式止水修复断面B(单位: mm)

3. 墙后无开挖条件以及块石体结构变形缝修复的具体做法

首先将块石体(墙体)结构变形缝内的老化嵌缝料清理干净,然后采用人工方式用铁凿将沥青蔴丝(交互捻)嵌塞进去。临水面及背水面各嵌 3～4 道,内、外口留 2 cm 采用单组分聚氨酯密封膏封口。最后,将变形缝中间空挡缝隙采用高聚物堵漏剂堵实。具体做法如图 9-15所示。

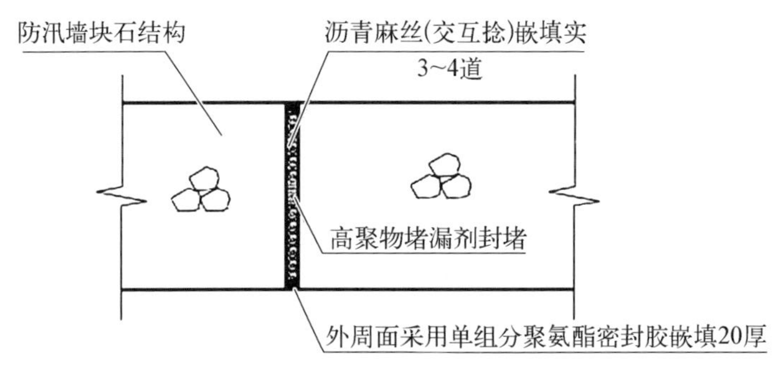

图 9-15 变形缝修复断面图(单位: mm)

9.4.3.3 防汛墙加高,在原有位置处接高变形缝

防汛墙加高,在原有位置处接高变形缝的具体做法有以下两种。

(1) 原有变形缝两侧混凝土凿除凿出钢筋保留,将凿出的原有橡胶止水带外周面清理干净直至显露原有本色,并割除其顶部老化部分,然后采用专用“胶黏剂”将同规格新老橡胶止水带黏结牢,搭接长度≥10 cm,并将凿出钢筋与止水带定位钢筋焊接。最后立挡模浇筑 C30 混凝土至防汛墙设防顶标高,缝间采用 20 mm 厚的聚乙烯硬质泡沫板隔开,外周用单组分聚氨酯密封胶 20 cm×20 cm 嵌缝。

(2) 变形缝缝口必须上下对齐,呈一直线形。

9.4.3.4 防汛墙与桥梁墩(台)连接点止水修复

采用“堵排结合”方式,如图 9-16、图 9-17 所示,具体做法如下。

(1) 首先将防汛墙与桥梁墩(台)之间原有变形缝缝道清理干净,然后采用人工方式使用铁凿将沥青蔴丝(交互捻)嵌塞进去,迎水侧及背水侧各嵌 3～4 道,嵌塞范围为:墙顶至底板底面。迎水侧外口留 2 cm 采用单组分聚氨酯密封胶封口,中间空档缝隙采用聚氨酯发泡堵漏剂堵实。

(2) 随后将防汛墙转角连接至与桥梁墩(台)齐平。防汛墙墙面、底板端部混凝土凿除时,凿除宽度约 30 cm,深度 5～10 cm,凿除面清理干净后,配置Φ12 钢筋@200 与底板及墙体内原有钢筋焊接成整体,也可将混凝土面层凿毛清理干净后,采用Φ12 钢筋@200 设置方式布设钢筋。然后用 2 cm 硬质泡沫板隔开,立挡模,采用 C30 混凝土浇筑成形。施工时,防汛墙接出段部分宜与止水带埋设同步施工。

(3) 最后在原有变形缝背水侧设置垂直向止水带,施工时应保留墙体凿出钢筋,并将凿出的钢筋与止水带定位钢筋焊牢,最后立挡模浇筑 C30 混凝土至防汛墙顶标高,缝间采用 2 cm厚的聚乙烯硬质泡沫板隔开,外周用单组份聚氨酯密封胶 20 cm×20 cm 嵌缝。

(4) 在桥墩与底板连接处设置 300 mm×400 mm×400 mm 砖砌截渗井,截渗井应与新设止水结构封闭连接,以确保渗流水不外泄;落底设置 ϕ120UPVC 排水管,并以 1%坡度与外侧市政窨井连接,以确保畅流不积水。

(5) 止水带设置也可参照图 9－14 方式布置。

9.4.4　变形缝修复质量标准

(1) 变形缝修复所采用的材料,其性能指标应满足规范所规定的要求,参见附录 C。

(2) 操作顺序正确。

(3) 缝口结合面无裂痕,胶体面平整,无凹凸现象。

9.4.5　变形缝修复注意事项和安全防护措施

(1) 新老防汛墙接头设计一般按图 9－12 形式实施,但实际施工时,如碰到两底板长度不一或新老防汛墙结构形式不同时,变形缝修复应按最小断面设置,然后墙背后两侧各 3 m 范围应采用压密注浆进行加固。

(2) 拉锚结构与高桩承台结构连接断面的变形缝修复参照图 9－16、图 9－17 实施。修复时,如果发现底部下部土体不密实,在墙背后两侧各 3 m 范围应采用压密注浆方式加固地基。

(3) 一般情况下,变形缝修复范围应为整个防汛墙断面。密封胶嵌缝为整个防汛墙断面的外周面,如图 9－18、图 9－19 所示。

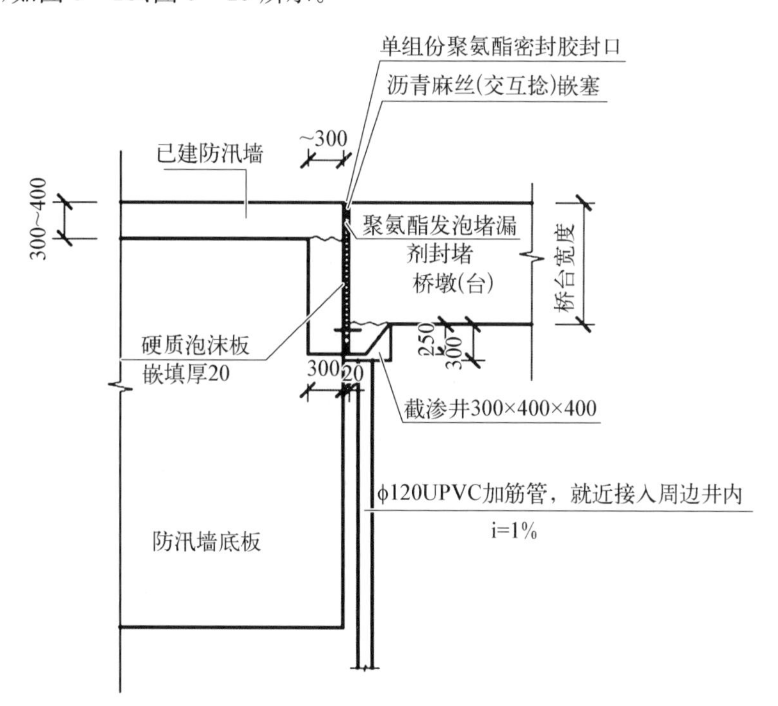

图 9－16　桥台与防汛墙连接点止水修复平面图(单位：mm)

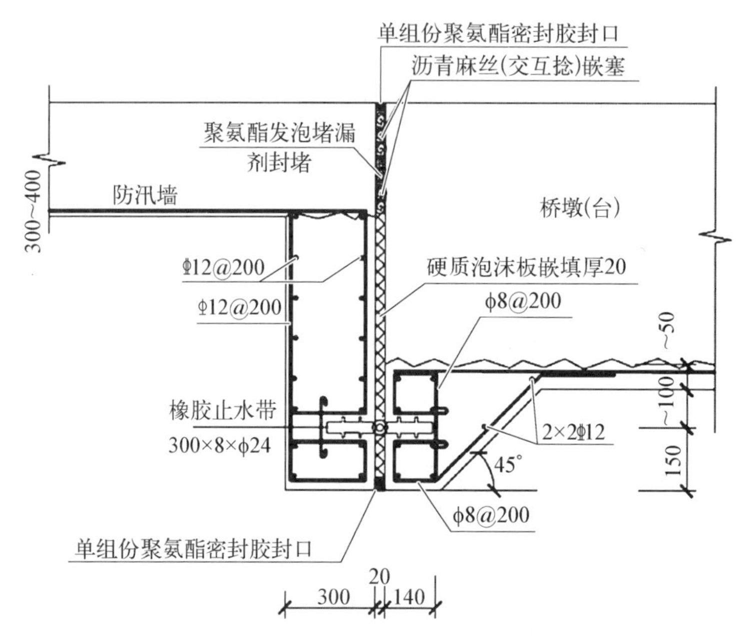

图 9-17 桥台与防汛墙连接点止水修复剖面图(单位：mm)

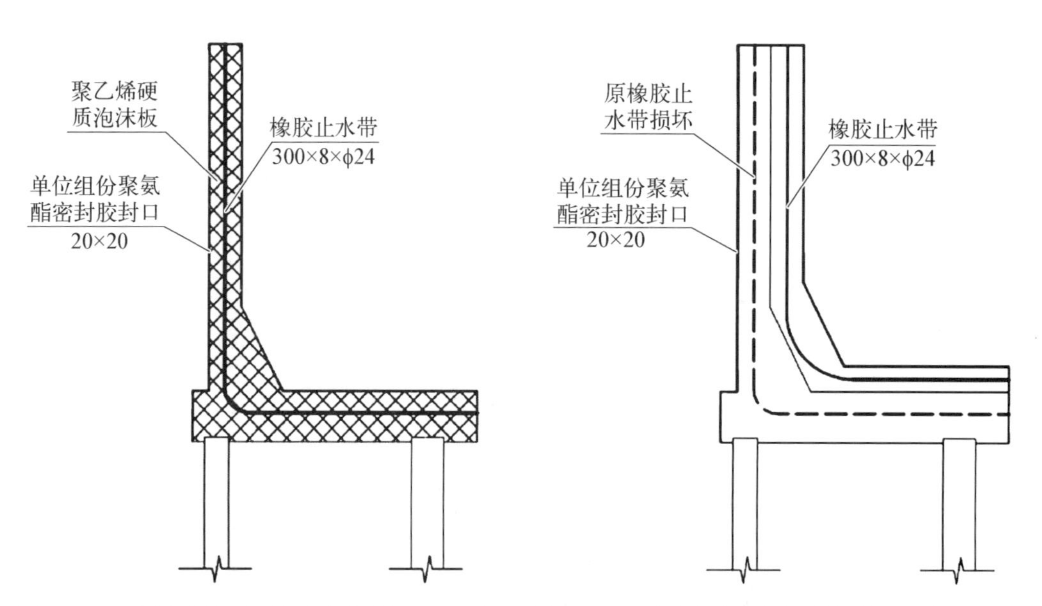

图 9-18 新建防汛墙变形缝结构图(单位：mm)　　**图 9-19 后贴式防汛墙变形缝结构图(单位：mm)**

(4) 如遇墙后为市政道路或管线密布无法开挖情况时，变形缝修复视具体情况参照图 9-11、图 9-15 修复方式进行定期(3 年左右)修补。迎水面修至底板底部，背水面修至地面以下 20 cm。

(5) 当变形缝结构如有不均匀沉降(沉降差≥2 cm)时，应采用压密注浆方式先进行地基加固处理后，再进行变形缝的修复。

(6) 变形缝之间变形(沉降或错位)差>3 cm时,应由专业设计单位对该段防汛墙进行安全复核,根据复核结果确定修复方案。

(7) 迎水侧变形缝修复应在低水位时进行。外挑底板宽度小于50 cm时,应搭设水上支架平台施工,平台宽度不小于80 cm,平台面标高不高于防汛墙底板底标高,施工时,作业人员均应穿戴好救生衣或系好安全带,以确保施工安全。利用防汛墙外挑底板作为施工平台的,其底板外挑宽度应大于50 cm,并且作业时应配备双重安全保护措施。

9.5　防汛墙墙体损坏维护

9.5.1　墙体损坏的种类与成因

9.5.1.1　墙体损坏的种类

上海市堤防构筑物墙体主要有两种形式:一是钢筋混凝土;二是浆砌块石。通过调查和总结以往案例,防汛墙墙体损坏的类型约有4种类型。

(1) 轻微损坏,即混凝土墙体存在蜂窝、麻面、骨料架空钢筋外露和混凝土剥落、接缝不平等现象,浆砌块石结构墙体存在块石松脱、勾缝开裂等现象[图9-20(c)、图9-20(d)]。

(2) 表面破损,即墙体遭受外力撞击后造成的墙体混凝土局部脱落[图9-20(f)、图9-20(e)]。

(3) 墙体缺口,即墙体遭受严重外力撞击后造成墙体局部缺口[图9-20(b)]。

(4) 整体溃决,即墙体整体坍塌,造成堤防岸线的防御标准迅速降低,严重危及后方陆域安全[图9-20(a)]。

9.5.1.2　墙体损坏的原因分析

造成墙体损坏的原因有多种,涉及施工、设计、日常管理以及其他突发事件等多方面原因。

(1) 轻微损坏。

墙体损坏主要是施工质量不好造成的,例如模板走样、接缝不平、骨料偏大、振捣不充分、钢筋绑扎不规范、养护不到位、选用块石大小不一、勾缝砂浆不满足设计要求等。

(2) 表面破损。

墙体表面损坏主要是外界因素造成的,例如在通行河道上,如河道狭窄且过往船只较多,防汛墙迎水面遭受来往船舶的反复多次撞击;墙后为市政道路的,防汛墙陆域侧墙面常遭受车辆飞溅石子的冲击,甚至遭受失控车辆的直接碰撞等。

(3) 墙体缺口。

墙体缺口主要是遭受外界突发因素引起的,情况类似前者,因遭受的撞击力较大,从而造成了墙体的局部缺口。

(a) 整体滑移出险段防汛墙

(b) 防汛墙损坏及墙前滩地冲刷严重

(c) 墙体老化钢筋裸露

(d) 墙体老化钢筋裸露

(e) 高大乔木导致墙体破坏

(f) 墙顶破损

图 9－20　防汛墙墙体损坏实例照片

(4) 整体溃决。

防汛墙体整体损坏、坍塌往往是在遭遇较极端工况发生的，例如遭受外力突袭、风暴潮侵袭、墙后大面积堆载、墙前违规疏浚等外界原因所造成。

上述第(4)种墙体损坏类型属于堤防工程抢险范围,相应对策可以参照《上海市堤防泵闸抢险技术手册》实施。本章节仅对前三种墙体损坏类型提出日常维修养护的技术方法。

9.5.2 防汛墙墙体损坏的检测

防汛墙墙体损坏发生在结构外表面,易被肉眼发现。因此,堤防巡查作业人员在平时日常巡查中,发现防汛墙墙体损坏应及时记录上报,并根据墙体损坏程度记录损坏类型、发现日期、里程桩号、位置及数量等,留下影像资料(拍照或录像),若是墙体缺口破坏,检测范围应扩大至两侧变形缝位置,并记录变形缝的变化数据,同时采用钢尺或皮尺记录破损处的尺寸,在现场留下标记。

9.5.3 防汛墙墙体损坏的修护

当发现墙体有损坏现象时,应区分不同情况,结合以往的设计、施工档案资料和运行情况记录,进行综合分析,确定损坏的原因,制订修补技术措施。

由于混凝土损坏的原因是多方面的,并且损坏的部位也不是一定的,因此,处理措施也有所差别。但是无论在何种情况下,对于已损坏的部位都应进行修补,尤其是对于因混凝土施工质量较差而引起的表面损坏,或一些不易对客观因素采取改善措施的墙体损坏,必须及时进行修补。

9.5.3.1 轻微损坏类墙体损坏的修复

墙体发生轻微损坏,虽然危害较小,但此类情况在堤防工程中分布范围较广,影响堤防工程整体观感,应及时进行修补,常规一般采用环氧砂浆进行表层修补。

由于堤防结构的特殊性,裸露在外的墙体基本上都为直立体,为此,墙面修护选用“HC-EPC水性环氧薄层修补砂浆”产品时应选择适用于垂直面的特殊配方T型产品。

(1) 表面处理:施工表面必须干净、无灰、无松动且无积水,以确保砂浆的表面黏结力。暴露的结构层表面的浮浆应铲除或喷砂去除,各类油污应清除干净,确保黏合剂料的完全渗透,对暴露的钢筋采用除锈和涂防锈底漆。

(2) 混合搅拌:严格按产品要求拌和砂浆料。

(3) 施工:将搅拌好的黏合修护料用泥刀或刮板尽快批刮到处理好的施工表面或黏结材料表面,以达到修护的厚度。根据气温的高低,及时施工完毕(施工期夏天2 h,冬天3 h),施工温度范围为5~50℃。施工时应用力压抹以确保修护料同基面完全黏附。用刮刀将表面抹平整;压平后修去多余物料,并及时将表面整平。

(4) 砂浆修补厚度:2~20 mm。

9.5.3.2 表面损坏类墙体损坏的修复

对墙体表面的破损进行修复时,应将表层破损的混凝土全部清除,然后对破损部位进行修补。具体方法和要求如下。

1. 表层损坏结构层的清除方法及技术要求

(1) 由于破损发生在表层，且面积较小，可以采用人工凿除。

(2) 在清除损坏的混凝土时，应保证不损坏表层以下或周围完好的混凝土、钢筋及穿墙管线等预埋件，凿出的钢筋应除锈、扳正；

(3) 在清除损坏的浆砌块石时，应保证不损坏邻近块石及穿墙管线等预埋件。

2. 表层破损的修补方法

对于表面损坏深度小于 5 cm 的情况，可采用水泥砂浆或环氧砂浆或喷浆修补；对于表面破损深度在 5～10 cm 的情况，视现场具体情况可考虑增加采用钢丝网片固定，C30 细石混凝土封面。施工方式参见附录 D.1 实例一。

(1) 水泥砂浆修补。

水泥砂浆修补的工艺比较简单，首先必须全部凿除已损坏的混凝土或块石，并对修补部位进行凿毛处理，然后在工作面保持湿润状态的情况下，将拌和好的砂浆用刮板或泥刀抹到修补部位，反复压光后，按普通混凝土的要求进行养护。

(2) 环氧砂浆修补。

由于堤防结构的特殊性，裸露在外的墙体基本上都为直立体。为此，墙面修护选用“HC-EPM 环氧修补砂浆”产品时应选用适用于垂直面的特殊配方 T 型产品。

① 表面处理：施工表面必须干净、无灰、无松动且无积水，以确保砂浆的表面黏结力。暴露的结构层表面的浮浆应铲除或喷砂去除，各类油污应清除干净，确保黏合剂料的完全渗透，对暴露的钢筋采用除锈和涂防锈底漆。

② 混合搅拌：严格按产品要求拌和砂浆料。

③ 施工：将拌和好的黏合修护料用泥刀或刮板尽快批刮到处理好的施工表面或黏结材料表面，以达到修护的厚度。当厚度较大时可采用分层施工；针对深度大于 5 cm 的缺口，修补可在搅拌时加入精选干燥的粗骨料，骨料粗细根据修补深度而定，但必须有较高的强度，以免影响整体修补强度。

根据气温的高低，在 20～40 min 内施工完毕，施工温度范围 0～40℃。施工时应用力压抹以确保修护料同基面完全黏附。用刮刀将表面抹平整；压平后修去多余物料，及时将表面整平。

④ 砂浆修补厚度：20～50 mm。

9.5.3.3 墙体缺口类墙体损坏的修复

墙体出现缺口损坏时，首先应检测缺口两侧变形缝是否存在错位，当变形缝错位≥3 cm 时，应由专业设计单位对该段防汛墙进行安全复核，根据复核结果再确定修复方案。

对于一般不影响防汛墙主体结构安全的墙体缺口修复，首先应当对缺口范围已损坏的混凝土或块石进行清除，然后对缺口部位进行修补。具体方法和要求如下。

1. 损坏混凝土的清除方法及技术要求

(1) 采用人工结合风镐，将已损坏的部分结构(混凝土或块石)全部凿除干净，直至显露下部结构完好的混凝土或块石。

(2) 在清除损坏混凝土时,应保证不损坏表层以下或周围完好的混凝土、钢筋及穿墙管线等预埋件,凿出的钢筋须除锈、扳正。

(3) 在清除损坏浆砌块石时,应保证不损坏邻近块石及穿墙管线等预埋件。

2. 墙体缺口的修补方法

墙体缺口位置位于墙顶部 0.5～1.0 m 以内,当缺口底标高高于防汛墙设防水位时,不影响防汛墙主体,及时修复即可;当墙体被撞缺口的高程较低,高潮位时会造成缺口进水时,需加筑临时防汛墙。临时防汛墙可采用袋装土交错叠压堆筑,上口宽度 50 cm,两侧边坡1∶1堆筑时,地面应清理干净,然后按 1∶2 水泥砂浆坐浆 3 cm 厚。

(1) 钢筋混凝土墙体缺口修补方法如图 9－21 和图 9－22 所示。

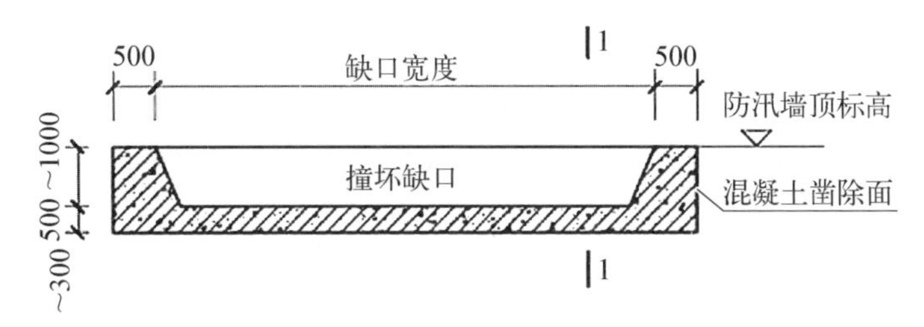

图 9－21　钢筋混凝土墙体缺口修补平面图(单位: mm)

① 将墙体已损坏的部分结构混凝土全部凿除干净,显露混凝土原有本色;

② 将凿出的钢筋除锈、扳正;

③ 在凿出的墙体竖向布置 ϕ 14 钢筋,间距 200 mm,分布筋 ϕ 10,间距 200 mm;

④ 原有凿露的墙体钢筋与 ϕ 14 钢筋焊接并连成整体,然后浇筑 C30 混凝土将原有墙体接顺修复;

⑤ 修复后的墙体迎水面应设置警示标识牌;

⑥ 修补材料的要求:参见附录 C.1 要求。

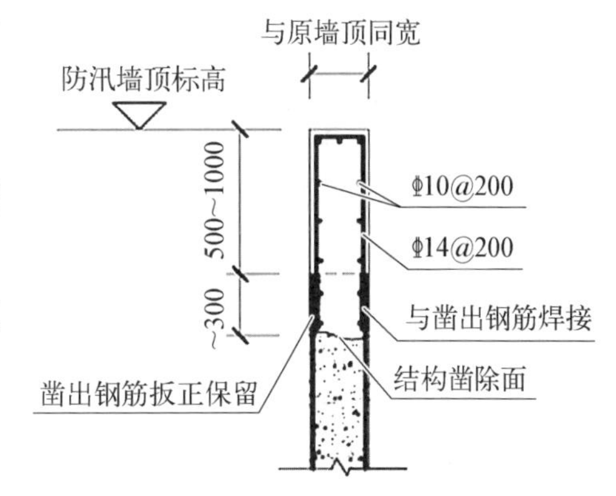

图 9－22　钢筋混凝土墙体缺口修补剖面图(单位: mm)

局部岸段受外力撞击出现墙体倒塌、断裂,此类情况多发生于墙身简单加高的部位或者是施工缝部位,大都是由于墙体浇筑或接高时钢筋未连接好所造成。其主要原因是:第一当墙体接高时,新老钢筋未按设计要求连接,钢筋锚固长度不够;第二连接钢筋在同一位置上焊接未按规定错开;第三钢筋锚固深度不足,仅简单采用膨胀螺栓定位。

此类情况下的墙体一旦遭受外力撞击,极易造成整体倒塌或断裂,且墙体断裂呈较为整齐一致的外观现象。

对于类似墙体的修复,可参照上述缺口修复的方法进行修复。施工时,如原有墙体缺口较完整,则需要将原有墙体凿除 30 cm 以上,并将两侧凿出的钢筋保留、扳正。然后采用 ϕ 14

钢筋并与两侧所有竖向钢筋焊接连成整体。分布筋采用Φ10@200,最后立挡模浇筑 C30 混凝土将原有墙体原样恢复。

另外,对于防汛墙结构整体沉降≤20 cm 的岸段,其墙顶接高,也可按照上述方式进行。

当防汛墙结构整体沉降>20 cm 时,须根据情况报请上级相关部门交由专业设计单位对防汛墙结构进行安全复核后,再确定加高方式。

(2) 浆砌块石墙体缺口修补方法包括以下几种。

① 将墙体和压顶已损坏的部分结构全部凿除干净,如图 9-23 所示;

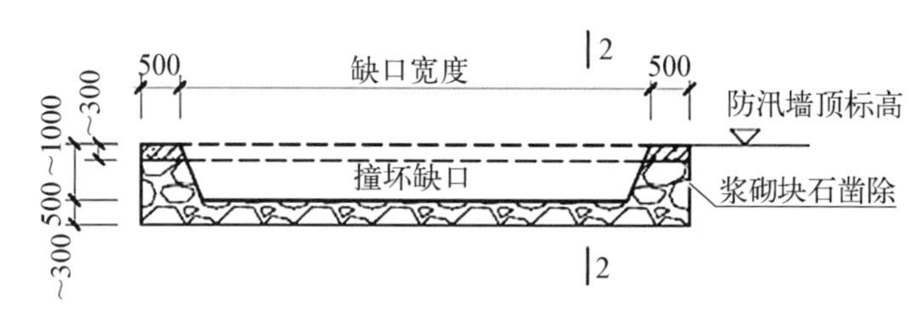

图 9-23 浆砌块石墙体缺口修补立面图(单位: mm)

② 采用 M10 砂浆重新砌筑下部浆砌块石墙身至压顶底,并埋设 Φ14 锚固筋,间距 800 mm,长度不小于 800 mm;

③ 凿除相邻两侧压顶的钢筋,进行除锈、扳正;

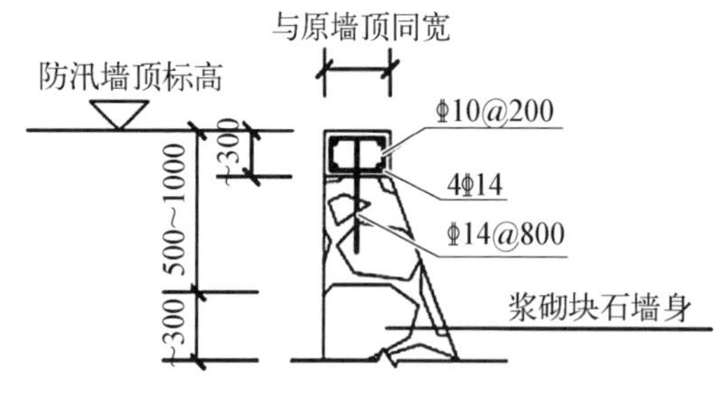

图 9-24 浆砌块石墙体缺口修补剖面图(单位: mm)

④ 在新筑块石墙身上,布设压顶钢筋,如图 9-24 所示。也可按照原压顶钢筋规格布置,并将纵向钢筋与两侧暴露的压顶钢筋焊接连成整体,然后浇筑 C30 混凝土将原有压顶接顺修复;

⑤ 修复后的墙体迎水面设置警示标识牌;

⑥ 修补材料的要求:参见附录 C.1 要求。

9.5.4 墙体破损维护质量标准

(1) 采用的修复材料须满足相关要求(见附录 C)。

(2) 操作过程规范。

(3) 修复面平整,新老混凝土结合完好无裂缝痕迹。

(4) 浆砌石结构勾缝平整,高度一致,砂浆无断裂与裂缝。

9.5.5 施工注意事项和安全防护措施

(1) 施工过程中注意回收凿除的混凝土弃渣和水泥砂浆废渣,防止废料污染周围环境。

(2) 施工脚手架搭设应严格按照脚手架安全技术防护标准和规范执行。

(3) 所有参与现场施工的人员必须佩戴安全帽,如果涉及高空作业,必须佩戴安全缆绳,水上作业施工人员需穿戴救生衣。

9.6　防汛墙贴面维护

9.6.1　面砖损坏的原因

防汛墙面砖饰面虽然较普通粉刷饰面有较长的耐久性,但由于长期暴露于大气中,受各种自然灾害因素的影响,易造成饰面砖损坏。若镶贴质量不好,还会造成局部或大面积的空鼓,严重时面砖脱落。

防汛墙贴面砖损坏实例如图 9-25 所示。

图 9-25　防汛墙贴面砖损坏实例图

贴面砖损坏原因一般大致有以下几点。

1. 面砖开裂和面砖与黏合层(找平层)起壳(面层)

面砖在使用过程中,其勾缝中有一定的孔隙,粘贴砂浆可以吸入水分,有时甚至渗入至括糙层,而面砖因经过上釉及烧制,其孔隙率较小,故含水率也较小。在其括糙层中的水分,遇到气温降低冻结后体积膨胀,对材料孔隙壁产生很大压力,此时由于括糙层与面层的含水率不同,膨胀也不同,互相之间产生应力,经反复冻融后,会使面砖与括糙层起壳,甚至脱落。

此外,防汛墙因受力不均,如地基沉降不均引起墙体变形、位移、裂缝等。这些变形与振动可能使饰面,特别是刚性饰面受到损伤。有些面砖因防汛墙墙体裂缝而出现砖开裂现象。

2. 糙面与基层起壳(底壳)

多数建筑材料都含有一定的可溶性游离盐、碱、镁、钾、钠、钙等金属类化合物。在墙体材料中原来含有水分或在施工及使用条件下有外部进入的水分,能使均匀分布的盐碱溶解,并使之随水分的散发而向外侧运动。由于水的向外运动和蒸发作用,盐分一般都在墙体表层附近积聚和结晶，当墙体的外侧有装饰面层时，盐析结晶的膨胀破坏力就作用于装饰面层，使装饰面层与基层间分离，起壳。

3. 大气中有害气体的腐蚀

城市上空，特别是工业区的大气中含有各种有害气体，如二氧化碳、二氧化硫等，在大气条件下遇水会形成硫酸、碳酸或硝酸，对碱性无机饰面材料有腐蚀作用，从而生成溶于水的硫酸钙、碳酸钙等使表面脱落。

9.6.2　面砖损坏的维修

9.6.2.1　墙面及面砖开裂的修补

防汛墙墙面由于自身收缩而出现的裂缝会延续到面砖上，对这类裂缝的修复不但要拆换损坏的面砖，还要用环氧树脂修补墙面裂缝。

(1) 将有裂缝的面砖凿除，同时检查墙面裂缝，如墙面裂缝仍向墙底延伸，则须沿裂缝再将面砖凿除，凿至防汛墙面无裂缝处即可。

(2) 在墙面裂缝处用扩槽器或钢凿扩成沟槽状。

(3) 用气泵清除表面上的浮尘。

(4) 待干燥后，在裂缝沟槽上涂抹灌缝用的环氧树脂。

(5) 若墙体较深时须先钻孔，钻孔的直径 3～4 mm，两孔的间距可视裂缝宽度而定，缝宽可离开一点，否则近一点，一般 5～10 cm。

(6) 用较稠的环氧树脂腻子填嵌沟缝，留出钻孔的位置。环氧树脂腻子配方见表 9-9。

表 9-9　环氧树脂腻子配方(重量比)

名称	6010 环氧树脂	乙二胺	二甲苯	邻苯二甲酸二丁酯	滑石粉
用量	100	8～10	20～25	10	70～100

(7) 在孔内注入环氧树脂。注入的环氧树脂浆配合比可视裂缝宽度而定。下面列出几个参考配方供选择使用(表 9-10)。

表 9-10　环氧树脂浆液参考配方(重量比)

组成 No	6101 环氧树脂	乙二胺	丙酮	二甲苯	690 溶剂	304 聚酯树脂	裂缝宽度 /mm
1	100	8	30				0.3～0.4
2	100			30			0.5
3	100	8			30		0.6～1.0
4	100	10		15		5～10	1.0～1.5

(8) 参照上述修补法重新铺贴面砖。

9.6.2.2　局部面壳及局部面砖损坏挖补修理法

面砖与括糙层脱离，并且面砖表面有损坏时，可采用挖补法修理。

(1) 表面损坏的面砖可用直观法确定修补范围。检查起壳的面砖时可用小铁锤轻轻敲击墙面，确定修补的范围，并用粉笔画出。一般修补范围的边缘应尽可能地确定在原面砖分格处，如直接在平面上接缝，施工时不易与原面砖的平面贴平，另外新修补的面砖与旧面砖尺寸上的差异经分格后，能稍许掩盖一点。

(2) 用钢凿凿去起壳的面砖及括糙层。边缘应凿得轻一点，以免使没有起壳的面砖损伤、起壳。

(3) 修补及清理基层，清除基层残余粉刷，浇水润湿。

(4) 括糙，用 1∶0.5∶3.0 混合砂浆，厚度视原括糙层厚度而定，如厚度超过 20 mm 时括糙应分层隔天完成。糙面用木抹压实搓平，并且划毛。浇水养护 1～2 天后方可镶贴面砖。

(5) 根据原墙面分格，弹线分格分段，粘木引条。比较新旧面砖的尺寸，如新面砖略大，可把面砖蘸水在旧砂轮上打磨，直至尺寸合适。如新面砖尺寸偏小，可将分格缝适当做宽一点。裁砖可用砂轮或手提电动圆锯切割。

(6) 做灰饼。如镶贴的面积较大时，采用旧面砖做灰饼、找出墙面横竖标准，其表面即为镶贴后的面砖表面。一般灰饼间距为 1.50 m。小面积修补可不做灰饼。

(7) 贴面砖。面砖镶贴前应在清水中浸泡 2～3 h 后阴干备用。先按第一皮面砖下口位置线粘好引条，然后自下而上逐皮铺贴。铺贴时，在背面抹厚约 12～15 mm 的混合砂浆(水泥∶石灰膏∶砂＝1∶0.2∶2.0)，贴上墙后，调拨竖缝，用小铲把轻轻拍击，使之与糙面黏结牢固，并用方尺随时找平找方。粘贴也可以采用在面砖背面抹渗 20%的 107 胶水的水泥砂浆(水泥∶砂＝1∶1，砂用过窗砂筛)，厚约 3～4 mm，但这种方法对括糙面的平整度要求更严。

(8) 木引条应在镶贴面砖次日取出，并用水洗净继续使用。

(9) 面砖铺贴 1～2 天后，即可进行分格缝的勾嵌，用 1∶1 水泥砂浆勾缝，先勾水平缝，再勾垂直缝，缝的形式、深浅可参照原有缝的勾法，勾缝可两遍操作，使灰缝密实而不发生起壳。如垂直缝为干挤缝或小于 3 mm 时，可用白水泥配面砖同色进行擦缝处理。

(10) 待缝子硬化后，面砖表面应清洗干净，如有污染，可用浓度为 10%的稀盐酸擦洗干净，再用水冲净。

9.6.2.3　面壳的灌浆修理法

面砖与括糙层已脱离，但表面完好，可不挖补，而采用灌浆法修理

(1) 用小锤轻轻敲击面砖，确定起壳范围。

(2) 确定钻孔位置，一般每平方米钻 16 个孔。

(3) 钻注入孔，孔径 8 mm，深度只要钻进基层 10 mm 即可。

(4) 用气泵清除孔中粉尘。

(5) 待孔眼干燥后,用环氧树脂灌浆。起壳的面砖与括糙层之间的缝隙一般在 0.5～1.0 mm之间,其配方参见环氧树脂配比表。

(6) 把溢出的环氧树脂用布擦干净。

(7) 待环氧树脂凝固后,用 1∶1 水泥砂浆封闭注入口。

9.6.2.4 糙面与基层脱离(底壳)的修理

在面砖修理中,有很大一部分面砖表面完好无损,面砖与糙面也黏结良好,但糙面与基层脱离后,吸附力也消失,这时括糙层与面砖的自重全部承受在下层未起壳的面砖上,如果下层未起壳的糙层与基层之间没有足够大的吸附力来支撑这重量,则会使下层也与基层脱离,这样反复影响下去,直至脱落。"树脂锚固螺栓法"就是把起壳部分产生的向下剪力由钢螺栓承受,向外的拉力依靠环氧树脂的黏结强度由钢螺栓传至基层。

(1) 用小铁锤确定修理范围(一般底壳比面壳声低沉)。修理范围可由底壳边缘再向外放出 20～30 cm。

(2) 在墙上定出钻孔地位置(布点)。布点原则可视面砖尺寸大小而定,做到既不太密也不太疏,一般每平方米 8～16 个为宜,以错缝排列为例,横缝可间隔钻孔,同一横缝上的孔眼,当面砖尺寸较小时隔开 4 块砖,但面砖尺寸较大时应隔开 2 块砖。

(3) 钻孔。用电钻或冲击钻钻孔,钻孔时钻头要向下成 15°倾角,以防灌浆时,环氧树脂向外流出。钻头必须钻进基层 3 cm,钻孔直径可根据选用的螺栓大小而定,一般比螺栓直径大 2～4 mm。

(4) 清除孔眼中的粉尘。孔洞内粉尘用压力 6～7 kg 的压缩空气清除,除灰枪头应伸入孔底,使灰尘随压缩空气由孔洞溢出。孔洞表面的灰尘不清除,会因为浸润不良,而降低黏结力。如墙面较湿,必须待完全干燥后方能灌浆。孔眼清除完毕后,如不立即灌浆,则必须用木塞堵紧,以防止灰尘与水分侵入。

(5) 调制环氧树脂浆液,其配方见表 9-11。

表 9-11 环氧树脂腻子配方(重量比)

名称	6010 环氧树脂	邻苯二甲酸二丁酯	590 固化剂	水泥
用量	100	20	20	80～100

浆液中填充料水泥主要作为主骨料,必须洁净、干燥,其使用量可视施工情况适当调整。当室温低于 20℃时,环氧树脂黏度较大,不易调匀,可将环氧树脂隔水加温后取用。

(6) 灌浆。灌浆采用空压树脂枪,为了使孔内树脂饱满,灌注时枪头应伸入孔底,慢慢向外退出。

(7) 放入螺栓。螺栓的直径可根据每平方米布点的数值和面砖与粉刷层的总厚度而定,具体见表 9-12。

螺栓用普通螺栓锯掉螺帽改制,也可用钢筋在工地上现铰螺纹。铰螺纹的目的是增加螺栓的表面积,使螺杆不易被拔出。螺杆的长度可根据面砖及糙层的厚度而定。螺栓放入前必须用钢丝刷把铁锈刷净,并用干净的布擦净表面油脂。螺栓放入前表面应先涂抹环氧树脂浆液。为了使螺栓黏结牢固,螺栓应慢慢旋入孔内。插入螺杆后,即把溢出的环氧树脂用布擦干净。

表 9－12　饰面砖修理选用的螺栓直径

每平方米布点数/y	总厚度/mm						
	30	35	40	45	50	55	60
8	6	6	6	8	8	8	8
9	6	6	6	6	6	8	8
10	6	6	6	6	6	6	8
11	6	6	6	6	6	6	6
12	6	6	6	6	6	6	6
13	4	6	6	6	6	6	6
14	4	4	6	6	6	6	6
15	4	4	6	6	6	6	6
16	4	4	4	6	6	6	6

(8) 待环氧树脂灌入 2～3 d 后,用 107 水泥砂浆掺色把孔填密实,以免受潮后铁生锈膨胀。107 水泥砂浆配合比为 1∶3。

(9) 每天施工完毕后,应将所有工具用丙酮或二甲苯反复擦洗干净,以免树脂固化后,工具报废。

9.6.2.5　改做仿面砖的修理法

在面砖修理中,常会遇到面砖损坏严重,但又没有相同规格的面砖用于修补。可采用“仿面砖法”修补饰面,以保持外立面的风格统一。

(1) 用铲刀、钢凿凿除损坏的面砖。

(2) 清除基层面上的残余粉刷,并用水润湿透彻,以便括糙灰能与墙面黏结牢固。

(3) 如面积较大,粉刷前必须做塌饼,出柱头。

(4) 用 1∶3 水泥砂浆在基层上括糙,其厚度应控制在 15 mm 以内,表面要求平整、垂直、粗糙。

(5) 弹线分格。按原有面砖的规格在糙面上弹线。

(6) 嵌隔缝条。隔缝条的断面尺寸可根据原有面砖的灰缝宽度和厚度来定。操作时应根据弹线用纯水泥浆镶贴,或用钉子钉牢。

(7) 试做样板。为使新做的假面砖颜色尽可能与老面砖一致,应通过制作样板确定粉面材料的掺入比例。粉面材料的配合比为 1∶1.5 的水泥砂浆;黄砂要用细砂,掺色可采用氧化铁黄、氧化铁红、氧化铁黑等颜料,按照原面砖的色泽掺入。

(8) 用配好的粉面材料在糙面上粉面,用木屑打磨平整。

(9) 在平整的假面砖涂层上做面砖花纹。

(10) 最后在取出隔缝条的分隔缝内用水泥砂浆勾缝。

9.6.3 贴面质量标准

(1) 操作顺序符合规范要求。

(2) 修补面应与周边做好衔接,无视觉差。

(3) 修补面牢靠,保质期应不小于 2 年。

9.6.4 施工注意事项和安全防护措施

(1) 在实际操作中,选择上述四种贴面修补方法时,应先找出贴面的脱落原因,然后有针对性地选择相应的修补方式。

(2) 如采用市场采购方式选用修补材料,应注意其材料配方是否满足表 9-9—表 9-11 所注明的要求。

(3) 迎水面贴面修复应在低水位时进行,外挑底板宽度小于 50 cm 时,应搭设水上支架平台进行施工,搭设的平台宽度不小于 80 cm,平台面标高不高于底板的底标高。施工时,作业人员均应穿戴好救生衣或系好安全带,以确保施工安全。利用防汛墙外挑底板做施工平台的,其底板外挑宽度应大于 50 cm,并且作业时应配备双重安全保护措施。

9.7 堤防(防汛墙)护坡维护

上海地区凡是设有护坡的堤防构筑物,其后侧挡墙的结构形式大多是低桩承台或无桩基的重力式和钢筋混凝土 L 形结构,护坡是堤防结构的重要组成部分,它的作用是保护岸坡稳定,如有损坏应及时修理。

常见的护坡结构形式有:浆砌块石护坡、抛石护坡、灌砌块石护坡、混凝土或钢筋混凝土护坡等。

9.7.1 护坡损坏的种类与成因

9.7.1.1 护坡损坏的种类

护坡由于设计不当、施工质量差或管理不善等方面的原因,在涨落潮流、风浪、船行波和其他外力的作用下护坡会出现损坏,会直接影响到堤防结构的安全稳定,如图 9-26 所示。因此,分析研究护坡损坏原因,采取正确的处理措施是非常必要的,常见的护坡损坏类型和原因见表 9-13。

(a) 浆砌块石护坡塌陷

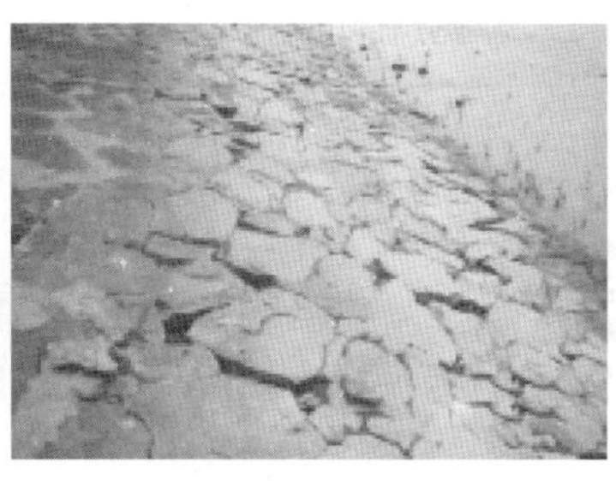

(b) 浆砌块石勾缝内部砂浆被掏空，护坡严重损坏

(c) 混凝土护坡接缝脱开，止水失效

图 9-26　护坡损坏实例照片

表 9-13　护坡损坏的类型、原因及特征

类型	破坏形式	原因及特征
脱落		由于砌筑质量差，砌体不紧密或砂浆脱落，在风浪的作用下，使石头松动、脱落
坍塌		由于施工质量差，风浪将护坡垫层淘出，或因护坡沉陷，使护坡架空或陷成凹坑，甚至发生错动或开裂
崩塌		护坡局部破坏后，底部垫层失去保护，岸坡继续被淘刷造成护坡大面积的崩塌。护坡崩塌比较迅速，并威胁堤防结构的安全
滑动		护坡局部破坏后，如未及时修复，破坏面逐渐扩大，使上部护坡失去支撑，呈悬空状态，加上波浪的冲击、振动和垫层的移动，造成上部护坡倾滑
侵蚀		由于护坡材料差，受涨落潮流和风浪的长期冲刷而侵蚀或溶蚀

（续表）

类型	破坏形式	原因及特征
破损	喷水 渗流方向 积水	浆砌块石或混凝土护坡，因排水不良，护坡面在渗透压力作用下，局部护坡鼓胀以致破裂

9.7.1.2 护坡损坏原因

护坡发生损坏往往是一种或几种因素共同作用的结果，一般都是逐渐加剧的，如能及时发现护坡损坏并积极采取修复措施，是可以阻止险情扩大的。护坡损坏的原因，主要有以下几个方面。

1. 设计方面原因

（1）设计工况因素考虑不周，设计的护坡强度及稳定性不足，如上海地区每年都要遭受台风袭击，每当台风过后，护坡常出现损坏情况。

（2）护坡类型选择不当，设计时未能很好地考虑工程实际条件，未合理地选择护坡类型，在风浪和外力作用下，因护坡类型不适应而造成护坡损坏是时常发生的。

（3）对护坡结构的整体性设计不完善，如坡脚埋设过浅，极易受船行波及过往船只的淘刷而失稳、破坏等。

2. 施工方面原因

（1）干砌块石护坡（新建护坡式堤防结构，一般先铺筑干砌块石过渡，待岸坡沉降稳定后，再按永久性结构要求翻建），护坡块石砌筑不紧密，空隙大，甚至有架空现象；铺砌护坡时，片面讲究表面平整美观，对一些扁而宽的块石，采用平砌，缝隙大，有架空现象；对一般的块石，没有立砌，互相结合不紧密，如受风浪淘刷，可能会使块石松动而脱落损坏。

（2）浆砌块石护坡和灌砌块石护坡，施工时因填浆不满，或因块石表面泥沙污垢未洗刷干净，砌筑时砂浆与块石黏结不牢，遭遇风浪冲击，使块石松动甚至脱落。

（3）混凝土护坡，施工时未能严格控制混凝土质量，如护坡厚薄不一；用料质量差；配比混乱，水灰比过大；没有充分搅合、捣固；没有适当养护；以及接缝处理不好等，造成混凝土板下面淘空、松动，使混凝土护坡开裂破坏。

（4）护坡材料选择不当，施工选择的护坡材料不符合设计要求，如块石护坡采用风化石，遇水易崩解的砂质页岩以及含有可溶性盐类的岩石等，这种材料在风浪作用下，易被磨蚀、溶解，甚至流失，造成护坡损坏。

3. 管理方面原因

（1）维修养护不及时，在管理方面，平日应勤检查、勤养护，保护护坡完整无损。护坡上一个小空隙，一块石头松动，如不及时修补，遇到波浪淘刷，都可能造成大面积破坏。

（2）翻修加固不当，护坡翻修加固时，由于各种原因不能设置挡水围堰，水位无法降低至原设计起护高程以下，因而护坡修复只能根据水位降落情况，从某一高程开始进行，尽管在施工水位以上部分，护坡翻修得十分坚固，但在翻修与未翻修部位的结合处，却是护坡的最薄弱环节。当风浪在结合线附近冲击时，常造成其下部未加固部分破坏，使上部已翻修的护坡也不够稳定。

4. 其他原因

超吨位船舶违规运行，在防汛墙上违规带缆、停靠以及河道超挖等同样会引起护坡的损坏。

9.7.2　护坡检查

护坡的检查与观测应在高水位和低水位，台风和暴雨期间，以及遭遇其他外力作用之后，根据具体情况确定，必要时增加检查次数。当护坡遭到重大破坏，将影响堤防安全时，应进行临时抢护。

9.7.2.1　检查与观测的主要内容

（1）坡面排水孔是否堵塞，变形缝嵌缝料有无脱落。

（2）护坡上、下游连接点及坡脚处抛石体有无淘失、滑落。

（3）护坡表面是否风化剥落、松动、裂缝、隆起、塌陷、架空和冲失；有无杂草、空隙、漏洞。

9.7.2.2　检查与观测的方法

根据具体情况和需要，分别采用以下方法。

（1）损坏范围不大时，可直接观测，如坡脚处抛石失落。

（2）对损坏重点部位可拍摄照片。

（3）如发现坡面有明显变形时，可重点挖开护坡进行检查，了解护坡、垫层和基土的具体变化情况。

（4）检查时应有记录和描述。

9.7.3　护坡修护

在一般情况下，应首先考虑在现有基础上进行填补翻修，如果填补翻修不足，以防止局部损坏，可研究其他处理措施，甚至改变护坡形式。常用的加固修复方法如下。

9.7.3.1　填补翻修

由于护坡原材料质量不好，施工质量差而引起的局部脱落、塌陷等损坏现象，可采取填补翻修的办法处理。

首先将护坡上破损面的材料全部拆除至基土面，铺垫一层土工布反滤（250 g/m^2），然后用20～30 cm碎石找平，并按原护坡类型进行翻修护砌。翻修时，清理深度可根据现场实际情况调整，如果只是表面破损，而垫层未受影响，则只要进行简单表层修复即可。

1. 干砌块石(包括料石)护坡修复

对于干砌块石(包括料石)护坡,如因原护坡块石尺寸太小,风化严重,或强度过低和施工质量差而破坏的,应按设计要求选择护坡材料,凡不符合设计要求的块石,应予以更换。如因原垫层级配不好,滤料流失,最后引起护坡塌陷破坏的,在护砌前,应按设计要求补充填料。砌筑时应自下而上地进行,务必使石块立砌紧密。对较大的三角缝,应用小片石填塞并楔紧,防止松动。形状扁平的块石应修正后立砌,砌缝时应交错压缝,护坡厚度一般为 30~40 cm。施工时,为防止上部原有护坡坍塌,可逐段拆砌,每隔 1~2 m 临时打入一根钢钎,以阻止上部护坡下滑。如果水下部位暂不能修补,可采用石笼网兜的方式进行护脚,如图 9-27 所示。

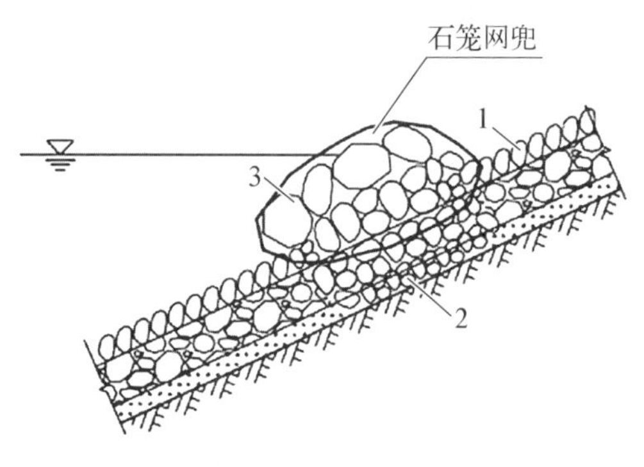

1—已修补的护坡;2—无法修补部位;3—石笼网兜护脚

图 9-27 抛石护脚示意图

2. 浆砌块石护坡修复

浆砌块石护坡修补前应将松动的块石拆除,并将块石灌浆缝冲洗干净,不可有泥沙或其他污物黏裹。所用块石形状以近似方形为准,不可用有尖锐棱角及风化软弱的块石,并应根据砌筑位置的形状,用手锤进行修整,经试砌大小合适以后,再搬开石块,座浆砌筑。对个别不满浆的缝隙,由缝口填浆,并予捣固,务必使砂浆饱满。对较大的三角缝隙,可用手锤楔入小碎石,做到稳、紧、满。缝口采用高一级的水泥砂浆勾缝。

采用浆砌块石措施加固护坡,为防止护坡局部损坏淘空后导致上部护坡的整体滑动坍塌,可在护坡中间增设一道水平向的阻滑齿坎,如图 9-28 所示。

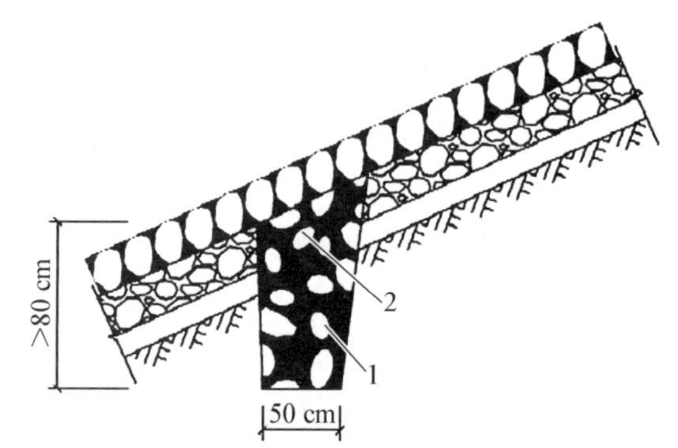

1—阻滑齿墙;2—排水孔

图 9-28 阻滑齿坎示意图

3. 灌砌块石护坡修复

局部岸段,特别是处于河口转角处岸段,由于常年受涨落潮水的冲刷影响,原有浆砌块石护坡常出现松动、破损以及块石面之间凹凸不平的状况,是因为结构所处的位置较为险要。对于此类坡面,可采用灌砌块石的修补方式,以提高坡面的整体刚度,具体做法包括以下几方面。

(1) 翻拆原有块石护坡(损坏部分),将原土坡面填实修平。(2) 在土面上铺垫一层土工布反滤。(3) 然后铺 15 cm 厚碎石垫层。(4) 再在面层铺砌块石(若利用原拆除的块石必须清理干净),块石厚度≥35 cm,块石之间缝隙宽度≥10 cm。(5) 最后在缝隙内灌注满 C25 细石混凝土,如图 9-29 所示。

灌砌块石护坡修复详见附录 D.3 实例三。

4. 堆石(抛石)护坡修复

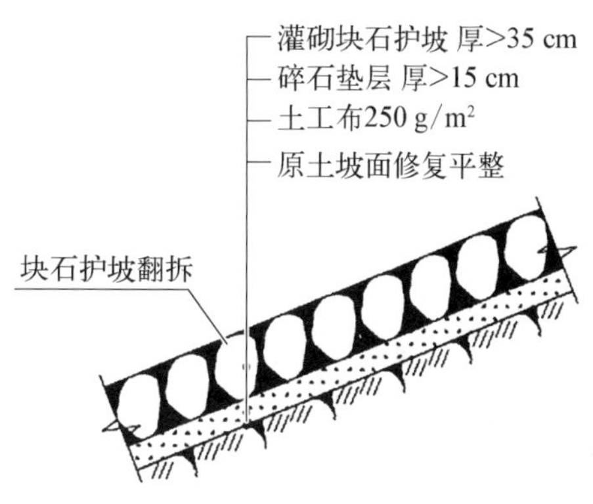

图 9－29　灌砌块石护坡断面

堆石(抛石)护坡填补前应仔细检查堆石体底部垫层是否被冲刷。如被冲刷,应按滤料级配铺设垫层,其厚度应不小于 30 cm。堆石体的填补,可采用抛石法进行。堆石中至少应有一半以上的石块达到设计要求的直径,并且最小块石的直径应不小于设计块石直径的 1/4。抛石顺序应先小石再大石,面层石块越大越好。所用块石要求质地坚硬、密实、不风化、无缝隙和尖锐棱角。抛石后表面应稍加整理,并用小片石填塞空隙,防止松动。堆石厚度一般为 50～100 cm。

5. 混凝土护坡修复

为使新旧混凝土接合紧密,应将原混凝土护坡损坏部位凿毛清理干净,然后浇筑混凝土填铺,混凝土标号可采用与原护坡相同或高一级标号。

9.7.3.2　护坡内层加固修复

对于桩基式护坡结构,往往会出现护坡面(钢筋混凝土或混凝土)完好但护坡内淘空现象,可采用在坡面上打孔(孔径 Φ500 mm,间距 3～4 m)并用水冲法将砂或细石从孔口内灌入进去,将护坡内空隙充填密实,然后进行注浆固结形成整体,最后通过孔口浇筑混凝土按原样填铺平实。

9.7.4　护坡变形缝修复

护坡结构变形缝修复一般采用以下方法。

(1) 首先将原有变形缝内老化的填缝料清理干净。

(2) 清净后,根据缝口尺寸,选用合适的遇水膨胀橡胶条或硬质泡沫板(通长)嵌入。

(3) 外表面留 2 cm 深的缝口,缝口内采用单组份聚氨酯密封胶嵌填。坡面结构变形缝如设有止水带的,维护时应注意保护不要损坏,若止水带断裂应参照本书第 9.4.3.2 节相关内容及要求进行恢复。

另外,护坡变形缝维护作业涉及全坡面范围,应在低水位坡面全程裸露时进行,若水位退不下,必要时可在坡脚处设“燕子巢”围堰临时挡水。

9.7.5　临时性应急抢护

当局部岸段出现冲失、坍塌、坡脚滑失时,根据现场条件,可用砂、石、土袋进行压盖抢护,控制险情发展。出险时,具体做法如图 9－30 所示。抢险加固时,做法如图 9－31 所示。

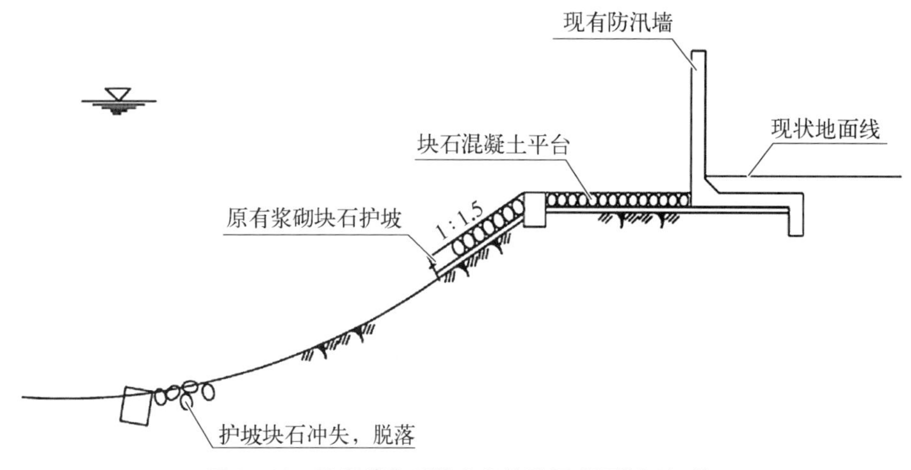

图 9-30 防汛墙临时性应急抢险示意图(出险时)

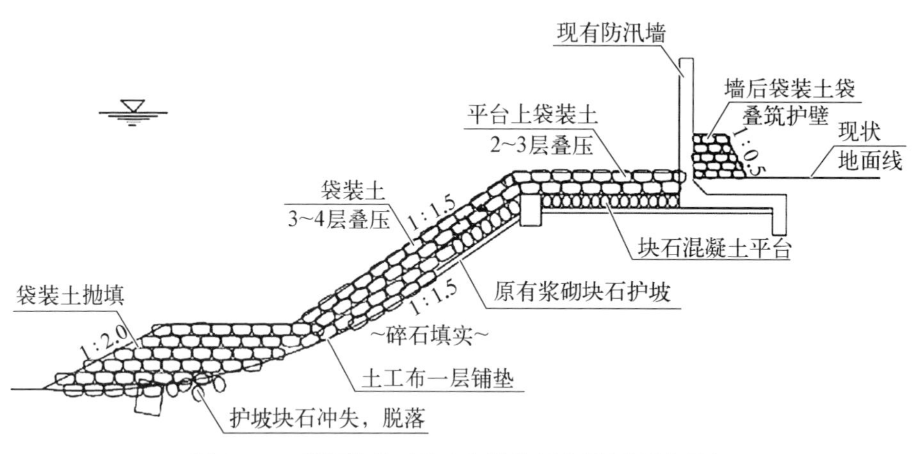

图 9-31 防汛墙临时性应急抢险示意图(抢险加固)

具体实施方法包括以下几点。

(1) 先探查坡面下是否存在淘空，以及坡脚处水深情况(可采用竹竿进行探摸)，如坡面下被淘空，应先抛填碎石将空洞填实，同时坡脚处采用碎石袋或块石抛填固脚，然后采用袋装土从坡脚处逐步往上进行压盖，压盖范围应超出破坏边缘 1～2 m，厚度不少于 2 层并应交错叠压。

(2) 如果淘失的坡面为自然土坡面，则应在坡面上先铺设一层土工布，然后再进行压盖。

(3) 如果淘失的坡面为块石结构，在遇底部淘空时还可采用铁锤将坡面击碎，再辅以碎石将坡面填平，最后再进行压盖。

(4) 如果是混凝土坡面淘空，则应采取抛石固脚的方式控制坡面滑落。

(5) 抢护时，如遇雨天，则宜采用砂袋、石袋材料进行作业，不宜采用袋装土进行作业。

(6) 护坡抢护时，除坡脚外应尽量避免使用大块石材料，而应采用砂袋、石袋、土袋进行压盖,为后续永久修复创造有利条件。

护坡破坏经临时应急抢护趋于稳定后,应按相关规定要求进行永久性的加固修复。

9.7.6　护坡维护质量标准

零星的、小范围的坡面维护质量均影响到整个坡面的外观及质量,应从材料选用、修护工艺等方面严加控制,其护坡维护的质量检验与评定按照上海市《水利工程施工质量检验与评定标准》(DG/TJ 08—90—2014)相关要求执行。

9.7.7　施工注意事项和安全防护措施

(1) 在实际操作中应先找出护坡损坏的原因,然后有针对地选择相应的修补方式。

(2) 迎水面护坡修复应在低水位时进行。施工时,作业人员均应穿戴好救生衣或系好安全带,佩戴好安全帽,以确保施工安全。

第 10 章

防汛闸门及潮闸门井的维护

防汛闸门及潮闸门井是连接一线堤防的重要防汛构筑物，它的安全可靠与堤防(防汛墙)同等重要。目前，上海沿江、沿河共有 1 500 余道防汛闸门及 1 200 余只防潮拍门。

防汛闸门及潮闸门井其特点是非汛期或低水位时为开启状，汛期根据防汛要求及时关闭，以确保防汛安全，潮闸门井还承担着解决局部区域排水的功能要求。为此，如有损坏应及时进行维修更换。

常见的防汛闸门形式有：人字门、横拉门、平开门、翻板门等，见表 10－1。潮闸门井一般有“单口”和“双口”两种形式。

表 10－1　防汛(通道)闸门的类型

序号	门型	优　　点	常见故障及维修注意事项
1	人字门	1. 闸门受力情况类似三铰拱，闸门的弯矩小； 2. 闸门结构较轻巧	1. 顶部推动闸门的支承条件较差，长期使用，容易发生扭曲变形，以致漏水； 2. 闸门自重全部支承于底枢上，当闸门尺寸较大时底枢顶部容易磨损
2	横拉门	1. 操作方便，止水效果好； 2. 闸门不易变形	1. 闸门行走支承部分受淤卡阻； 2. 轨道容易锈蚀
3	平开门	操作灵活，上下节平开门还可根据水位高低采用分节关闭	闸门自重全部由边侧的两个支铰承担，当闸门尺寸较大时门体容易向下变形
4	翻板门	1. 闸门宽度可任意组合，中间无需门墩，操作方便； 2. 景观效果较好	1. 新型专利门型； 2. 使用周期不长，有待时间进一步检验

10.1　防汛闸门及潮闸门井损坏的种类及原因

10.1.1　防汛闸门及潮闸门井损坏的种类

防汛闸门及潮闸门井的损坏除了设计不当、施工质量差或管理不善等方面的原因外，最主要是由于使用过程中不规范操作所造成的。因此，正确有效地规范操作对确保防汛闸门及潮闸门井的安全运行是非常重要的，防汛闸门损坏实例见图 10－1。常见的闸门损害类型和原因见表 10－2。

(a) 闸门墩损坏严重

(b) 闸门锈蚀、铰链、止水带损坏老化

(c) 闸门底板锈蚀严重

(d) 闸门门体锈蚀严重

图 10－1　防汛闸门损坏实例照片

表 10－2　防汛闸门及潮闸门井损坏的种类、原因及特征

<table>
<tr><th>序号</th><th>类　型</th><th>原因及特征</th><th>备　注</th></tr>
<tr><td>1</td><td>闸门底板门槛变形</td><td>底槛角钢刚度不够，超重车辆进出将门槛压坏、变形</td><td>常见于人字门</td></tr>
<tr><td>2</td><td>闸门门槽损坏、预埋轨道锈蚀</td><td>门槽内长期积水，杂物淤积导致轮轨锈蚀，闸门无法关闭</td><td>常见于推拉门</td></tr>
<tr><td>3</td><td>闸门零部件损坏、缺失</td><td>使用单位管理不到位：闸门关闭时发现配件不足</td><td rowspan="2">状况较普遍</td></tr>
<tr><td>4</td><td>闸门门体变形、止水带老化</td><td>养护维修不到位：闸门门体变形，止水带老化失效起不到止水作用</td></tr>
</table>

（续表）

序号	类　型	原因及特征	备　注
5	门墩损坏	车辆进出闸口时操作不当，外力撞击门墩，致使闸门墩外包角钢变形，混凝土脱落损坏	状况较普遍
6	潮闸门井无法正常启闭	井底有异物未及时清理，设备未正常维修养护，造成潮闸门无法正常启闭	常见病
7	防汛潮拍门缺失或失灵	管理不到位：未及时更护维修，潮拍门失灵造成潮水倒灌	

10.1.2　防汛闸门及潮闸门井损坏的原因

防汛闸门及潮闸门井损坏的原因包括以下几方面。

1. 设计方面原因

设计对使用工况考虑不周全，如：有运输功能的防汛闸门，其门槛、门墩、门槽等部位未进行特殊处理及有效加强，致使这些部位常常出现损坏的情况。

2. 施工方面原因

（1）未按设计要求进行施工。

（2）使用材料质量不符合设计要求。

3. 管理运行方面原因

（1）使用单位管理制度不健全、运行操作未严格执行相关操作规程。

（2）对局部损坏及缺陷没有及时进行处理，以致缺陷逐步扩大。

10.2　防汛闸门及潮闸门井的安全检查

防汛闸门及潮闸门井的检查应与堤防巡查同步进行。汛期时，当闸门遭受重大损坏无法关闭影响到防汛安全时，则要进行临时抢护。

10.2.1　检查与观测的主要内容

1. 防汛闸门的检查与观测

（1）闸门门槽是否堵塞、门底槛是否损坏。

（2）闸门止水带是否老化、变形。

（3）闸门连接部件是否锈蚀。

（4）闸门配件是否齐全。

（5）闸门门体是否变形，开门、关门是否灵活。

（6）闸门墩是否损坏。

2. 潮闸门井的检查与观测

(1) 潮闸门有无缺失或失灵。

(2) 闸门井设备是否正常运行。

(3) 闸门井门槽及管道口有无异物堵塞。

10.2.2 检查与观测方法

(1) 直接观测检查：对损坏的重点部位可拍摄照片。

(2) 清理检查：经常清理闸口淤积物、积水等，避免腐蚀，保持清洁完好；对潮闸门井经常用竹篙、木杆进行探摸，遇有块石、杂物应及时清理。

(3) 检查时应做好记录和状况描述。

10.3 防汛闸门的维护

10.3.1 钢闸门维修养护原则

汛期汛后加强检查，汛期合理控制利用防汛闸门，并定期保养，及时维修，使防汛闸门始终处于良好的运行状态，确保防汛安全。

10.3.2 钢闸门维护

10.3.2.1 钢闸门基本维护要求

(1) 钢闸门每年油漆1次(非汛期进行)；闸门零配件、预埋件每年汛前(5月)、汛后(10月)维护保养1次。

(2) 钢闸门零部件配备齐全，无缺失。

(3) 钢闸门始终处于良好的运行状态中。

10.3.2.2 闸门底槛修复

当闸门门底槛变形，无法满足上述要求时，需要对门底槛及时进行修复。门底槛修复方式及要求如下。

(1) 将原有门槛两侧各50 cm左右的底板凿除，凿除深度约20 cm，凿出的钢筋予以保留，同时凿除面必须清除干净。

(2) 新埋设的闸门底槛预埋件及钢筋必须与原有底板凿出的钢筋焊接连接成整体。

(3) 闸门底槛以及闸门顶、底枢、轮轨定位应按照总体图平面位置进行放样，同时还应按照现场钢闸门的实际尺寸进行最后核定。

(4) 闸门底槛凿除前，应将原有闸门进行关闭(开启)检验，以确定闸门底槛的正确位置，避免造成闸门无法开启。

(5) 根据现场实际情况，可调整底槛踏板厚度 $\delta \geqslant 12$ mm，钢翻板厚度 $\delta \geqslant 15$ mm，沟槽盖板厚度 $\delta \geqslant 15$ mm。

（6）修补的混凝土等级强度≥C30。

10.3.2.3 闸门门叶修复

1. 门叶修复方式及要求

（1）闸门门叶构件锈蚀严重时，一般可采用加强梁格为主的方法加固。面板锈蚀严重部位可补焊新钢板予以加强，新钢板的焊接缝应设置在梁格部位。另外，也可使用环氧树脂黏合剂钢板补强。

（2）当闸门受外力的影响，钢板、型钢焊缝局部损坏或开裂时，可进行补焊或更换新钢板，但补强所使用的钢材和焊条必须符合原设计要求。

（3）门叶变形应先将变形部位矫正，然后进行必要的加固。门叶矫正方法：在常温情况下，一般可用机械或人工锤击进行门叶矫正。

2. 门叶修复技术标准

（1）门叶油漆：喷丸除锈达到 Sa2.5 级，表面显露金属本色，然后涂二道红丹过氯乙烯防锈漆，一道海蓝环氧脂水线漆，每道干膜≥60 μm。

（2）门体整形：闸门在关闭位置时所有水封的压缩量不小于 2 mm。闸门安装完毕验收合格后，除水封外再涂一道海蓝色环氧脂水线漆，干膜≥60 μm。

（3）水封：按原规格尺寸配置调换，材料采用合成橡胶，所有水封交接处均应胶结，接头必须平整牢固不漏水，水封安装好后，其表面不平整度≤2 mm。

（4）支铰：使闸门达到灵活转动，关闭自如。

3. 门叶修复注意事项

（1）钢闸门门叶卸除前，必须按防汛标准设置临时防汛墙。

（2）施工时应首先将闸门门叶尺寸以及各种配置材料规格经现场量测，确定正确无误后才能将门叶进行下卸，然后将底部一节门叶连同工字钢连接横梁割除，施工中严格按照原有规格尺寸落料，并按钢闸门施工相关规范要求将闸门门叶原样恢复。

（3）门叶整修时，应先在闸口附近搭设好闸门搁置平台，平台高度约 40 cm，平面尺寸大于单扇闸门约 50 cm，材料采用型钢，平台搭设数量视闸门维修数量、维修时间节点要求以及场地条件确定。

10.3.2.4 钢闸门零部件更换

（1）配齐每道闸门的紧固装置，使之达到“一用一备”的安全运行使用要求。

（2）定期对所有闸门零配件及闸门预埋件进行维护保养，使之达到灵活、转动自如，如达不到要求的则予以更换。

（3）推拉门开启与关闭时须确保始终有 3 个支点（顶轮限位装置）支撑于门体上，缺失或损坏时应及时进行增补和更换。

10.3.2.5 钢闸门接高

闸门顶标高低于防汛设防标高要求 20 cm 以上时，需对闸门接高，接高具体方式如图10－2 所示。

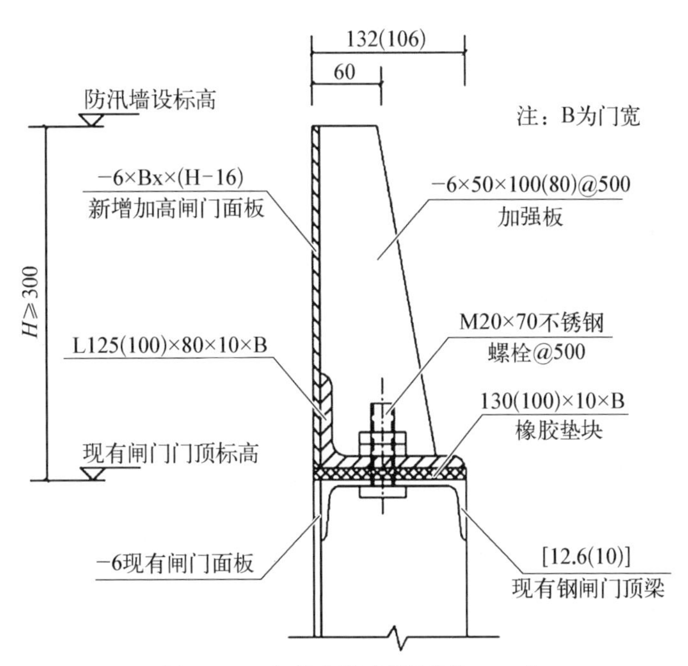

图 10－2　钢闸门接高图(单位：mm)

闸门接高时，原有门顶预埋件及连接部件都应随之进行调整。闸门简单接高范围≤30 cm。接高超过 30 cm 时，必须对原闸门先进行整体安全复核，根据复核结果再确定加高方式。

10.3.3　钢闸门修复质量标准

闸门关闭定位后，采用高压水枪(水压力 $P=0.12$ MPa)对止水做水密试验 5 min，以止水橡皮缝处不漏水为合格。其他质量检验按上海市《水利工程施工质量检验与评定标准》(DG/TJ 08—90—2014)相关要求执行。

10.3.4　钢闸门的使用要求

维修养护人员对钢闸门进行维修养护时，满足正常使用要求后，向所在使用单位移交时应进行 1 次现场操作示范，并强调钢闸门相关使用要求。

(1) 非汛期期间闸门为开启状，汛期时根据防汛要求应及时关闭闸门。闸门开启或关闭时，均应由专人负责操作，非专业人员不得随意开启或关闭闸门，以免发生意外，影响防汛安全。

(2) 闸门关闭就位后，应按设计要求安装其他各部分的紧固锁定装置，每个张紧器的拉力应力求平均，所有橡胶止水带的压缩量不得小于 2 mm。

10.4　闸口的临时封堵

10.4.1　暂无使用需求的防汛闸门临时封堵

暂无使用需求的闸门按度汛要求进行临时封堵，具体做法如下。

(1) 将原有底板及两边侧墙面凿除 25 cm，凿出的钢筋保留，凿除面清理干净后涂刷混凝土界面剂，以保证新老混凝土结合面的连接质量。

(2) 封堵墙体厚度为 40 cm，布置双排Φ14 网格钢筋，间距 200 mm；分布筋Φ10，间距 200 mm。

(3) 原有凿露钢筋与新布置的钢筋焊接成整体，然后立挡模，浇筑 C30 钢筋混凝土墙板与两侧防汛墙连成整体封闭，见图 10－3、图 10－4。

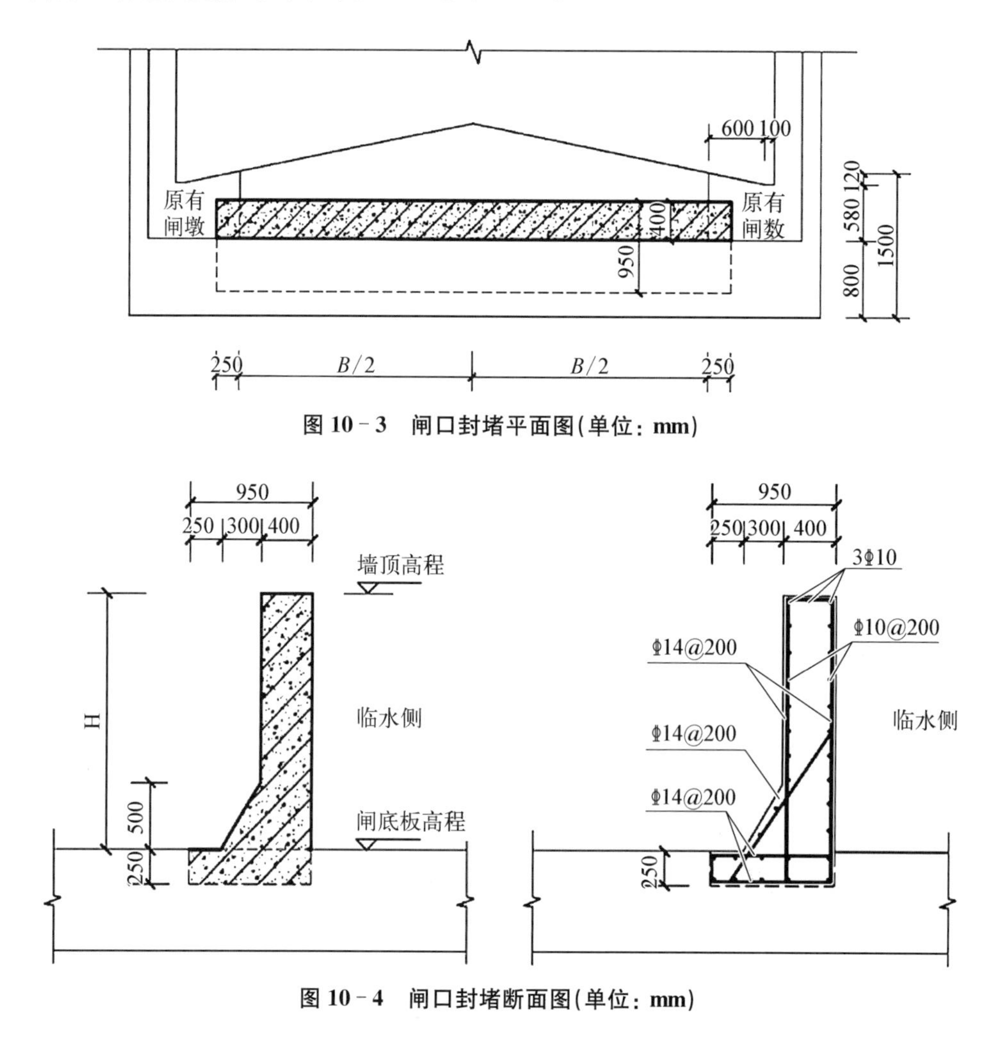

图 10－3　闸口封堵平面图(单位：mm)

图 10－4　闸口封堵断面图(单位：mm)

10.4.2　非汛期钢闸门维修修筑临时防汛墙

非汛期期间，钢闸门维修涉及到门叶拆卸时，根据防汛要求需设置临时防汛墙。临时防汛墙墙顶标高根据《上海市防汛指挥部关于修订调整黄浦江防汛墙墙顶标高分界及补充完善黄浦江、苏州河非汛期临时防汛墙设计规定的通知》(沪汛部〔2017〕1 号)规定的要求确定。临时防汛墙具体做法见图 10－5—图 10－7。

(1) 防御水位 H 高于地面≤1 m 时(图 10－6)的做法：① 临时防汛墙采用水泥砖砌筑，砌块容重必须≥16 kN/m^3，10 MPa 砂浆砌筑，外周面 1∶2 防水砂浆粉面，厚 2 cm；② 临时防

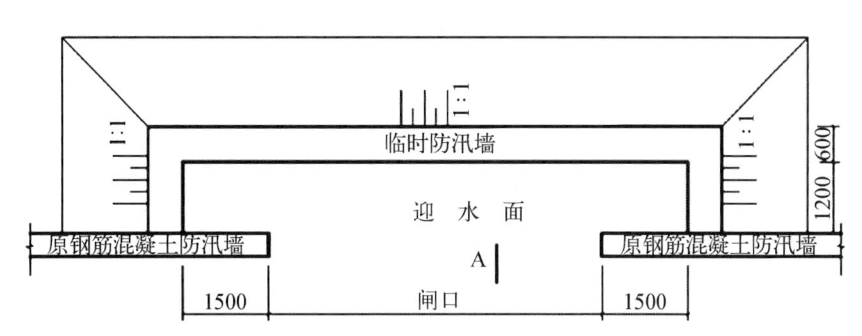

图 10-5　临时防汛墙平面图(单位：mm)

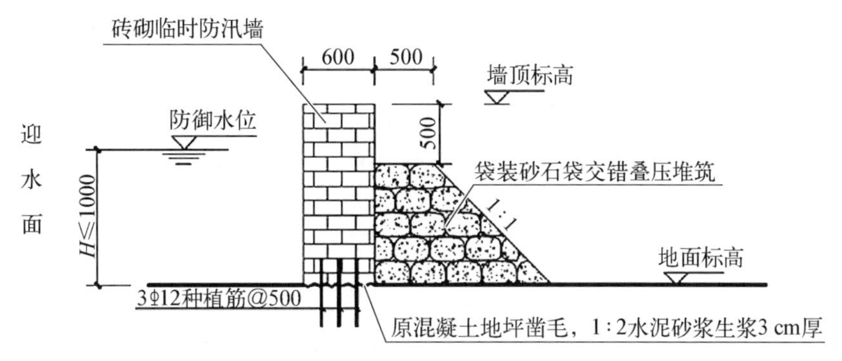

图 10-6　临时防汛墙断面图(单位：mm)

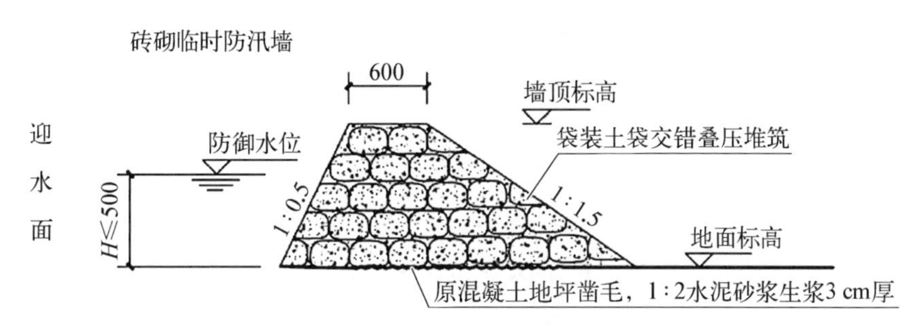

图 10-7　临时防汛墙断面图(单位：mm)

汛墙砌筑前先将混凝土地坪凿毛，种植筋 3 Φ12 钢@500，然后 1∶2 水泥砂浆座浆厚 3 cm，最后进行墙体砌筑，墙体砌筑完毕后，墙后交错叠压砂石袋加固，边坡 1∶1；如果临时防汛墙砌筑基面为土面，则应在土面下 30 cm 加设宽 80 cm，厚 20 cm C25 的混凝土基础，基础浇筑前，基槽必须进行夯实处理；③ 当防御水位高于地面＞1 m 时，墙后砂石袋交错叠筑顶面宽度改为 1.20 m，然后 1∶1.5 边坡放至地面。

(2) 防御水位 H 高于地面≤0.5 m 时(图 10-7)的做法：临时防汛墙采用袋装土袋交错叠压堆筑，上口宽 600，边坡与迎水面比例为 1∶0.5，背水面 1∶1.5。堆筑时，先将地坪凿毛、清理干净，然后 1∶2 水泥砂浆座浆厚 3 cm。

(3) 临时防汛墙布置在现有防汛墙后侧，与现有防汛墙搭接封闭，砖砌体两端接头处中间采用100×20橡胶止水带嵌入，外周面采用密封膏封缝。

(4) 施工期间应密切注意气象信息预告及潮位动向，并在闸口附近备足土料和编织袋或袋装砂石袋，一旦遇有紧急情况，应及时对已有临防设施进行加固培厚，以确保防汛安全。

(5) 堤防工程设施在非汛期维修涉及到破墙施工需设置临时防汛墙的，均可参照上述断面形式进行砌筑，如还需设置临时出入口，可参照附录D.4实例四中的临时度汛闸门实施。

10.5 潮闸门井的维护

一般潮闸门井由拍门、闸门及启闭设备等组成，大多采用成套定形产品，在使用过程中设备如发生故障，应请专业维修人员到现场进行维修。平时一般对潮闸门井的维护主要有两个方面，一是对闸门启闭机的维护，二是对闸门井的清理。

10.5.1 启闭机的维护

启闭机动力一般有电动及手动两种，也有手、电两用型，手动启闭机较简单，电动部分需要有相应维护措施。

启闭机动力要求：需有足够容量供电电源(重要的还需有备用电源)，良好的供电质量，电动机设备有良好的工作性能。

1. 电动机的日常维护

(1) 保持电动机外壳上无灰尘污物。

(2) 检查接线盒压线螺栓是否松动、烧伤。

(3) 检查轴承润滑油脂，使之保持填满空腔的1/2～2/3。

2. 操作设备的维护

(1) 电动机的主要操作设备如闸刀、电源开关、限位开关等，应保持清洁干净，触点良好，机械转动部件灵活自如，接头连接可靠。

(2) 经常检查调整限位开关，使其有正确可靠的工作性能，不能经常运行的闸门应定期进行调试运转。

(3) 必须按规格要求准备保险丝备件，严禁使用其他金属丝代替。

(4) 接地应保证可靠。

3. 人工操作手、电两用启闭机维护

人工操作手、电两用启闭机时应先切断电源，合上离合器才能操作，如使用电动方式时应先取下摇柄，拉开离合器后才能按电动操作程序进行。

10.5.2 潮闸门井的维护

(1) 闸门井清理。

为方便闸门安全启闭，应定期对闸门井进行清理，清除井内淤积的垃圾、杂物等，特别是拍门、闸门口的卡阻物。为防止杂物卡阻，除了加强管理和检查清理外，可结合具体情况，采取防护保护措施，如在闸口外设置拦污网截污。

(2) 井盖修复。

闸门井井盖发生缺失或损坏时应予以及时修复，以确保闸门井安全运行，为方便闸门井维修，一般在井口采用由多块钢筋混凝土预制板组成的盖板，方便人工搬动。

① 首先现场采集盖板尺寸(长×宽×厚)，板与板之间需留 1 cm 空隙，以方便安装嵌入；

② 然后立挡模，浇筑 C30 盖板，板中主钢筋Φ10～Φ12@150，分布钢筋 Φ8@200；

③ 为方便人力安装检查，常用的预制板尺寸：板宽 20～30 cm，板长约 140 cm，板厚 8～10 cm。

(3) 闸门外侧护坡损坏修复。

闸门外侧护坡损坏时，参照第 9 章第 9.7 节的处理方式进行修复。

10.5.3 潮闸门井的临时封堵

当潮闸门井在汛期出现故障，无法正常使用，经有关部门协调同意需进行临时封堵时，其封堵方法可参照附录 D.4 实例四方式进行，也可采用管道封堵气囊将连接闸门井的管道进行临时封堵。

10.6 潮拍门、排水管道的维护

10.6.1 潮拍门的修复

设置在沿江、沿河堤防(防汛墙)上的潮拍门常见的有 Φ300、Φ450、Φ600、Φ800 四种规格，均为定形产品，玻璃钢材质。由于潮拍门位置处于迎水侧，并无安全保护装置，为此，外力撞击、水流冲刷、安装不到位等都会对潮拍门造成损坏，其中外力撞击是损坏的主要原因。

为此，发现潮拍门损坏后，必须予以及时修复，以避免潮水倒灌。修复方法如下。

(1) 根据排放口尺寸订购相应规格的型号拍门。

(2) 将原有损坏的拍门拆除，按产品要求重新安装拍门。

(3) 如果原有拍门底座位置经多次调换，墙体表面出现破损情况时，应首先将所有破损的混凝土凿除并清理干净，并采用环氧砂浆修补平整。同时对管口外周进行止水修补，封堵渗水通道，然后在底座螺栓孔位置采用种植筋方式，埋置相应规格的地脚螺栓，锚固锚定底座，植筋深度≥15 cm。

10.6.2 排水管道的维护

闸门井管道、连接潮拍门的排水管道均与堤防(防汛墙)穿越连接,其迎水侧管口渗漏,管道断裂或破损是常有的现象。高水位巡查时对此很容易发现,遇到此类情况时,应立即组织人员进行修复,控制情况的恶化。

修复顺序及方法如下:

1. 迎水面处理

趁低潮位时施工,首先消除管周口处杂物及失效的充填料,然后根据管口缝隙的尺寸采用遇水膨胀止水条或沥青蔴丝进行人工嵌塞密实,外口再采用单组份聚氨酯密封胶封口。施工时,如果有潮拍门损坏,则应同时更换潮拍门。

2. 背水面处理

迎水面外口封堵后,进行墙后开槽,探查确定管道有无损坏,如果管道有损坏,则需更换管道,如果管道是完好的,还需对内侧接口处特别是管口底部进行灌浆补强加固,并采用密封胶封口。

10.7 防汛闸门的应急抢护

防汛闸门在汛期期间若突发故障,无法正常运行,将影响到防汛安全,需要进行临时应急抢护,抢护方法应根据现场实际情况进行选取。

(1) 如果故障闸门有暂不使用条件,则参照第 10.4.1 节的方式对闸口进行临时封堵。

(2) 如闸门需要使用,时间紧急,则可参照第 10.4.2 节(图 10 - 5—图 10 - 7)的方式对闸口进行临时封堵。封堵时应注意墙顶标高应与现状墙顶标高一致,另外封堵口内应考虑留足闸门修复时需要的空间位置(将图 10 - 5 中的 1 200 尺寸进行适当调整)。

10.8 质量标准

防汛闸门及潮闸门井的维护,应严格参照上海市《水利工程施工质量检验与评定标准》(DG/TJ 08—90—2014)的相关规定执行。

10.9 施工注意事项和安全防护措施

(1) 施工过程中注意回收凿除的混凝土弃渣和水泥砂浆废渣,防止废料污染周围建筑设施。

(2) 施工脚手架搭设应严格按照脚手架安全技术防护标准和规范执行。

(3) 所有参与现场施工的人员必须佩戴安全帽,如果涉及高空作业,必须系好安全缆绳,水上作业施工人员需穿戴救生衣。

第 11 章

防汛通道维护

11.1 防汛通道设置基本要求

防汛通道是防汛抢险、日常检查以及维修养护的专用通道，防汛通道平行于防汛墙布置，并与防汛墙的建设同步进行。利用墙后市政道路作为防汛通道或墙后直接为市政道路的岸段，其道路的管理与养护由相应的市政道路养护部门负责。

防汛墙通道布置的形式一般由道路及绿化带共同组成。根据墙后地形条件设置通道纵坡，道路宽度≥3.0 m，道路与绿化带之间以平、侧石或挡墙分隔，道路表面应设有1%～2%的单向排水，墙后无排水出路的，需设置排水明沟，将地面水排入江河内，或铺设排水管道接入市政管网系统。防汛通道路面主要有混凝土路面及沥青混凝土路面两种结构形式。

11.2 混凝土路面的维护

防汛通道采用混凝土路面型式的，其道路结构层通常从下至上由土路基(压实度＞0.90)，≥15 cm 碎石垫层，≥15 cm C30 混凝土面层组成。如果防汛通道兼作市政道路，则结构层应根据市政道路等级要求设置。

11.2.1 混凝土路面破坏型式和原因

1. 混凝土路面破坏的形式

在日常运行中，混凝土路面出现的破坏形式通常主要表现如下：

(1) 边角破坏。

(2) 表面跑砂，骨料松散暴露。

(3) 表面裂纹、裂缝、断裂。

2. 混凝土路面破坏的原因

形成混凝土路面破坏的主要原因包括以下几方面。

(1) 边角区域由于应力集中,极易造成掉边、掉角的破坏。

(2) 表面由于浇捣和养护的问题造成破坏。

(3) 地基土不均匀沉降,造成混凝土板块断裂破坏。

这些破坏在初期虽然不会影响道路的通行和使用,但不进行合适的修补会更加严重直到影响正常通行。

11.2.2 路面修补材料的选用

道路建筑行业已研发出了相应路面的技术修补对策,通过市场可以按所需要求直接进行选购,并按产品操作要求进行施工即可达到修补要求。

混凝土路面修复材料选用如下。

1. HC-EPM 环氧修补砂浆

主要用于边角破坏、表面破损、孔洞、小面积掉皮、露骨的修补。

2. HC-EPC 水性环氧薄层修补砂浆

主要用于表面缺陷的薄层,如跑砂,骨料裸露的修补。

3. HC-M800 水泥路面裂缝修补胶

专门用于路面裂缝的修补。

11.2.3 混凝土路面大面积损坏的修复

混凝土路面如出现断裂、错位、大面积破损现象时,有可能存在排水、路基不实等问题,修复时应事先摸清原因,先解决外部存在原因,最后再修复路面。

1. 混凝土道路修复技术要求

(1) 路基土采用轻型击实标准,基土面不得有翻浆,弹簧,积水等现象。地基土压实度>0.90。

(2) 碎石垫层压实干密度不小于 21 kN/m^3。

(3) C30 混凝土面层浇筑。

① 混凝土面层浇筑不宜在雨天施工。

② 低温、高温和施工遇雨时应采取相应的技术措施。

③ 缩缝采用锯缝法成缝,间距 4~5 m,缝宽 5~8 mm,缝深 5 mm。如天气干热或温差过大,可先隔 3~4 块板间隔锯缝。然后逐块补锯。

④ 缩缝锯割完成后,必须进行清缝。最后灌注沥青料进行封缝。

2. 修复注意事项

(1) 冬季施工。

① 平均温度低于 0℃,禁止施工;

② 混凝土浇筑时气温不低于 5℃;

③ 1~2 层草包养护,兼隔湿和湿治之用,如突来的寒潮流,再加保温膜养护。

(2) 夏季施工。

① 当白天气温大于 30℃时,加快施工速度,必要时加缓凝剂。

② 1～2 层草包及时覆盖,湿治养生。不得烈日直射、暴晒刚竣工的面层。

③ 当气温过高时,应避开午间施工。

(3) 如遇蓝色暴雨预警信号发布,应停止路面浇筑作业。若正处于施工之中,应立即做好遮盖、排水等有效的防护措施。

11.3　沥青混凝土路面的修复

采用沥青混凝土路面修筑防汛通道的,其道路结构层通常从下至上由土路基(压实度>0.9),15 cm 砾石砂垫层,30 cm 粉煤灰三渣或 5%水稳石基层,6 粗 4 细沥青混凝土面层组成。防汛通道兼作市政道路的,则道路结构层应根据市政道路等级要求设置。

11.3.1　沥青路面破坏形式和原因

沥青路面在使用期内开裂,是目前普遍存在的问题,路面裂缝的危害在于从裂缝中不断进入水分使基层甚至路基软化,导致路面承载力下降,产生台阶,网裂加速路面破坏,沥青路面开裂的主要原因有以下几点。

1. 横裂缝

沥青面层温度收缩以及车辆超载使沥青面层产生裂缝。一般认为这种裂缝不可避免,经裂缝密封修补后对路面的整体性无损害。

2. 纵裂缝

纵向裂缝可分为两种情况:一种情况是由路基压实度不均匀,路面不均匀沉陷而引起的,如发生在半填半挖处的裂缝;另一种情况是沥青面层分幅摊铺时,两幅接茬处未处理好,在行车荷载作用下,易形成纵缝。有时,车辙边缘也会有纵裂缝。

3. 龟裂

龟裂又称网裂,通常是由于路面整体强度不足,基层软化,稳定性不良等原因引起的。沥青路面老化变脆,也会发展成网状裂缝。一般多发生在行车道轮迹下。

在路面一开始出现早期裂缝时,及时采取修补措施,将有效避免裂缝继续蔓延,防止水分渗入路基,避免路面病害进一步恶化。在平时养护中,做到见缝就封,及时修补可延长路面的使用寿命。

11.3.2　沥青路面裂缝修补

1. 修补材料

修补材料采用 Bituseal2000 沥青路面裂缝修补密封胶(单组份热施工橡胶沥青密封

胶),其材料性能指标须满足表 11－1。

表 11－1 性能指标

序号	项目名称	单位	技术指标	性能指标	
				Bituseal2000T	Bituseal2000D
1	针入度	0.1 mm	<90	70	75
2	弹性复原率	%	≥60	75	80
3	流动度	mm	<2	1.2	1.5
4	(－10℃)拉伸度	mm	≥15	18	22
5	灌入温度	℃	/	195±5	195±5

2. 施工工艺流程

施工工艺流程如图 11－1 所示。

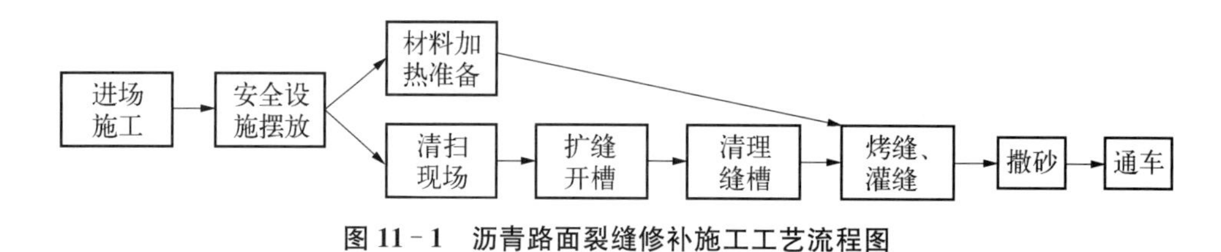

图 11－1 沥青路面裂缝修补施工工艺流程图

3. 裂缝处理

(1) 扩缝：沥青路面的裂缝修补应进行扩缝处理，采用裂缝跟踪切割机，沿路面裂缝走向进行开槽，开槽深度 1.5～3 cm，宽度 1～2 cm。

(2) 刷缝：用钢丝刷刷缝两侧，使缝内无松动物和杂物。

(3) 吹缝：采用高压森林风力灭火机进行吹缝，将缝内杂物吹干净，一般需吹 2 遍。

(4) 材料准备：将材料放入灌缝机的加热容器内，开机调试确定加热温度。

(5) 灌缝：待自动恒温灌缝机内的材料达到使用温度时，打开胶枪，把胶枪内剩胶清除。待新胶出来时，将枪头按在接缝槽上，把密封胶灌入缝内。灌缝完成后在密封胶面上均匀撒上砂粒。

4. 施工要点和注意事项

(1) 灌缝时密封胶高出路面 1～2 mm，胶体在接缝两边向外延伸各 5 mm，可以延长裂缝修补使用期。

(2) 施工温度是造成密封胶脱落的原因之一，影响施工温度的因素主要有两个：

① 季节因素。路面潮湿和温度低于 4℃就会降低密封胶的黏结力，应采用无明火烤缝设备以预热槽口。

② 机械因素。在施工过程中，机械显示器显示温度如不能及时、准确地反映加热罐内胶体的温度，同时也会影响密封胶的黏结力。

(3) 开槽的宽深比。开槽的宽深比为 1∶1.5 是较为合理的路面接缝密封设计，即当开槽宽为 1 cm 时，槽深 1.5 cm。路面接缝由于行车等原因和建筑接缝的最佳宽深比为 2∶1 是有差别的。

(4) 密封胶加热。裂缝修补密封胶应采用导热油内胆间接加热设备进行，以免其他加热方法过热加温，引起材料性能下降。

密封胶不宜在恒温加热设备内多次重复加热，一般重复加热次数不超过三次。沥青路面裂缝修补所需设备工具见表 11－2。

表 11－2　沥青路面裂缝修补设备、用具一览表

序号	设 备 名 称	序号	设 备 名 称	序号	设 备 名 称
1	路面开槽机	5	森林风力灭火机	9	路用安全反光标志服
2	车载式灌缝机	6	钢丝刷	10	施工车辆
3	电动式灌封机	7	安全指示标识牌	11	发电机
4	路用警示锥	8	无明火热烤缝机	12	空气压缝机

(5) 施工安全注意事项包括两方面内容。

① 施工时必须做好防护准备，配备手套、口罩、眼罩等。以防烫伤，热物料溅上皮肤，应立即冷却降温清除，同时涂抹烫伤油膏，施工时禁止吸烟；

② 容器和工具必须及时清理。

11.3.3　沥青路面大面积损坏的修复

沥青路面出现较大面积损坏(如凹凸不平，地面开裂、台阶等)现象时，可以确定路基部分已遭受进水破坏，修复时应从底部做起，具体做法包括下列几项。

(1) 首先将已损坏的道路路面及路基层挖除，夯实土路基，地基土压实度不小于 0.90，如不满足则需进行地基加固。同时在通道两侧开沟引流，降低地下水。

(2) 随后 15 cm 砾石垫层铺筑压实，平整度不大于 2 cm，压实干密度不小于 21. 5 kN/m^3。

(3) 垫层验收合格后，铺筑 30 cm 厚粉煤灰三渣基层，也可采用 5%(体积比)水泥稳定碎石替代。

(4) 当路基弯沉值满足 $L0 \leqslant 54.6$(0.01 mm)后，砌筑路缘石最后铺筑 6 粗 4 细沥青混凝土面层。

(5) 修复注意事项如下。

① 基层表面应设置排水坡以防积水；

② 基层碾压完成后，即应开始湿治养生，遇干热夏天须每天洒水。湿冷季节如表面未干燥泛白，可不洒水；

③ 弯沉值指标不合格者，不得铺筑面层；

④ 面层铺筑如遇雨天应及时通知厂家,停止供料及施工;

⑤ 气温在 0～10℃的冬季,少风时可抢工铺筑,但应要求沥青混合料出厂温度升高10℃,并采取有效的保温措施后才能进行。送到工地时温度控制不小于 140℃,摊铺温度不小于 125℃,开始碾压温度不小于 110℃,碾压终了温度不小于 70℃。

防汛通道采用沥青路面结构形式的,道路两边侧排水问题是首要解决的问题,无论是施工期还是完成后的运行期,均要保持道路周边良好的排水工况,以延长道路的使用寿命。

11.4 通道桥梁维护

11.4.1 桥梁损坏的类型及原因

1. 桥梁损坏的类型

常见的桥梁损坏有以下几个方面内容。

(1) 桥面局部损坏。

(2) 桥梁护栏损坏、缺失。

(3) 桥面变形缝损坏。

(4) 桥台护坡局部损坏。

2. 桥梁损坏的原因

形成桥梁损坏的主要原因是三个方面内容。

(1) 平时养护管理不到位,年久失修导致损坏。

(2) 桥面宽度较窄,过往车辆撞击导致损坏。

(3) 桥位选址不当,靠近河口,岸坡桥墩易受冲刷。

11.4.2 桥梁修护

(1) 桥面局部损坏,参照本章第 11.2 节、第 11.3 节的方法进行修复。

(2) 护栏损坏、缺失、变形缝损坏修复需调出原有设计图纸,按原有设计图纸要求进行恢复。

(3) 桥台护坡局部损坏修护,参照本书第 9.7.3.1 章节中填补翻修的方式进行修复。

(4) 桥接坡损坏修复包括四项内容。

① 接坡路面结构损坏,参照本书第 11.2 节、第 11.3 节的方法进行修复;

② 接坡两侧无挡墙结构为自然土坡的,道路两侧应各设不小于 1 m 宽的土路肩保护,自然土坡边坡不小于 1∶2;

③ 道路两边侧采用 300 mm×150 mm×150 mm 平石砌边,土路肩设 2%排水坡;

④ 接坡端部如遇混凝土路面与沥青路面两种不同结构结合时,两者之间可采用二排

300 mm×150 mm×150 mm 平石(交错布砌)隔断,采用其他规格的材料(如石料平石)进行隔断铺设时,铺砌排放不少于两排且隔断宽度不小于 30 cm。

11.5　排水沟维护

11.5.1　排水沟的作用与形式

排水沟是防汛通道不可分割的组成部分。它的作用主要是消纳地面积水,保证墙后地面畅通不积水。

排水沟通常布设在防汛通道边侧,常见的布置形式有两种。

1. 埋管式排水

埋管式排水是沿防汛通道外侧或通道路面下面埋设排水管道,管道埋置深度地面以下约 50 cm,管径一般为 ϕ300 mm 左右。管材采用混凝土管或 PVC 管,通道边侧每隔 25 m 左右设置一只雨水口(俗称"箊里"),地面水经雨水口通过排水管道纳入临近的市政管网。

埋管式排水布置形式一般适合于在市政管网距岸线较近且可利用的条件下进行采用。另外,岸线附近设有排水闸门井的,也可采用埋管式排水布置形式接入闸门井外排。

2. 明沟排水

明沟排水是沿防汛通道开挖一条明沟,明沟尺寸一般为底宽约 0.3 m,两侧边坡 1∶0.5～1.0(0.5～1.0 之间),沟深约在 0.3～0.8 m,明沟两端头与临近涵管井或河道连通。为加快排水流速和方便养护,明沟内一般采用预制板或砖砌内衬。

11.5.2　排水沟的维护要求

排水沟的维护较为重要,在日常巡查作业中,应做到随巡随查随维护,使排水沟永久处于畅通无阻的运行工况。

1. 埋管式排水维护要求

(1) 雨水口门处的杂物如树叶、垃圾、塑料袋等随时清除,以防堵塞,影响进水。

(2) 雨水井每季度清理 1 次,防止淤堵。

(3) 定期进行管道疏通,避免管道堵塞。

(4) 管口与进水井连接应完整密闭,如有松动、脱节应及时采用 1∶2 的水泥砂浆进行接口修复。

(5) 管道如有损坏,应及时开槽更换。管槽回填时,管周部分填土应采用人工夯实,槽口部分回填抛高不小于 5 cm,回填土密实度应≥0.90。

2. 排水明沟维护要求

(1) 有内衬并带有盖板的排水明沟,沟盖上不得有垃圾附着,若发现垃圾应及时清理干净。

（2）有内衬且无盖板的排水明沟，沟内不得有垃圾淤积，应随查随清理。

（3）盖板明沟应定期进行沟槽清理，沟槽内淤积厚度不应大于 5 cm。

（4）盖板若有断裂、损坏，沟槽衬壁若有脱缝、脱落，应及时按原样进行修复。

3. 土明沟及草皮护坡明沟的维护要求

土明沟及草皮护坡明沟在自然环境因素的影响下，前者沟槽易堵塞，后者沟槽内草势修剪如不及时，往往形成因阻水而导致的排水不畅。土明沟和草皮护坡明沟一般只适用于短期临时性排水措施之用，不适合作为永久性结构，若需永久利用应对沟槽进行衬砌改造。沟槽衬砌材料一般可采用 5 cm 厚混凝土预制板或水泥砖、并采用 M10 砂浆满铺衬砌。

土明沟及草皮护坡明沟的维护要求如下。

（1）平时应随巡随查随维护，保证沟槽始终处于完整状态。

（2）连续雨天期间或暴雨过后，须对土明沟沟槽加强检查，如遇堵塞应及时进行疏通，以保证水流畅通。

（3）草皮护坡明沟应在雨季或暴雨来临之前，提前做好护坡草皮修剪，保证沟槽畅通。

11.6　防汛通道内绿化维护

防汛通道内绿化由专业堤防绿化养护单位进行管理养护，绿化养护要求详见本书第 12 章相关内容。

11.7　质量标准

防汛通道及通道桥梁的维护严格参照上海市《水利工程施工质量检验与评定标准》（DG/TJ 08—90—2014）的相关规定执行。

11.8　施工注意事项和安全防护措施

（1）施工过程中注意回收凿除的沥青、混凝土弃渣和水泥砂浆废渣，防止废料污染周围建筑设施；

（2）所有参与现场施工的人员必须佩戴安全帽，水上作业施工人员需穿戴救生衣。

第 12 章

堤防绿化的维护

堤防绿化是构筑绿色堤防设施不可或缺的一个重要组成部分。根据堤防工程特点，选用适宜的树种植物，根据植物生态特性（喜阴、喜阳、耐旱、耐湿等）分别进行栽植养护，以达到堤防绿化养护目标：点上有景，线上成荫，面上成林，使水岸堤防与大自然融为一体。

12.1　堤防绿化的日常检查要求

堤防绿化检查与堤防巡查同步进行，应按规定内容和要求对已栽植的绿化进行检查。

12.1.1　乔、灌木类检查

(1) 树木无缺株，无死树、枯枝。

(2) 树木基本无病虫危害症状，病虫危害程度控制在10%以下，无药害。

(3) 新植、补植树成活率达98%以上，保存率在95%以上。

(4) 新补植行（通）道树应同原有的树种、规格保持一致，并有保护措施。

(5) 树穴无杂草，无积水。

(6) 树干挺直，骨架均匀，树形整齐美观；树株行距均匀、整齐，无歪倒。

12.1.2　下木、地被类检查

(1) 绿篱生长旺盛，修剪整齐、合理，无死株、断枯，无病虫危害症状。

(2) 草坪生长旺盛，保持青绿、平整，无杂草，高度控制在10 cm左右。

(3) 所有地被类植物应无地面裸露，无成片枯黄，枯黄率控制在1%以内。

(4) 杜绝外来物种（如加拿大一枝黄花等）的侵袭，应做到随查随除。

12.1.3　绿地排水检查

(1) 林地：纵、横向排水沟连通，沟内无淤堵，整洁、畅通，终端须有排水出路措施。

(2) 下木、地被类排水沟：沟深不小于15 cm，沟口宽不小于25 cm，沟口边缘距下木根部不小于 15 cm,沟内无积水。

(3) 堤防绿带宽度≥2 m 的均应有排水措施,以雨后检查地表面无积水为准。

12.1.4 迎水侧绿化检查

(1) 水生植物:存活率 100%,生长旺盛,无倒伏,无腐烂,无杂草,景色宜人。

(2) 花槽绿化:无杂草,无枯死,无缺失,植物生长旺盛、整齐、美观。

12.2 堤防绿化的日常维护要求

堤防绿化的日常维护内容主要包括浇水排水、施肥、修剪、病虫害防治、松土除草、补栽、支撑扶正等七个方面。

12.2.1 浇水、排水

(1) 浇水原则:应根据不同植物的特性、树龄、季节、土壤干湿程度确定。做到适时、适量、不遗漏。每次浇水要浇足浇透。

(2) 浇水年限:树木定植后一般乔木需连续浇水 3 年,灌木浇水 5 年。土壤质量差、树木生长不良或遇干旱年份,则应延长浇水年限。

(3) 浇水限度:大树依据具体情况和浇水原则确定。下木及地被类以土壤不干燥为准。喷灌浇水每次开启时间不少于 30 min,以地面无径流为准。

(4) 夏季高温季节应在早晨和傍晚进行浇水,冬季宜在午后进行浇水。

(5) 雨季应注意排涝,及时排除积水。

12.2.2 施肥

(1) 施肥原则:为确保植物正常生长发育,要定期对树木、花卉、草坪等进行施肥。施肥应根据植物种类、树龄、立地条件、生长情况及肥料种类等具体情况而定。

(2) 施肥对象:定植 5 年以内的乔、灌木;生长不良的树木;木本花卉;草坪及草花。

(3) 施肥分类:施肥分基肥、追肥两类。基肥一般采用有机肥,在植物休眠期内进行,追肥一般采用化肥或复合肥在植物生长期内进行。基肥应充分腐熟后按一定比例与细土混合后施用,化肥应溶解后再施用。干施化肥一定要注意均匀,用量宜少不宜多,施肥后应及时充分地浇水,以免伤根伤叶。

(4) 施肥次数:乔木每年施基肥 1 次,追肥 1 次;灌木每年施基肥 1 次,追肥 2 次;色块灌木和绿篱每年施基肥 2 次,追肥 4 次;草坪每年结合打孔施基肥 2 次,追肥不少于 9 次;草花以施叶面肥为主,每半月 1 次。

(5) 施肥量:施基肥乔木(胸径在 10 cm 以下)不少于 20 kg/(株 · 次),灌木不少于

10 kg/(株·次)，色块灌木和绿篱不少于 0.5 kg/(m^2·株)，草坪不少于 0.2 kg/(m^2·次)。施追肥一般按 0.5%～1%浓度的溶解液施用。干施化肥一般用量，乔木不超过 250 g/(株·次)，灌木不超过 150 g/(株·次)，色块灌木和绿篱不超过 30 g/(m^2·次)，草坪不超过 10 g/(m^2·次)。

(6) 乔、灌木施肥应挖掘施肥沟、穴，以不伤或少伤树根为准，深度不浅于 30 cm。

12.2.3 修剪

(1) 修剪原则应根据树种习性、设计意图、养护季节、景观效果为原则，达到均衡树势、调节生长、姿态优美、花繁叶茂的目的。

(2) 修剪内容包括除芽、去蘖、摘心摘芽、疏枝、短截、整形、更冠等技术。

(3) 养护性修剪分常规修剪和造型(整形)修剪两类。常规修剪以保持自然树形为基本要求，按照多疏少截的原则及时剥芽、去蘖、合理短截并疏剪内膛枝、重叠枝、交叉枝、下垂枝、腐枯枝、病虫枝、徒长枝、衰弱枝和损伤枝，保持内膛通风透光，树冠丰满；造型修剪以剪、锯、捆、扎等手段，将树冠整修成特定的形状，达到外形轮廓清晰、树冠表面平整、圆滑、不露空缺，不露枝干、不露捆扎物。

(4) 乔木的修剪一般只进行常规修枝，对主、侧枝尚未定形的树木可采取短截技术逐年形成三级分枝骨架。庭荫树的分枝点应随着树木生长逐步提高，树冠与树干高度的比例应在 7∶3 至 6∶4 之间。行道树在同一路段的分枝点高低、树高、冠幅大小应基本一致，上方有架空电力线时，应按电力部门的相关规定及时剪除影响安全的枝条。

(5) 灌木的修剪一般以保持其自然姿态，疏剪过密枝条，保持内膛通风透光。对丛生灌木的衰老主枝，应本着“留新去老”的原则培养徒长枝或分期短截老枝进行更新。观花灌木和观花小乔木的修剪应掌握花芽发育规律，对当年新梢上开花的花木应于早春萌发前修剪，短截上年的已花枝条，促使新枝萌发。对当年形成花芽，次年早春开花的花木，应在开花后适度修剪，对着开花率低的老枝要进行逐年更新。在多年生枝上开花的花木，应保持培养老枝，剪去过密新枝。

(6) 绿篱和造型灌木(含色块灌木)的修剪，一般按造型修剪的方法进行，按照规定的形状和高度修剪。每次修剪应保持形状轮廓线条清晰、表面平整、圆滑。修剪后新梢生长超过 10 cm 时，应进行第 2 次修剪。若生长过密影响通风透光时，要进行内膛疏剪。当生长高度影响景观效果时要进行强度修剪，强度修剪宜在休眠期进行。

(7) 藤本的修剪：藤本每年常规修剪 1 次，每隔 2～3 年应理藤 1 次，彻底清理枯死藤蔓，理顺分布方向，使叶幕分布均匀、厚度相等。

(8) 草花的修剪应掌握各种花卉的生长开花习性，用剪梢、摘心等方法促使侧芽生长，增多开花枝数。要不断摘除花后残花、黄叶、病虫叶，加强花繁叶茂的观赏效果。

(9) 草坪的修剪：草坪的修剪高度应保持在 6～8 cm，当草高超过 12 cm 时必须进行修剪。混播草坪修剪次数不少于 20 次/年，结缕草不少于 5 次/年。

(10) 修剪时间：落叶乔、灌木在冬季休眠期进行，常绿乔、灌木在生长期进行。绿篱、造型灌木、色块灌木、草坪等按养护要求及时进行。

(11) 修剪次数：乔木不少于1次/年，灌木不少于2次/年，绿篱、造型灌木不少于12次/年，色块灌木不少于8次/年。

(12) 修剪的剪口或锯口平整光滑，不得劈裂、不留短桩。

(13) 修剪应按安全操作规程的要求进行，须特别注意安全。

12.2.4　病虫害防治

(1) 病虫害防治原则：全面贯彻“预防为主，综合防治”的方针，要掌握植物病虫害的发生规律，在预测、预报的指导下对可能发生的病虫害做好预防。已经发生的病虫害要及时治理、防止蔓延成灾。病虫害发生率应控制在10%以下。

(2) 药物防治：病虫害的药物防治应根据不同的树种、病虫害种类和具体环境条件，正确选用农药种类、剂型、浓度和施用方法，使之既能充分发挥药效，又不产生药害，以减少对环境的污染。树木的病害一般有白粉病、花叶病、溃疡病、锈病等。喷药时应设立警戒区，以免人畜中毒。

(3) 喷药：喷药应成雾状，做到由内向外、由上向下、叶面叶背喷药均匀，不留空白。喷药应在无风的晴天进行，阴雨或高温炎热的中午不宜喷药。喷药时要注意行人安全，避开人流高峰时段，喷药范围内如有食品、水果、盘池等，要待移出或遮盖后方能进行。喷药后要立即清洗药械，不准乱倒残液。

(4) 对药械难以喷到顶端的高大树木或蛀干害虫，可采用树干注射法防治。

(5) 施药要掌握有利时机，害虫在孵化期或幼虫三龄期以前施药最为有效，真菌病害应在孢子萌发期或侵染初期施药。

(6) 挖除地下害虫时，深度应在5～20 cm以内，接近树根时不能伤及根系。人工刮除树木枝干上介壳虫等虫体，要彻底刮除干净，不得损伤枝条或枝干内皮，刮除树木枝干上的腐烂病害时，要将受害部位全部清除干净，伤口要进行消毒并涂抹保护剂，刮落的虫体和带病的树皮，要及时收集烧毁。

(7) 作业安全保护：农药要妥善保管。施药人员应注意自身的安全，必须按规定穿戴工作服、工作帽、戴好风镜、口罩、手套及其他防护用具。

12.2.5　松土、除草

林地或零星新植树株周围要经常进行表层松土、铲除杂草，以利于保墒(防止透气，减少水分损失)和防止杂草与树株争养分，有利于树株的成活和生长，同时改善整体面貌。

(1) 松土：土壤板结时应及时进行松土，松土深度5～10 cm为宜。草坪应用打孔机松土，每年不少于2次。

(2) 除草：掌握“除早、除小、除了”的原则，随时清除杂草，除草必须连根剔除。绿地内应做到基本无杂草，草坪的纯净度应达到95%以上。

12.2.6 补栽

(1) 保持绿地植物的种植量,缺株断行应适时补栽。补栽应使用同品种、基本同规格的苗木,保证补栽后的景观效果。

(2) 草坪秃斑应随缺随补,保证草坪的覆盖度和致密度。补草可采用点栽、播种和铺设等不同方法。

12.2.7 支撑、扶正

(1) 倾斜度超过 10°的树木,应进行扶正。落叶树在休眠期进行扶正,常绿树则在萌芽期前进行。扶正前应先疏剪部分枝桠或进行短截,确保扶正树木的成活率。

(2) 新栽大树和扶正后的树木应进行支撑。支撑材料在同一路段或区域内应当统一,支撑方式要规范、整齐。支撑着力点应超过树高的 1/2 以上,支撑材料在着力点与树干接触处铺垫软质材料,以免损伤树皮。每年雨季前要对支撑进行 1 次全面检查,对松动的支撑要及时加固,对坎入树皮的捆扎物要及时解除。

12.3 堤防绿化夏季养护要求

(1) 夏季如过于干旱要进行灌溉,每周 2 次浇水且要浇透。

(2) 在汛期台风来临前夕,对树木存在根系浅、逆风、树冠庞大、枝叶过密及场地条件差等实际情况,应分别采取立支柱、绑扎、加土、扶正、疏枝、打地桩等措施。

(3) 对易积水的绿地及时做好排涝(加土平整、开沟排涝)工作。

12.4 堤防绿化冬季养护要求

(1) 卷干、包草:新植小树和不耐寒的树木,可用草绳卷干或用稻草包主干和部分分枝来防寒。

(2) 喷白涂白:用石灰硫磺粉对树身喷白涂白,可以降低温差骤变的危害,还可以杀死一些越冬病虫害。

(3) 深翻土壤,加施堆肥,适时进行冬灌。

12.5 质量标准

堤防绿化的维护,应严格按照《水利工程施工质量检验与评定标准》(DG/TJ 08—90—

2014)和上海市《园林绿化工程施工质量验收标准》(DG/TJ 08—701—2020)的相关规定执行。

12.6 安全防护措施

(1) 绿化养护的各道工序施工要做到以人为本,安全施工,文明作业。

(2) 树株修剪以及病虫害防治作业的安全防护措施,应事先予以具体落实到位后,才能进行作业施工。

(3) 绿化养护施工要统一着安全装,设施工警示语或警示标识,保证施工人员和过往行人的安全。

(4) 上树作业人员应遵守树上作业安全相关规定,与树下工作人员应密切配合,局部封闭作业,作业人员下方和枝条可能坠落的范围内不得有车辆和行人,枝条下落前应观察各种架空线路,树下建筑物、车辆、行人和树下人员,严防枝条或工具坠落时砸坏建筑物、车辆和行人。

(5) 喷药前后应仔细检查药械的开关,接头、喷头等处螺丝是否拧紧,药桶有无渗漏,以免漏药造成污染。喷药过程中如发生堵塞时,应先用水冲洗后再排除故障。绝对禁止用嘴吸、吹喷头和滤网。

第 13 章

堤防亲水平台的维护

在城市发展规划更新的大背景下，亲水平台是结合绿色堤防建设而设置的近水、亲水构筑物，它主要是利用对现有沿江、沿河老旧码头改造，降低堤岸一线堤防的防御高度（以二级或多级挡墙形式替代满足防洪设防标准），建造亲水栈道等手段，形成亲水景观空间，恢复河道的生机和活力，提升人们的生活品质。

13.1 亲水平台的形式

亲水平台的形式一般有堤岸式、平台式、栈桥式等，如图 13 - 1 所示。

(a) 堤岸式

(b) 平台式

(c) 栈桥式

图 13-1 亲水平台实例照片

13.1.1 堤岸式平台

堤岸式平台也称作亲水堤岸，它由二级或多级挡墙式护岸结构组成，如苏州河中远二湾城堤岸及长风绿地堤岸等。高水位时允许江、河水淹没河岸侧第一级挡墙，第一级挡墙墙顶设置安全护栏，以防游人落水，第一级挡墙和第二级挡墙之间为景观平台，给人们提供一个近水的休闲活动场所。

13.1.2 平台式平台

平台式平台是利用沿江、沿河上原有的老旧码头进行升级改造而成的临水休闲活动场所。码头面铺设木地板或防滑地砖，周边设有安全护栏。

13.1.3 栈桥式平台

栈桥式平台是在迎水侧通过顺岸线以栈桥布设形式与两端通道连接，形成贯通，主要布置在墙后无法形成贯通通道的岸段，如苏州河华航小区岸段等。

13.2 亲水平台检查与观测的主要内容

(1) 平台护栏是否稳固、救生设施是否缺失。

(2) 铺砌地面是否脱落缺失、损坏。

(3) 木质地板是否破损、缺失。

(4) 平台面是否干净、整洁。

13.3　亲水平台维护原则

经常养护，随检随护，使亲水平台始终处于安全、稳固、整洁的运行状态。

13.4　亲水平台维护要求

(1) 亲水平台的日常清扫养护每周不少于 3 次，护栏清洁每周不少于 2 次。

(2) 亲水平台每经过 1 次淹没、退水后，应及时将平台面上的垃圾及浮泥清理干净，以防游人滑倒摔伤。

(3) 平台护栏维护要求如下。

① 不锈钢栏杆须保持栏杆表面整洁、光亮，无灰尘沾染。

② 普通型钢栏杆每年应油漆 1 次。除锈：达到 Sa2.5 级，表面显露金属本色；油漆：二道防锈漆，一道面漆，每道干膜≥60 μm。

③ 木质栏杆：每年油漆 1 次。除污时，用木砂皮将原有剥落的老漆清除干净，至表面光滑显露原木本色；然后进行油漆，每次二道，每道干膜≥80 μm。

④ 平台护栏每周 1 次定期检查紧固螺栓或固定装置，如有松动、缺失或摇晃，应立即布设警示标识或警戒线，阻止人流靠近，待安全维护结束后方可开放。

⑤ 平台护栏油漆维护安全保养期间应做好安全防护警示措施。

⑥ 栏杆油漆色调选用：一般的维修养护作业应按原色谱选用，若是较大规模更新，应根据设计要求确定。

(4) 木地板损坏、断裂时，应及时进行调换，原则上应采用相同材料、相同规格尺寸进行调换，如采用替代材料(其他品质)的，必须规格尺寸(长×宽×厚)须相同，以防高低不平产生安全隐患。

(5) 平台面层地砖应有防滑功能要求，如有松动损坏、脱落缺失，应及时予以修复，修复要求同上述第(4)条，修复方法按第 9 章第 9.6 节。

(6) 设置在亲水平台上的救生设施(如救生圈、缆绳等)须完好无缺损，如有缺失、损坏，应及时上报进行补备。

(7) 设置在亲水平台上的绿化，其养护方法按本书第 12 章相关要求执行。

13.5　质量标准

堤防亲水平台的维护，应严格参照上海市《水利工程施工质量检验与评定标准》(DG/TJ 08—90—2014)的相关规定执行。

13.6 安全防护措施

（1）亲水平台维护作业是一项临水作业项目，施工人员作业时必须佩戴好救生衣或安全防护带，以防落水意外。

（2）维护作业时，作业人员必须2人及以上，确保施工安全。

（3）油漆作业人员施工前应配备好防尘、防毒等安全作业装备，并避开高温下作业。

第 14 章

堤防附属设施的维护

14.1　堤防里程桩号与堤防标识牌的维护

堤防里程桩号与标识牌是堤防管理工作中设置的不可缺少的附属设施。

14.1.1　堤防里程桩号及堤防标识牌维护的基本要求

(1) 坚持常态化养护管理。

(2) 自始至终保持标识牌的整洁、完整无损。

14.1.2　堤防里程桩号与标识牌的制作要求

1. 堤防里程桩号标识牌统一的制作标准

(1) 材质规格：玻璃钢(聚酯纤维)材料。

(2) 尺寸大小：长 400 mm，宽 200 mm，厚 8 mm。

(3) 颜色布局：上部银灰底(400 mm×150 mm)蓝字，下部绿底(400 mm×50 mm)白字。

(4) 字体与字高：统一为标准黑体字。第一行字高 5 cm；第二行字高 3 cm；第三行字高 2.5 cm。(上述字高仅供参考，请根据版面适当调整)

(5) “上海堤防 LOGO”设置在下部绿底区域右下角，白字。

(6) 安装标识牌的要求：四角距边缘 10 mm 位置，各开一个直径 4 mm 小孔，以作为螺钉固定安装孔。其钉子规格长 5 cm 不锈钢锚钉，钉帽 8 mm，打入墙体内 4 cm。安装好后，钉帽须用专门的材料胶封闭以防锈蚀。

标识牌设计样式效果如下，以黄浦江干流公里标识牌为例。黄浦江干流里程桩号标识牌如图 14－1 所示；黄浦江支流里程桩号标识牌，设置原则如下。

① 对于支流 00＋000 公里牌，牌上内容标注为该支流位于其上级河流位置对应的里程，如：蕰藻浜左(右)岸 00＋000 公里对应其上级河流黄浦江里程为黄浦江左岸 02＋699 公里，则牌上首行标注“黄浦江左岸：02＋699”，第二行标注“蕰藻浜左岸：00＋000”；北泗塘左(右)岸 00＋000 公里对应其上级河流蕰藻浜里程为蕰藻浜左岸 02＋083 公里，则牌上首行

图 14-1　黄浦江干流公里标识牌

标注“蕰藻浜左岸：02＋083”，第二行标注“北泗塘左岸：00＋000”。

② 对于支流 01＋000 以后的公里牌，参照黄浦江干流里程桩号标识牌格式进行标注。

③ 上游段将其视为黄浦江支流处理，如遇特殊位置如红旗塘左岸 00＋000 位置则分别各设置 1 块里程牌，以示区分。

2. 河道标识牌的制作

设置于堤防沿线的标识牌其规格尺寸，应根据河道等级要求进行制作设置，材质规格：铝合金板，厚 1.5 mm。

标识牌样式效果，如图 14-2 和图 14-3 所示。

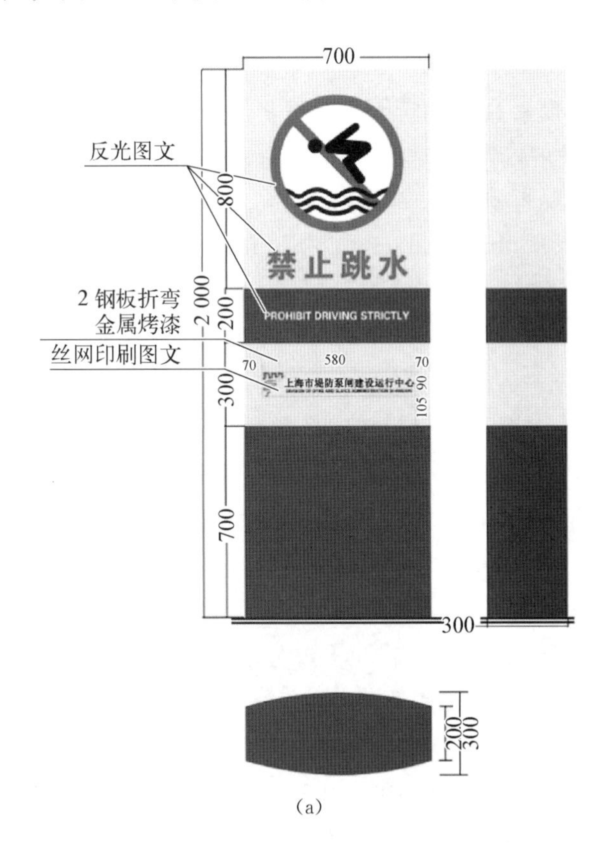

(a)

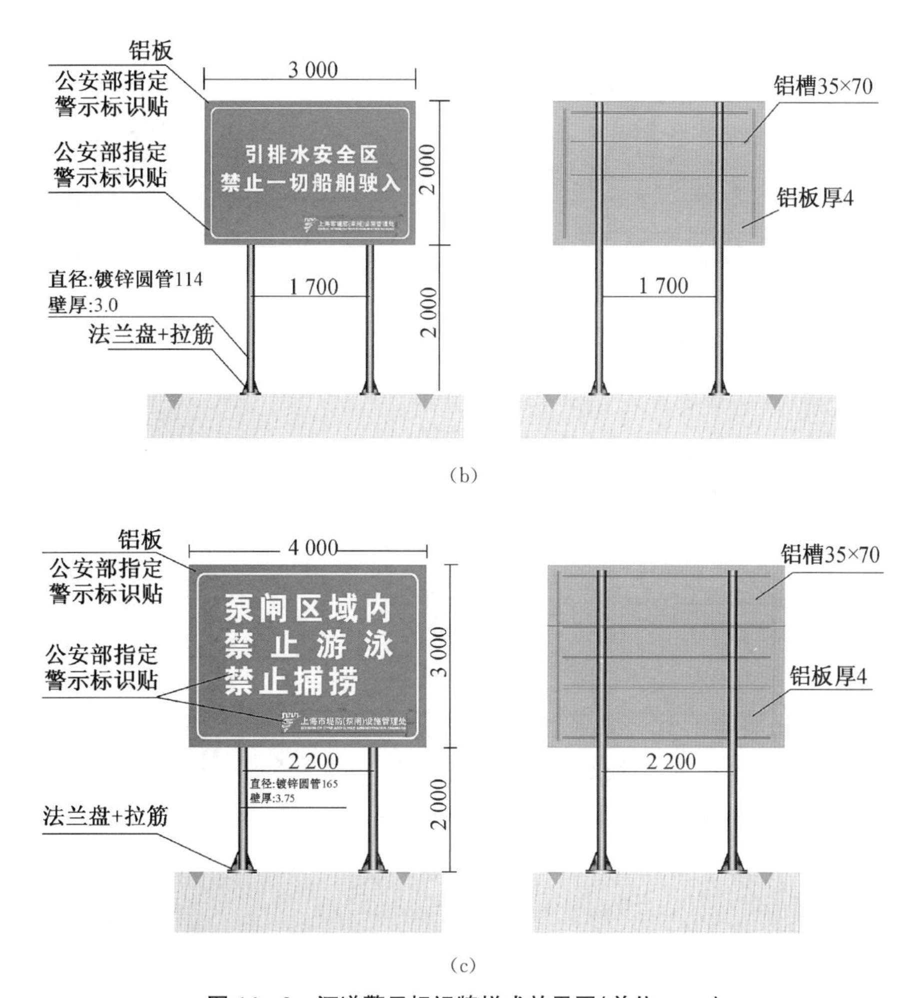

(b)

(c)

图 14－2　河道警示标识牌样式效果图(单位：mm)

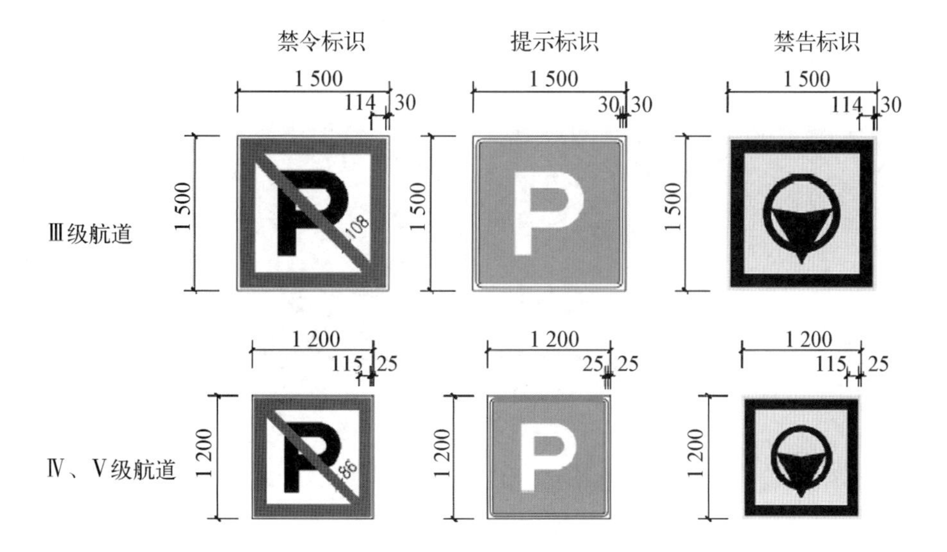

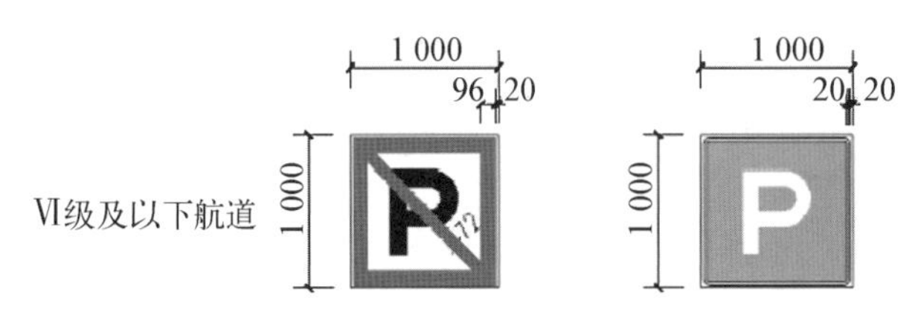

警告标志

禁止停泊标识牌详图	靠泊区标识牌详图	排放口标识牌详图
白底、红边框、红斜杠、黑文字	绿底、白边框、白文字	黄底、黑边框、黑图案

图 14－3　标识牌详图(单位：mm)

14.1.3　堤防里程桩号与标识牌的设置方式

1. 堤防里程桩号标识牌的设置方式

堤防里程桩号标识牌的设置方式通常有附着式和埋桩式两种，局部景观地段有特殊要求时可采用其他方式。

（1）附着式。

用于防汛墙墙顶高于地面 50 cm 及以上的岸段。

安装方式：标识牌直接安装在墙上用直径为 5 cm 安装钉固定标识牌，植入墙体 4 cm。必要时视现场情况背面加硅胶或强力胶水等固定，主要是做好每一个细节，把好质量关。标识牌统一安装在墙口以下 20 cm 里程对应位置。

（2）埋桩式。

用于防汛墙顶面低于 50 cm 及部分无直立防汛墙的岸段。

安装方式：预先预制好 C30 混凝土桩，桩的规格为宽×厚×高＝50 cm×20 cm×90 cm，将水泥桩埋入地下 40 cm，地上露出 50 cm，再将相应里程标识牌用钢钉固定在水泥桩上(图 14－4)，标识牌正面朝外，以便巡视检查。埋设后的效果见图 14－5。

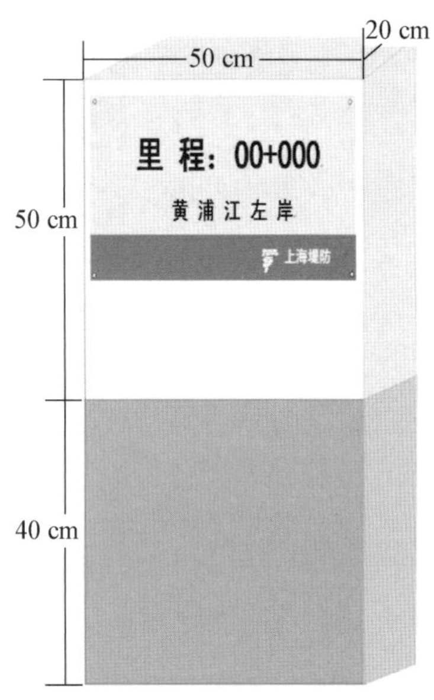

图 14－4　埋桩式岸段标识牌安装

(a)

(b)

图 14－5　埋桩式岸段标识牌安装

(3) 其他方式

对于局部景观地段的堤防里程桩号标识牌,如相关管理部门有特别要求,可根据需要特别制作大理石、不锈钢、铜板等材料的专用标识牌,并根据与现场要求相匹配的样式定制安装,以保证现场环境美观相统一。

2. 河道标识牌的设置方式

(1) 附着式

根据所需要求,标识牌可直接安装在墙的正面、背面或者墙顶上。安装方式与附着式堤防里程桩号标识牌安装方式相同,但若安装在墙顶面时,须加设不锈钢支撑架进行固定。

(2) 立杆式

标识牌设置于墙后,具体做法如图 14-6 所示。

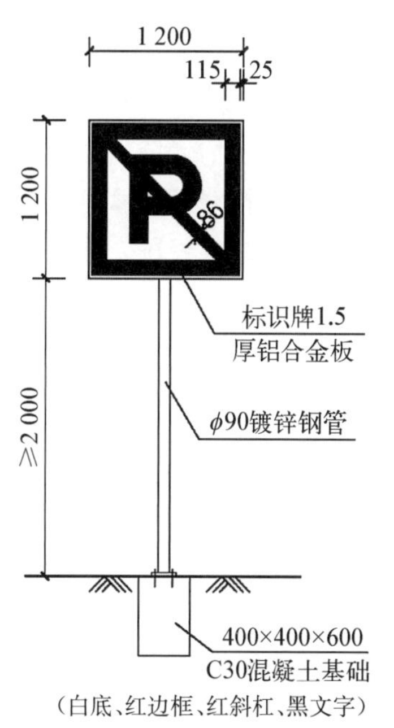

图 14-6　禁止停泊标识牌详图(单位: mm)

14.1.4　堤防里程桩号与标识牌的维护要求

(1) 里程桩号标识牌及河道标识牌每季度进行 1 次的定期清洁维护,使牌面始终保持干净、整洁、平整,无污损状态。牌面污垢若无法清理干净则应及时更新调换。

(2) 对防汛墙上标识的不规范标记、标识以及涂鸦,每季度进行统一覆盖清理。

(3) 里程桩号更新时,新桩号设定后,应同时将老桩号的标识清除。

(4) 埋桩式标识牌及立杆式标识牌设置应与地面垂直,倾斜角度不超过 5°,超过 5°时应及时进行扶正维护。

14.2　堤防安全监测设施的维护

堤防(防汛墙)安全监测设施是安全传递堤防管理信息所需要的堤防配套设施,是全市堤防管理及泵闸运行调度的生命线。堤防工程建设时,与堤防主体结构同步实施。工程建成后纳入堤防日常管理当中。

14.2.1　监测设施维护的基本要求

(1) 巡查人员应熟悉堤防安全监测管线走向的图纸内容及设施量清单。

(2) 保持监测管线的设备、设施完整良好。

(3) 加强宣传保护,及时上报相关信息、制止损坏行为,确保堤防安全监测设施的安全。

14.2.2 监测设施的组成

(1) 监测管线：各种敷设方式的光缆保护管道。

(2) 通信光缆：包括光纤、电缆、监测传感器、熔接包等。

(3) 检修井：不同规格的人(手)井、管线连接井。

(4) 附属设施：警示标识、宣传牌等。

14.2.3 监测设施维护工作内容

1. 主要检查内容

管道(含混凝土包封、过桥外挂、泥土直埋等)、检修井、接线盒、熔接包、光缆标识等完好情况。

2. 养护主要内容

定期进行通信测试，修补或更换井盖(座)、检修井、标识牌、标识桩，管道恢复、接线盒检查或更换、管道加固等。

3. 抢修主要内容

定期进行光缆应急熔接及测试，恢复网络畅通。

其中通信光缆的维修、养护和抢修工作，由专业管线单位根据监测管线的特点制订相应的养护和抢修施工方案，并予以实施。

14.2.4 监测管线敷设方式

14.2.4.1 管线敷设方式

监测管线的敷设形式有直埋式、硬地坪敷式、外挂敷式、面敷式等多种形式。

(1) 直埋式，适用于墙后为绿化或人行道的岸段，如图 14-7 所示。

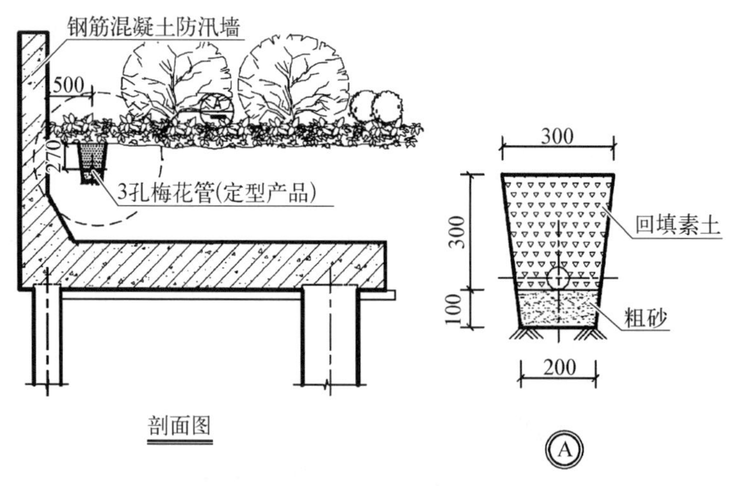

图 14-7 直埋式管线敷设方式示意图(单位：mm)

(2) 硬地坪敷式，适用于墙后为码头，市政道路或亲水平台等硬质路面的岸段，如图 14-8 所示。

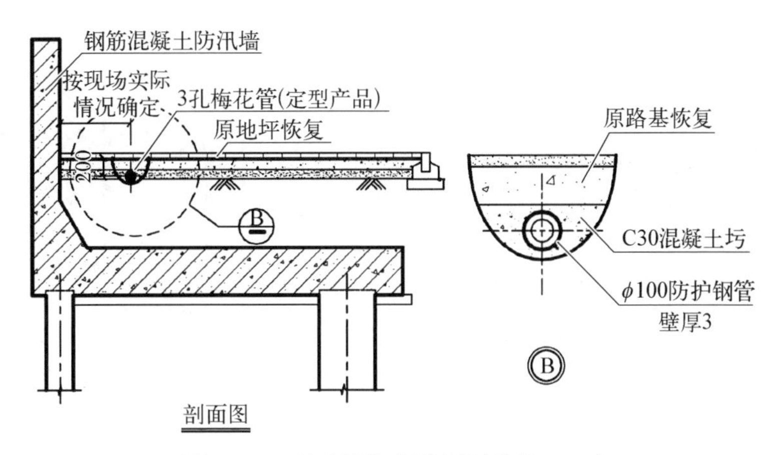

图 14-8　硬地坪敷式示意图(单位: mm)

(3) 外挂敷式,适用于墙后无实施条件的岸段,有管卡式和桥梁壁挂式两种形式,如图 14-9 所示。

(4) 面敷式,适用于墙后无实施条件但防汛墙底板外挑尺寸大于 20 cm 的岸段,管线布置形式分别为埋式和管卡式两种,如图 14-10 所示。

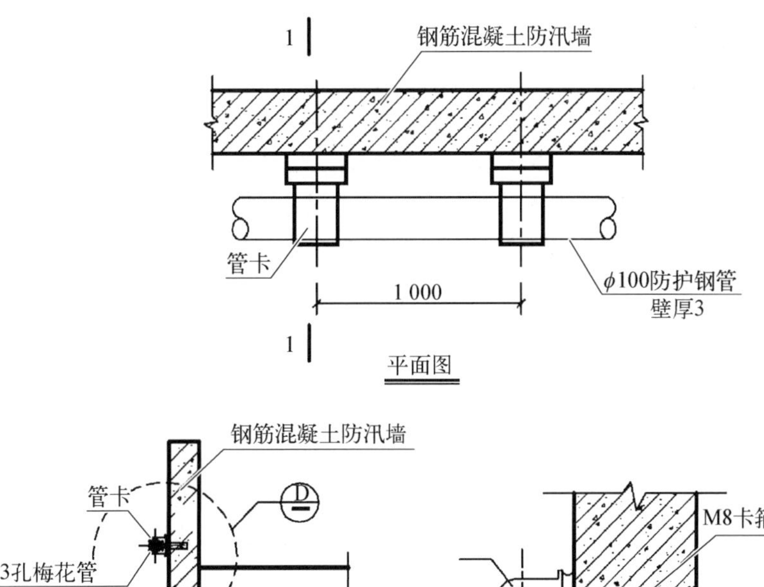

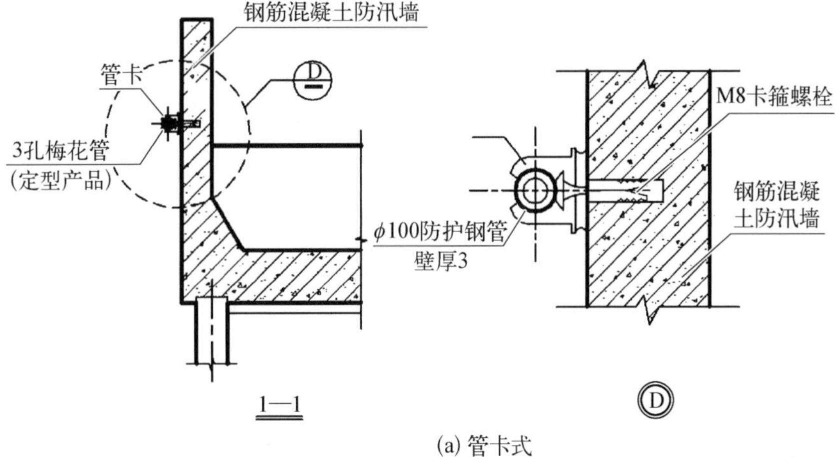

(a) 管卡式

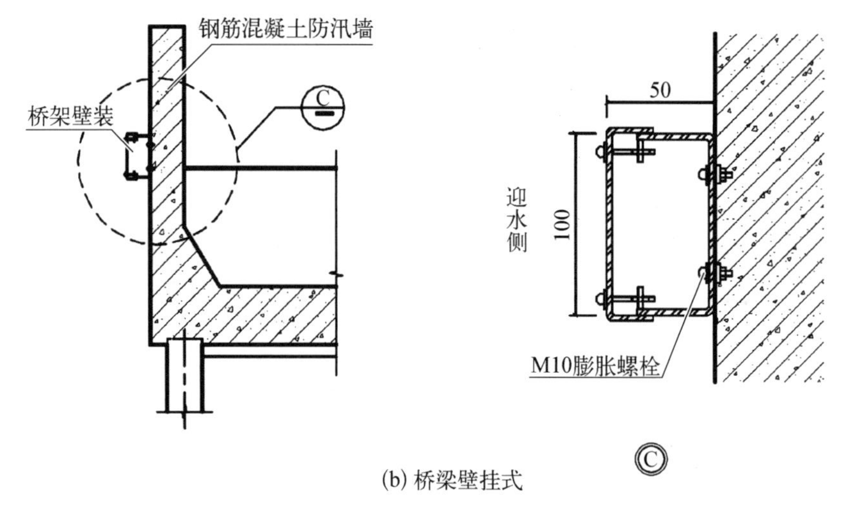

(b) 桥梁壁挂式

图 14－9 外挂敷式示意图(单位: mm)

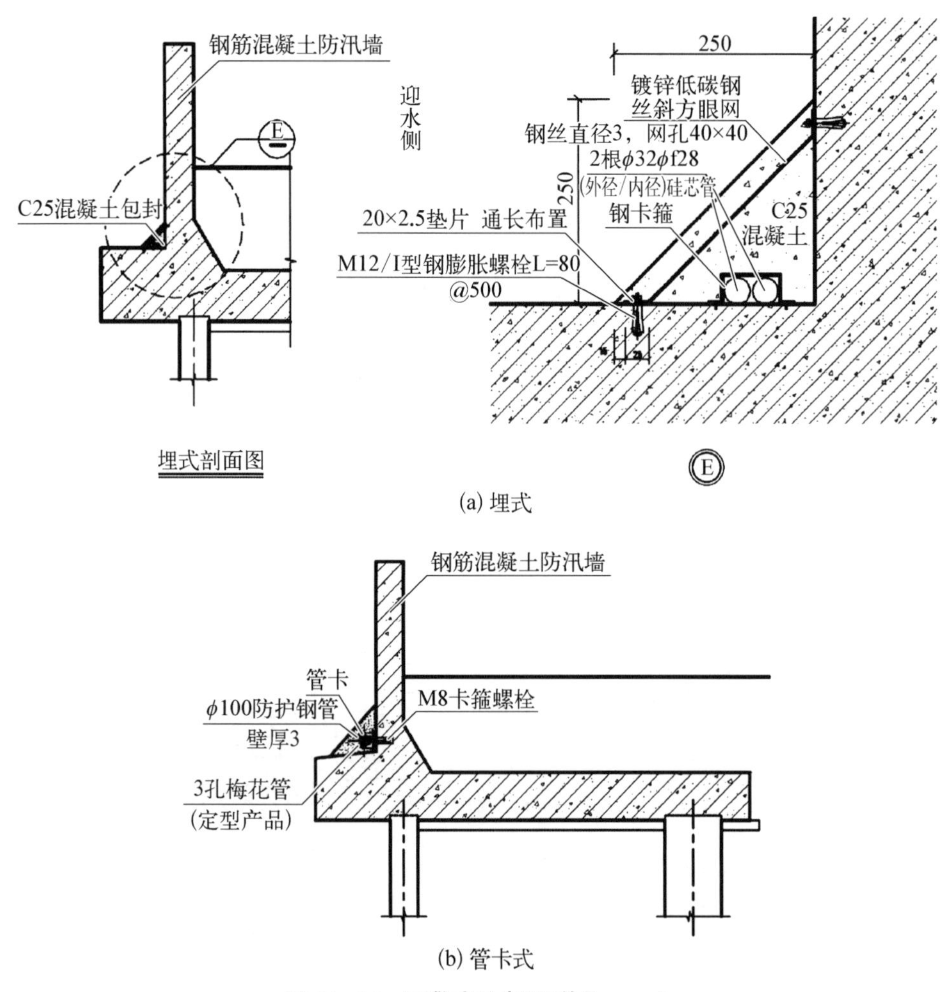

(a) 埋式

(b) 管卡式

图 14－10 面敷式示意图(单位: mm)

(5) 跨河敷设方式，监测管线需跨河连续敷设时，应尽量利用现有桥梁、涵洞等跨河建筑物进行敷设。敷设方式如图 14 - 11 所示。

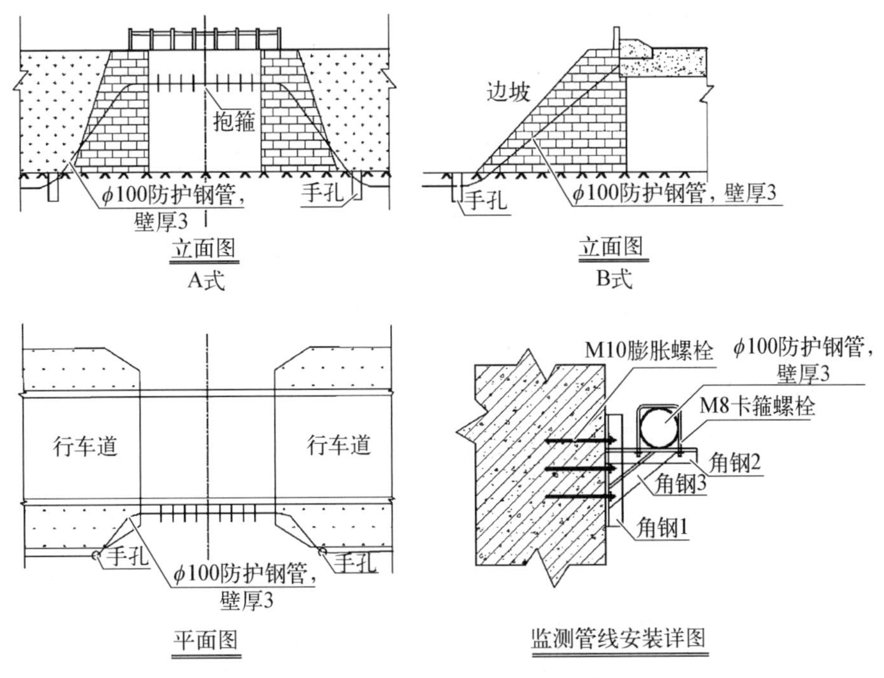

图 14 - 11　跨河敷设方式示意图(单位：mm)

(6) 管线需穿墙敷设时，管口高度一般设置在高水位以上部位，敷设方式如图 14 - 12 所示。

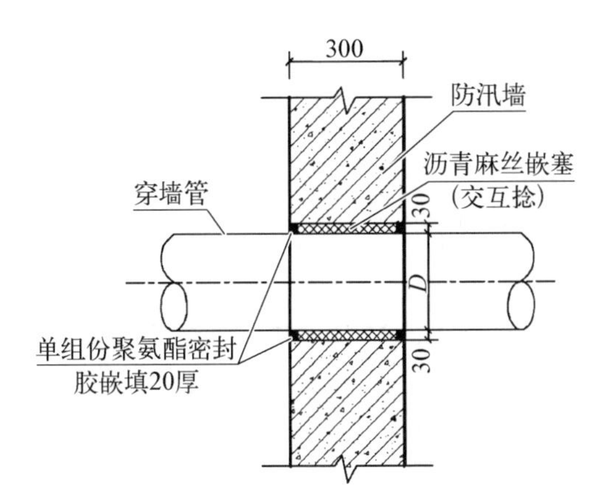

图 14 - 12　管线需穿墙敷设示意图(单位：mm)

14.2.4.2　管线工作井设置方式

管线工作井设置应与监测管线敷设方式相匹配，如图 14 - 13 所示。

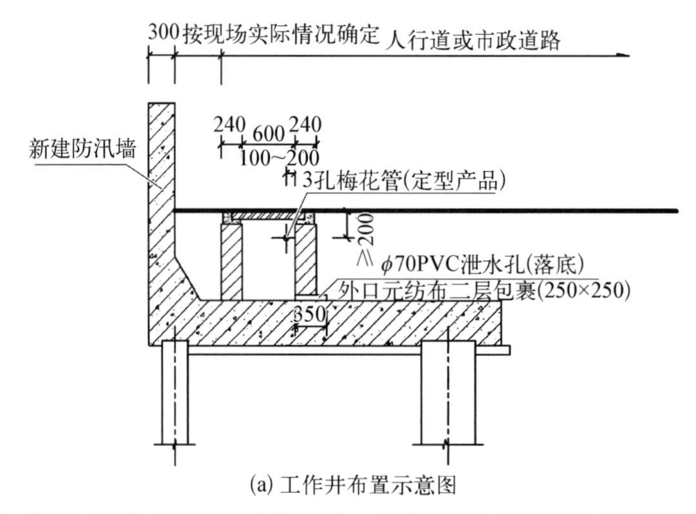

(a) 工作井布置示意图

注：墙后为人行道或市政道路的硬地结构，工作井砌筑时，井口标高与地坪标高齐平

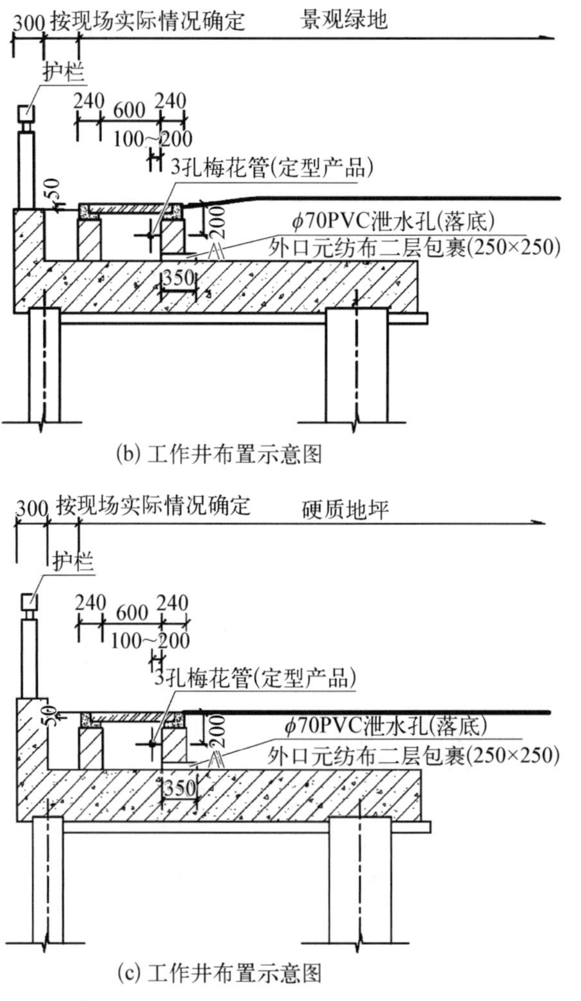

(b) 工作井布置示意图

(c) 工作井布置示意图

注：墙后为硬质的亲水平台，工作井砌筑时井口标高随地坪标高一致

图 14－13　工作井设置方式示意图(单位：mm)

14.2.4.3　标识牌的布设方式

1. 标识牌规格

材质规格：玻璃钢(聚酯纤维)材料。

尺寸大小：长 300 m，宽 150 mm，厚 8 mm。

颜色布局：上部银灰底(40 cm×15 cm)蓝字，下部绿底(40 cm×5 cm)白字。

字体字高：统一为标准黑体字。第一行字高 5 cm；第二行字高 3 cm；第三行字高 2.5 cm。

“上海堤防 LOGO”设置在下部绿底区域右下角，白字。

四角距边缘 10 mm 位置，各开一个直径 4 mm 小孔，以作为螺钉固定安装孔。

安装钉子规格：长 5 cm 不锈钢锚钉，钉帽 8 mm，打入墙体内 4 cm。安装好后，钉帽须用专门的材料胶封闭以防锈蚀。标识牌设计样式效果如图 14－14 所示。

图 14－14　标识牌设计样式效果图

2. 标识牌安装

(1) 直埋式、外敷式、面敷式管线，标识牌统一安装在管道正上方，距地面或管线 20 cm 的墙面位置上。

(2) 硬地平敷式管线及无直立式防汛墙岸段，采用埋桩方法，将桩埋设于管线内边侧，再安装标识牌。预制桩采用 C30 混凝土，规格为宽×厚×高＝40 cm×20 cm×80 cm，水泥桩埋入地底 40 cm(地面以上外露 40 cm)。

(3) 标识牌正面朝外，以方便巡查、检查。

3. 标识牌里程设置要求

原则上以 500 m 为间距设置一个标识牌，另外在管道穿越公路、桥梁、涵洞等建筑物地点的两侧，与其他建筑物靠近位置，应加设标识牌。在可能取土的地方、公路两旁还应按有关规定加设警示牌。

14.2.5　监测设施的维护

1. 管线修护(图 14－7—图 14－12)

(1) 施工时，首先必须将场地情况摸清楚，特别是附近埋有其他管线的部位，开挖时应予以避开，避免损坏。

(2) 如采用直埋式敷设方式时，表面草皮或矮小灌木应专门取出放置留用，挖出的土方采用袋装就近堆放。浇筑沟槽时，夯实底面，铺 10 cm 厚的粗砂，夯实后敷设管线，再回填 30 cm厚的填土。最后恢复原有绿化植被。

(3) 如采用硬地平敷式敷设方式时，先放样，按样线调整好的路线走向凿除原有硬地坪，浇筑 C30 混凝土圬工，放入 ϕ100 防护钢管，钢管壁厚 3 mm，防护钢管内加穿管线，然后恢复原有地坪结构。如在原位修复，则需要将原有结构凿除后，再按上述方式进行修复。

(4) 如采用面敷式敷设方式时，其一级防汛墙底板外口必须挑出 20 cm 以上，施工时管线必须采用管夹固定在混凝土的墙、底板上，然后浇筑 C30 混凝土圬工封闭。

(5) 如采用外挂敷式敷设方式时，其管线必须放置在不易被人碰撞到的位置上，并且采用管夹固定，管夹间距 1 000 mm，以保证管线的安全。外挂敷式转角处设置接线盒。

(6) 两种敷设方式交接处，其高差设工作井调整。

2. 工作井修护(图 14 - 13)

(1) 一级防汛墙岸段工作井应紧贴墙后布置，二级防汛墙岸段工作井原则上布置在第一级防汛墙后侧。井位布置时应及时与相关市政管线部门进行沟通(特别是在一级防汛墙后侧布井时)，以免管线相碰。

(2) 工作井位布置应尽量贴近防汛墙设置。施工时，应采取先放样(至少 3 个井位)后砌筑的方法，以使管线保持直线状。

(3) 施工时必须与各分段防汛墙起讫点以及桥梁两侧预留工作井接通，以使全线信息管线贯通。

(4) 井位间距：除河道转弯外，直线岸段一般视现场实际情况控制在 100～180 m 设置一只工作井，两管位之间夹角必须大于 120°，河道转弯段以大于 120°转角控制设置井位。

(5) 工作井不得砌筑在防汛墙变形缝上，管孔距井口的距离应大于 20 cm，工作井内口净宽为 60 cm×60 cm。

(6) 工作井井盖和井座为定型产品，如遇特殊情况，井座也可采用水泥砖、M10 砂浆砌筑成形，井壁厚 240，内外面采用 1∶2.0 水泥砂浆粉面，厚 2 cm，但井口还须按井盖规格预留相应尺寸。

3. 监测设施标识牌的维护

(1) 沿管线设置的标识牌，是监测管线安全保护的一个重要设施，如有缺失、损坏，应予以及时补缺、修复。

(2) 标识牌为定型规格产品，事先应有足够的配备，以满足随时更换要求。

(3) 预制埋入桩采用 C30 素混凝土浇筑成形，事先应有足够的配备，以满足随时更换的要求。

(4) 定期检查，一旦发现破损，涂鸦等情况应及时更换。

(5) 埋入桩及警示牌的样式参见第 14.1 节。

4. 堤防监测专用设备的维护

堤防监测专用设备具体是指光纤、电缆、同轴电缆、监测传感器、光纤熔接包、接线盒以及测量监控布设点等等。巡查中如发现这些设施有人为损害现象应及时制止，若已发现损坏或缺失的应及时上报，由专业人员根据实际情况实施维护。

14.3　质量标准

堤防附属设施的维护，应严格按照《水利工程施工质量检验与评定标准》(DG/TJ 08—90—2014)、《安全标志及其使用导则》(GB 2894—2008)和《水利信息系统运行维护规范》(SL 715—2015)的相关规定执行。

14.4　安全防护措施

(1) 施工人员作业时必须佩戴好救生衣或安全防护带，以防落水意外。

(2) 维护作业人员配备必须 2 人及以上，确保施工安全。

(3) 所有参与现场施工的人员必须佩戴安全帽，如果涉及高空作业，必须佩戴安全缆绳，使用升降机、梯子作业时，应放置警示牌，水上作业时，施工人员须穿戴救生衣。

(4) 油漆作业人员施工前须落实防尘、防毒等安全作业措施，并避开高温下作业。

第 15 章

堤防设施保洁

15.1 一般要求

（1）堤防设施保洁范围包括堤防管理（保护）范围内陆域侧堤防建、构筑物、绿化、防汛通道及相关的附属设施的保洁，不含水上保洁。

（2）堤防保洁应划分区域，责任到人，堤防保洁应做到基本清洁，无废弃物（垃圾）。

（3）建（构）筑物立面应无明显污痕、乱贴、乱挂等现象；河道标识等附属设施应无明显污迹。周围地面应无抛洒、残留垃圾。

（4）防汛通道路面、边沟、下水口、树穴等应整洁、无堆积物。

（5）陆域保洁频率：黄浦江上游每两周 1 次，黄浦江中下游、苏州河每周 1 次。

（6）清扫的垃圾应集中堆放并及时清理，严禁就地焚烧。

（7）按《上海市垃圾分类管理条例》对垃圾进行分类，具体可分为：可回收物、有害垃圾、湿垃圾、干垃圾。对不同的垃圾应进行分类处理。

（8）在保洁过程中，应注意宣传清洁卫生和环境保护相关内容。

15.2 保洁安全

（1）保洁人员上班应穿安全反光背心的工作服，上班时间不准穿易滑工作鞋，以免摔伤。

（2）大雾、大雪、雷暴天气的晚上或早晨，应停止在车行道上作业。

（3）工作中打开污水井盖等应放置警示标牌。工作完毕须将污水井盖恢复原位，应做到“谁打开谁盖好”，现场负责人应起到检查作用。

（4）保洁人员严禁酒后作业，须严格遵守交通规则、操作规程，避免一切事故发生。

第 4 篇
堤防巡查养护监管

本篇参考文献：

[1] 邹丹，王雪丰.上海市黄浦江堤防安全管理长效机制建设初探[J].水利建设与管理，2009，29(5)：37－40.

[2] 田爱平.苏州河贯通工程堤防安全管理的思考[J].中国市政工程，2020(6)：42－45.

[3] 胡欣，田爱平.上海市堤防泵闸科技与管理[M].上海：上海科学技术出版社，2018.

[4] 田爱平，欧洋.苏州河堤防风险管控及智能化应用探析[J].城市道桥与防洪，2021(11)：106－108，129.

第 16 章

管 理 组 织

16.1 管理机制

黄浦江、苏州河堤防管理根据统一管理、分级负责、部门协调、重点保障的原则，建立了统一管理和分级负责相结合的管理体制。市堤防泵闸建设运行中心负责黄浦江和苏州河堤防的指导监督，并承担黄浦江上游干流段、拦路港、红旗塘、太浦河、大泖港流域堤防的日常管理工作；黄浦江中下游和苏州河堤防由沿线各区水务局下设的堤防设施管理单位具体负责设施的日常管理工作。黄浦江和苏州河堤防设施管理工作贯彻落实"二查、三抢、五落实"的长效堤防管理工作机制，开展日常检查和专项检查工作，开展日常维修养护，重点检查责任落实、薄弱岸段、社会在建工程等薄弱环节，落实整改和防范措施。

围绕管养分开的总体要求，按照统一管理，分段巡查、分区养护、调度抢险、专项维修、市场运作、合同保障的原则，自 2006 年起，先后在黄浦江和苏州河堤防上组建了 14 支陆上堤防巡查队伍、5 支水上堤防巡查队伍、14 支堤防设施养护队伍、9 支堤防绿化养护队伍，通过合同化管理，为保障城市基础防汛设施安全运行奠定了坚实基础。

按照职责分工，跨区域管理的堤防水上巡查及黄浦江上游堤防陆上巡查、养护、专项维修等工作由市堤防泵闸建设运行中心具体负责；黄浦江中下游和苏州河堤防陆上巡查、养护、专项维修等工作由区堤防管理单位负责。堤防设施日常巡查、日常养护按照政府采购的相关规定委托有关专业单位实施。市堤防泵闸建设运行中心委托监理单位，对一江一河堤防设施养护工作按"四控、二管、一协调"原则(质量控制、进度控制、投资控制、安全控制、信息管理和合同管理、组织协调)进行监理工作，同时协助进行养护项目的计划管理(包括计划制订检查、计划执行监督等)、项目完成工程量的核实、档案资料标准化的制订和执行、项目部及日常养护工作标准化的监督指导、安全生产(文明施工)监督检查等方面的工作，将相关监理工作内容上报至管理平台。

16.2 组织架构

16.2.1 巡查单位

堤防设施巡查单位应设置堤防设施巡查项目部，巡查项目部由项目负责人、技术人员、巡查员等人员组成，项目负责人应具备助理工程师职称或取得相应河道修防工职业资格证书，技术负责人应从事巡查工作 3 年以上，还应配备资料员、信息员、材料员、安全员、质量员（不少于 3 人）。水上巡查单位还应根据船只规模配备驾驶员、机师、水手。巡查项目部组织架构要求如图 16－1 所示。

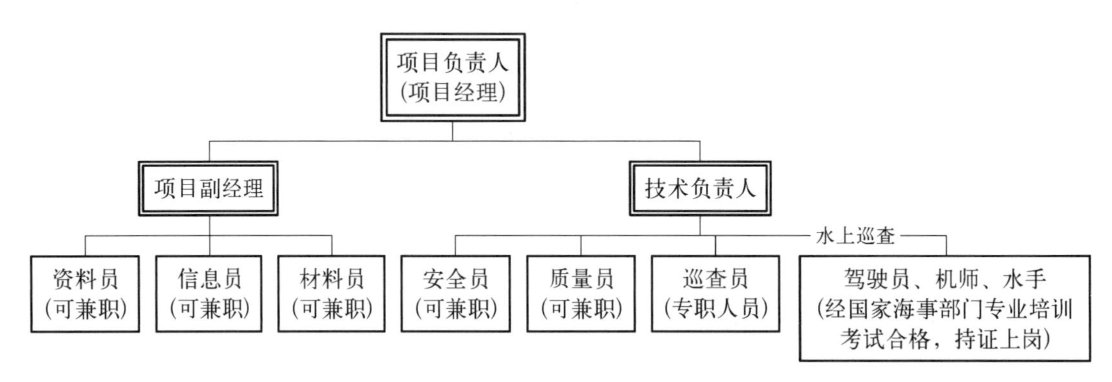

图 16－1　堤防设施巡查项目部组织架构图

16.2.2　养护单位

堤防设施养护单位应设置堤防养护项目部，养护项目部由项目负责人、技术人员及现场管理人员组成。项目负责人与技术负责人应具备工程师职称或取得相应河道修防工职业资格证书，其中技术负责人应具备相关工作经验 3 年以上，养护队还应配备质量员、安全员、材料员、资料员、信息员（不少于 3 人）。养护人员的从业资格要求应符合本市有关规定要求。养护项目部组织架构要求如图 16－2 所示。

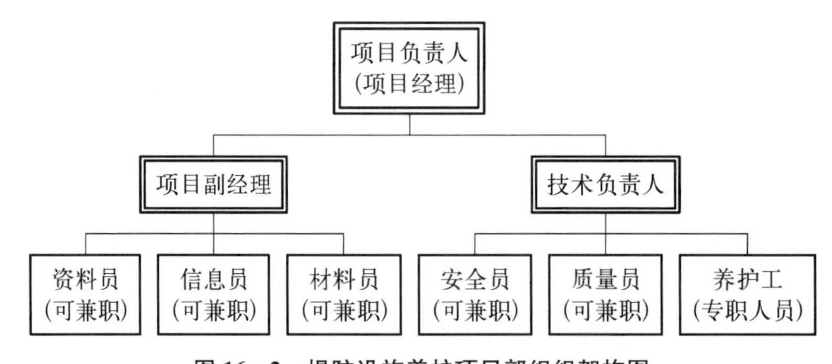

图 16－2　堤防设施养护项目部组织架构图

16.3　岗位职责

16.3.1　项目负责人/项目经理职责

（1）负责巡查/养护管理工作，按委托合同规定的乙方业务做好工作。当工作需上级协调时，应提前向上级职能部门汇报。

(2) 认真学习上海市堤防管理相关规程和规范性文件规定，组织项目部人员学习培训和必要的演练，自觉加以执行。

(3) 严格按照相关规定内容、频次安排巡查/养护工作，汛期加强巡查/养护，巡查中发现问题和突发情况，及时组织处理，当不能处理时，应立即上报。

(4) 负责相关计划、报表的编制、上报。

(5) 按相关规定，督查做好管理资料的收集、分析、归档工作。

(6) 负责抓好项目部人员的日常管理和工作考核。

(7) 按照委托方要求，积极推进堤防设施管理精细化、样板段建设与管理以及安全生产标准化工作。

(8) 加强堤防保护的宣传工作，协助有关水务行政执法和行政许可部门开展水务行政执法和管理工作。

(9) 加强沟通协调，在做好日常巡查或养护的同时，配合委托方做好专项检查、堤防观测、专项维修、水行政执法、水环境管理、文明创建等工作。

(10) 做好委托方对本项目部考核的自检工作。

(11) 完成委托方和上级交办的其他工作。

16.3.2　技术负责人职责

(1) 贯彻执行国家有关法律法规、方针政策，公司的规章制度和项目部的决定、指令。

(2) 积极参加各种培训学习，熟悉并掌握堤防巡查/养护技术规程等相关规定。

(3) 全面负责项目部技术管理工作，掌握工程运行状况。

(4) 负责组织对项目部职工进行技术培训和业务考核。

(5) 组织制订、实施项目年度、季度、月度工作计划。

(6) 组织制订维修养护和相关项目实施方案计划。

(7) 参与堤防薄弱等级评定工作。

(8) 负责收集、整理、归档项目部管理文件。

(9) 参与堤防险情和突发事件的处理工作。

(10) 按照委托方要求，做好堤防设施管理精细化、样板段建设与管理以及安全生产标准化推进中的技术管理工作。

(11) 完成委托方和上级以及项目负责人交办的其他工作。

16.3.3　资料/信息员职责

(1) 贯彻执行国家有关法律、法规、方针政策及上级主管部门的决定、指令。

(2) 坚守工作岗位，遵守劳动纪律，严格执行规章制度，认真做好堤防巡查/养护台账资料整编工作。

(3) 负责收集堤防相关资料，熟悉掌握堤防沿线情况，理清堤防基本数据。

(4) 负责汇编巡查/养护人员上报信息及各类记录表单的电子文档录入。

(5) 收集、登记、整理各类巡查/养护信息，并及时上报。

(6) 各类巡查信息处理后，及时进行信息闭合。

(7) 做好巡查/养护员的巡查轨迹考勤工作，及时反馈异常轨迹。

(8) 根据《上海市黄浦江和苏州河堤防设施管理资料目录表》的要求进行资料整编、归档。

(9) 巡查/养护员保持密切联系，确保堤防实时信息的真实性和完整性。

(10) 未经许可任何人不得随意翻阅、更改、复印信息资料。

16.3.4 安全员职责

(1) 贯彻执行国家有关法律、法规、方针政策及上级部门的决定、指令。

(2) 积极参加各种培训学习，熟悉并掌握技术管理、安全管理等相关要求，自觉提高业务水平和能力。

(3) 负责安全生产宣传教育工作，督查抓好有关安全培训、演练和安全技术交底活动。

(4) 参与拟定防汛防台预案、突发事故应急预案，落实各项安全措施。

(5) 对安全生产进行监督和检查，分析隐患及时督查整改。

(6) 参与防汛抢险工作。

(7) 负责监督相关安全标志的设置和维护、配备和维护的专项检查，负责对相关安全监测和安全用具检查工作。

(8) 参与安全事故的调查处理及监督整改工作。

(9) 抓好安全生产台账管理和安全生产统计的上报工作。

(10) 配合做好巡查养护工作，完成领导交办的其他工作。

16.3.5 堤防设施巡查员职责

(1) 贯彻执行国家有关法律法规、方针政策及上级主管部门的决定、指令。

(2) 坚守工作岗位，遵守劳动纪律，严格执行规章制度，认真做好堤防巡查工作。

(3) 积极参加各种培训学习，熟练掌握巡查技能，熟悉巡查区域内堤防设施运行状况，跨(穿)河水闸、泵站、桥梁、隧道、管线位置及名称，相关安全操作规程等。

(4) 服从调度命令，严格执行《上海市黄浦江和苏州河堤防设施巡查管理办法》相关规定，做好相应工作。

(5) 完成各项巡查数据及存在的隐患险情记录并及时上报。

16.3.6 堤防设施养护工职责

(1) 严格执行项目经理的指令，认真做好安全运行与维修养护工作。

(2) 掌握堤防设施运行状态，保证维修养护工作质量。

(3) 严格执行各项操作规程、规章制度，有责任向领导汇报养护情况，做好各项记录。

(4) 参与定期养护和及时修复计划的编制，提出合理化意见和建议，并负责具体实施。

(5) 组织堤防设施日常自检自查，严格执行《上海市黄浦江和苏州河堤防设施巡查管理办法》相关规定，做好相应工作。

(6) 统一着装，安全生产，文明作业。

(7) 完成领导交办的其他工作。

16.3.7　堤防绿化养护工职责

(1) 严格执行项目经理的指令，遵守规章制度和操作规程，严格按规定的绿化养护标准进行养护。

(2) 做好生长势、修剪、施肥、浇水、除草、病虫害防治、补种植、树干刷白、防台风及意外处理等绿化日常养护工作，保证绿化养护的工作质量。

(3) 做好上岗作业、登高作业、绿化器具使用、油锯作业、喷药作业、浇水作业时的安全保障。

(4) 做好绿化养护现场保洁工作。

(5) 制止破坏和偷盗绿化苗木的行为。

(6) 完成领导交办的其他工作。

16.3.8　驾驶员职责

(1) 贯彻执行国家有关法律、法规、方针政策及上级主管部门的决定、指令。

(2) 坚守工作岗位，带头遵守劳动纪律，严格执行规章制度，认真做好船舶各项在航、停航期间的工作。

(3) 积极参加各种培训学习，熟悉并掌握船舶驾驶及航道避碰规则、业务知识及相关安全操作规程等。

(4) 服从上级用船需求，组织执行出船航次计划安排。

(5) 全面负责在船人员的安全生产，定期组织检查船身及机舱设备运行情况，对检查及航行中的故障问题应及时进行处理和报告，保证在航期间船员及船舶设备的安全。

(6) 保管好所用航行工具，船舱工器具、国旗、应急救生设备，带领船员搞好设备及环境卫生。

16.3.9　机师职责

(1) 贯彻执行国家有关法律、法规、方针政策及上级主管部门的决定、指令。

(2) 坚守工作岗位，带头遵守劳动纪律，严格执行规章制度，认真做好船舶在航、停航期间的工作。

(3) 积极参加各种培训学习，熟悉船舶主辅机运行步骤及维修方法、制订机舱安全操作规程等。

(4) 服从上级用船需求，积极配合驾驶员依据航行计划做好备车、停车的工作部署。

(5) 全面负责船舶机舱间安全生产，组织定期检查船身及机舱设备运行情况，对检查及航行中的故障问题应及时进行处理和报告，保证在航期间船员及船舶设备的安全。

(6) 保管好所用船舶机械设备的检修工具，管理并定期清点船用备品备件，定期进行船舶动力部件的检查，做好排除故障及其记录上报工作。

16.3.10 水手职责

(1) 贯彻执行国家有关法律、法规、方针政策及上级主管部门的决定、指令。

(2) 坚守工作岗位，遵守劳动纪律，严格执行规章制度，认真做好船舶在航、停航期间的工作。

(3) 积极参加各种培训学习，熟悉并掌握船舶主机发电机操作规范、做好出航前的准备工作和停航后工作，严格执行相关安全操作规程等。

(4) 服从调度命令，严格执行船长制订的航次航线，配合驾驶部提前做好有关准备工作。

(5) 负责在航期间对船舶机舱间的巡视检查，协助轮机长对船舶主辅机运行中出现的故障进行处理，保证在航期间的船舶及设备安全。

(6) 完成停航后的各项运行数据记录工作及领导安排的其他工作。

(7) 负责好船电岸电转换接驳工作、定期检查机舱消防救生等应急设备，搞好机舱部设备及环境卫生。

(8) 按计划协调联系并加注船舶燃油，定期检查并添加主机、发电机、机油、冷却液等工作状况，定期添加船舶生活用水，及时处理生活污水。

16.4 人员配置

巡查及养护单位应按照委托合同约定，合理设置岗位，配备巡查养护人员。巡查养护人员应包括管理人员和一线人员，管理人员必须为本单位职工(在本单位缴纳社保)；所有人员应相对固定，并报堤防管理单位(部门)备案，养护人员还应报监理单位备案。巡查、养护一线人员应统一着装，持证上岗，并熟练使用巡查、养护工具，及时上报并处理安全隐患。信息员或资料员应熟练使用堤防网格化系统软件，整编归档资料。

16.4.1 巡查单位资源配置

(1) 陆上巡查队伍按市区 4 km/人、郊区 5 km/人配备巡查员，水上巡查按合同要求配置。

(2) 巡查员应熟悉有关堤防管理的法律、规章、制度和技术标准，并能熟练运用，对现场存在的问题能准确分析提出整改要求，及时做好解释和宣传工作；熟悉堤防日常巡查的范围、内容要求并认真执行；有较强的防汛责任意识，遇台风高潮位时，保持通讯畅通，做好防汛应急响应，1 h 内到岗到位加强巡查。

(3) 男巡查员 60 岁以下、女巡查员 55 岁以下方可从事巡查工作。

(4) 巡查单位招录的巡查人员应具备高中(中专或技校)毕业及以上学历，录用后报市堤防建设运行中心备案。巡查单位对巡查人员应提出具体工作标准和要求，并加强工作实绩考核。

(5) 巡查单位应制订培训计划，并组织巡查单位人员参加由市、区堤防设施管理单位(部门)组织的业务培训、河道修防工培训及职业技能鉴定。

16.4.2　养护单位资源配置

堤防设施及绿化养护工作可由市、区堤防管理单位(部门)通过政府采购委托具有相应资质的单位具体实施。

16.4.3　养护监理单位资源配置

(1) 具有住房和城乡建设部工程监理资质(水利水电工程乙级及其以上)，或水利部水利工程建设监理资质(水利工程施工监理乙级及其以上)。

(2) 具有中华人民共和国建设部颁发的市政公用工程监理丙级及其以上资质(含综合资质)。

(3) 监理项目组人员必须包括水利工程建设和市政公用相关专业监理工程师，黄浦江中下游和苏州河按照 7 人配置(含总监 1 名，其中至少有 1 名人员具有园林绿化相关专业证书或从业经验)。

第 17 章

管理事项

17.1 计划管理

17.1.1 巡查工作计划及总结

(1) 巡查工作计划应包括巡查范围、巡查内容、人员配备、站点建设、日常管理要求、工作内容、人员培训、设备使用及资金使用计划、突发事件处置预案等内容。

(2) 下一年度工作计划应于每年 12 月底前上报。黄浦江上游堤防设施的陆上巡查年度工作计划由合同单位报黄浦江上游堤防(泵闸)管理所核准;黄浦江中下游和苏州河堤防设施的陆上巡查年度工作计划,由合同单位报所在区堤防设施管理单位核准后报市堤防泵闸建设运行中心下属泵闸(堤防)管理所备案;黄浦江、苏州河堤防设施的水上巡查年度工作计划,由合同单位报市堤防泵闸建设运行中心堤防管理科核准。

(3) 巡查工作总结应包括堤防设施运行状况、涉堤违法事件、河长制督查事项、行政许可批后监管事项、观测测量、涉堤保洁、人员配备、人员培训、设备使用、突发事件处置、资金使用及前次考核整改意见回复等内容。

17.1.2 养护工作计划及总结

(1) 养护工作计划应包括养护范围、定期保养、及时修复、堤防设施清洁、人员配备、站点建设、日常管理要求、工作内容、设备使用、安全文明施工措施及资金使用等内容,并附定期保养、及时修复和突发事件处置预案等内容。

(2) 下一年度堤防设施日常养护的工作计划于每年 12 月底前上报。黄浦江上游公用岸段和非经营性专用岸段堤防设施的年度养护工作计划,由合同单位报黄浦江上游堤防(泵闸)管理所核准后,报监理单位备案。经营性岸段堤防设施的年度工作计划,由养护责任单位报黄浦江上游堤防(泵闸)管理所备案。黄浦江中下游和苏州河公用岸段、非经营性专用岸段堤防设施的年度养护工作计划,由合同单位报所在区堤防设施管理单位核准后,报市堤防泵闸建设运行中心下属泵闸(堤防)管理所及监理单位备案。经营性专用岸段堤防设施的年度养护工作计划,由养护责任单位报所在区堤防设施管理单位及市堤防泵闸建设运行中心下属泵闸(堤防)管理所备案。

(3) 养护工作总结应包括季度与年度养护工作。年度养护工作总结应包括养护范围、定期保养、及时修复、堤防设施清洁、人员配备及变更、设备使用、安全文明施工措施、突发事件处置、资金使用及前次考核整改意见回复等内容。

17.2　合同管理

(1) 堤防设施日常巡查、日常养护的委托合同应包括委托期限、委托范围、委托内容、委托要求、定期考核、合同金额、结算方式以及违约责任等。

(2) 对于年度考核不合格或者年内两个季度考核不合格的合同单位，堤防设施管理单位(部门)不得与其签订下一年度堤防设施巡查、养护委托合同。

(3) 合同单位未按照相关管理办法的规定要求对堤防设施进行巡查、养护工作，造成堤防设施安全影响的，按照委托合同的约定追究合同单位的责任。情节严重的，堤防设施管理单位(部门)可以解除委托合同。

17.3　经费管理

堤防设施维护管理经费是指专门用于本市黄浦江和苏州河堤防设施日常巡查、日常养护(含绿化养护)经费的财政资金。

1. 预算编制

堤防设施维护管理经费预算的编制遵循统筹安排、保证重点以及专款专用的要求，按照《上海市黄浦江和苏州河堤防设施维修养护定额》或者堤防设施日常管理经费计划编制指导意见的要求进行编制。

黄浦江上游堤防设施维护管理经费预算编制和申报工作，由上海市堤防泵闸建设运行中心按照经费预算管理的有关规定办理。黄浦江中下游和苏州河堤防设施维护管理经费预算的编制和申报工作，由区水务局按照经费预算管理的有关规定办理。经批准的堤防设施维护管理经费预算，在执行中确需调整的，应当按照原审批程序申报。

2. 经费下达

黄浦江中下游和苏州河堤防设施巡查等日常管理经费，由市水务局按照《上海市黄浦江苏州河堤防设施维修养护定额》标准下达区水务局。超出维修养护定额标准和堤防设施管理(保护)范围的费用，由区落实解决；市堤防泵闸建设运行中心承担的直管堤防设施日常管理等经费，由市水务局按照经费使用年度计划下达。

3. 经费使用

堤防设施维护管理经费实行专款专用制度，不得挤占、截留或者挪作他用。堤防巡查、养护单位应当加强堤防设施维护管理经费的管理，确保堤防设施维护管理经费规范使用，并对堤防维护设施管理经费的使用情况进行年度总结，报送堤防设施管理单位。堤防设施管理单位

(部门)应根据堤防设施日常巡查、日常养护工作的进展情况和监理报告,按照委托合同的约定支付堤防设施维护管理委托费用,同时加强对堤防设施维护管理经费使用情况的监督检查。

17.4　台账管理

堤防设施管理台账应包括管理机构、规章制度、施工方案、安全生产、日常管理等。

17.4.1　陆上巡查管理资料整编目录

堤防设施陆上巡查管理资料整编目录,见表 17 - 1。

表 17 - 1　陆上巡查管理资料整编目录

序号	名称	编号	标题	内　容
一	管理机构	1 - 1	组织机构	组织架构
				人员配置
				人员巡查范围
二	规章制度	2 - 1	法律规范	上海市黄浦江和苏州河堤防设施管理常用文件
		2 - 2	工作制度	劳动工作制度
				堤防巡查制度
				岗位责任制度
				防汛值班制度
				工作大事记制度
				学习培训制度
				总结制度
				报告制度
		2 - 3	安全管理	安全生产岗位责任制
				安全管理细则
				安全事故应急预案
				安全防护措施
		2 - 4	防汛预案	防汛防台预案
		2 - 5	档案管理	档案管理制度
三	日常管理	3 - 1	计划编制	年度工作计划
				自检工作计划
				堤防隐患处理计划和措施

（续表）

序号	名称	编号	标题	内　容
三	日常管理	3－2	责任岸段	年度责任书(公用段、经营性、非经营性岸段)统计表
				年度责任书(在建工程)统计表
				年度通道闸门、潮拍门、涵闸统计列表
				年度宣传标识牌统计表
				年度防汛通道统计表
				年度防汛光缆统计表
				年度“三违一堵”情况统计及总结说明
				非经营和经营性专用岸段跟踪记录
		3－3	堤防薄弱岸段	年度堤防结构受损薄弱岸段统计表
		3－4	考核	堤防设施日常巡查委托合同
				自检考核资料
		3－5	日常记录	堤防日常巡查日志
				堤防检查记录
				防汛(巡查)值班记录
				巡查信息处理(上报、跟踪、闭合)
				工作总结
				“世界水日”活动记录
				“安全生产活动月”活动记录
				“夏令热线”活动记录
				巡查资金使用情况
		3－6	往来文件	会议纪要
				上级来文
		3－7	设备(物资)管理	办公设备
				巡查设备
				服饰标识
四	职工培训	4－1	职工培训记录	
		4－2	职工持证情况	
五	学习教育	5－1	精神文明创建	
		5－2	党员示范岗	
		5－3	便民服务	
六	“三来”处理	6－1	信访处理记录	
		6－2	征询意见表	
七	简报			

17.4.2 水上巡查管理资料整编目录

堤防设施水上巡查管理资料整编目录，见表 17－2。

表 17－2 水上巡查管理资料整编目录

序号	名称	编号	标题	内容
一	管理机构	1－1	组织机构	组织架构
				人员配置
				巡查范围
二	规章制度	2－1	法律规范	上海市黄浦江和苏州河堤防设施管理常用文件选编(2015 版)
		2－2	工作制度	劳动工作制度
				堤防巡查制度
				岗位责任制度
				防汛值班制度
				工作大事记制度
				学习培训制度
				总结制度
				报告制度
				船舶管理制度
		2－3	安全管理	安全生产岗位责任制
				安全管理细则
				安全事故应急预案
				安全防护措施
		2－4	防汛预案	防汛防台预案
		2－5	档案管理	档案管理制度
三	日常管理	3－1	计划编制	年度工作计划
				自检工作计划
				堤防隐患处理计划和措施
		3－2	堤防薄弱岸段	年度堤防结构受损薄弱岸段统计表
		3－3	考核	堤防设施日常巡查委托合同
				自检考核资料
		3－4	日常记录	出船记录
				堤防检查记录
				防汛(巡查)值班记录
				巡查信息处理(上报、跟踪、闭合)

（续表）

序号	名称	编号	标题	内　　容
三	日常管理	3－4	日常记录	航行日志
				航行月报表
				出航前安全检查记录
				日常安全检查记录
				轮机日常检查记录
				燃、润油品消耗
				轮机日志
				工作总结
				巡查资金使用情况
				组织相关活动记录
		3－5	往来文件	会议纪要
				上级来文
		3－6	设备管理	办公设备
				巡查设备
四	职工培训	4－1	职工培训记录	
		4－2	职工持证情况	
五	学习教育	5－1	精神文明创建	
		5－2	党员示范岗	
		5－3	便民服务	
六	“三来”处理	6－1	信访处理记录	
		6－2	征询意见表	
七	简报			
八	其他			

17.4.3　设施养护管理资料整编目录

堤防设施养护管理资料整编目录，见表 17－3。

表 17－3　设施养护管理资料整编目录

序号	名称	编号	标题	内　　容
一	管理机构	1－1	组织机构	企业资质（人员资质）
				组织架构
				堤防养护范围、人员配置

（续表）

序号	名称	编号	标题	内容
二	规章制度	2－1	法律规范	上海市黄浦江和苏州河堤防设施管理常用文件选编
		2－2	工作制度	劳动工作制度
				质量管理制度
				防汛(养护)值班制度
				综合治安管理奖惩制度
				工作大事记制度
				学习培训制度
				总结制度
				报告制度
		2－3	安全管理	治安管理条例
				安全生产岗位责任制
				安全管理细则
				安全事故应急预案
				安全防护措施
		2－4	防汛预案	防汛防台预案
		2－5	档案管理	档案管理制度
三	日常管理	3－1	计划编制	年度养护工作计划(定期保养、及时修复、自检安排)
				养护方案
		3－2	责任岸段	年度责任书(公用段、经营性、非经营性岸段)统计表
				年度通道闸门、潮拍门、涵闸统计列表
		3－3	堤防薄弱岸段	年度堤防结构受损薄弱岸段统计表
		3－4	考核	上海市黄浦江和苏州河堤防日常养护(应急抢险)委托合同
				考核自检鉴定书
		3－5	日常记录	堤防检查记录
				养护记录
				防汛(养护)值班记录
				抢险物资材料、设备调拨台帐
				原材料合格证明
				养护资金使用情况
				工作总结(年中、防汛、年终)

（续表）

序号	名称	编号	标题	内　　容
三	日常管理	3－6	报验记录	上海市堤防(泵闸)设施日常养护维修报验表
				堤防绿化养护报验表
				工序报验
		3－7	往来文件	会议纪要
				上级来文
				监理往来文件
四	职工培训	4－1	职工培训记录	
		4－2	职工持证情况	
五	学习教育	5－1	精神文明创建	
		5－2	党员示范岗	
		5－3	便民服务	
六	“三来”处理	6－1	信访处理记录	
		6－2	征询意见表	
七	简报			
八	其他			

17.4.4　绿化养护管理资料整编目录

堤防设施绿化养护管理资料整编目录，见表 17－4。

表 17－4　绿化养护管理资料整编目录

序号	名称	编号	标题	内　　容
一	管理机构	1－1	组织机构	企业资质
				组织架构(人员资质)
				堤防绿化范围、人员配置
二	规章制度	2－1	法律规范	上海市黄浦江和苏州河堤防设施管理制度
		2－2	工作制度	劳动工作制度
				质量管理制度
				工地治安综合管理奖惩制度
				工作大事记制度
				学习培训制度
				总结制度
				报告制度

（续表）

序号	名称	编号	标题	内　容
二	规章制度	2-3	安全管理	治安管理条例
				安全生产岗位责任制
				安全管理细则
				安全事故应急预案
				安全防护措施
		2-4	防汛预案	防汛防台预案
		2-5	档案管理	档案管理制度
三	日常管理	3-1	计划编制	年度工作计划
				自检工作计划
		3-2	考核	绿化养护合同
				自检考核材料
		3-3	日常记录	检查记录
				养护记录
				年度养护区域植物分布及清单
				防汛值班记录
				抢险物资材料、设备调拨台帐
				原材料合格证明
				信息上报
				养护资金使用情况
		3-4	报验记录	堤防绿化养护报验表
				工序报验
		3-5	往来文件	会议纪要
				上级来文
				监理往来文件
四	职工培训	4-1	职工培训记录	
		4-2	职工持证情况	
五	学习教育	5-1	精神文明创建	
		5-2	党员示范岗	
		5-3	便民服务	
六	“三来”处理	6-1	信访处理记录	
		6-2	征询意见表	
七	简报			
八	其他			

第 18 章

管理制度

18.1 管理依据

堤防设施的管理、巡查、养护及绿化管理应按照相关法律法规、技术标准、规范性文件和相应管理制度要求开展日常管理工作。

18.1.1 法律法规

堤防设施相关法律法规，见表 18－1。

表 18－1 涉堤管理法律法规

序号	主要法律文件名称、文号、颁布机关、施行日期
1	《中华人民共和国水法》2016 年国家主席令第 48 号 1988.1.21 发布、1988.7.1 施行，2002.8.29 修订、2002.10.1 施行，2009.8.27 第一次修正、2016.7.2第二次修正
2	《中华人民共和国防洪法》2016 年国家主席令第 48 号 1997.8.29 发布、1998.1.1 施行，2009.8.27 第一次修正、2015.4.24 第二次修正、2016.7.2 第三次修正
3	《中华人民共和国水污染防治法》中华人民共和国主席令第 70 号 1984.5.11 发布，1996.5.15 修正、2008.2.28 修订、2017.6.27 修正、2018.1.1 施行
4	《中华人民共和国河道管理条例》2017 年国务院令第 687 号 1988.6.10 发布，2011.1.8 修订、2017.3.1 修订、2017.10.7 修订、2018.3.19 施行
5	《中华人民共和国防汛条例》2011 年国务院令第 588 号 1991.7.2 发布施行，2005.7.15 第一次修订施行，2011.1.8 第二次修订施行
6	《上海市河道管理条例》2018 年上海市人民代表大会常务委员会公告第 8 号 1997.12.23 发布，2003.10.10 第一次修正、2006.6.22 第二次修正、2010.9.17 第三次修正、2011.12.22 第四次修正、2016.2.23 第五次修正，2017.11.23 第六次修正、2018.11.22 第七次修正、2018.12.20 第八次修正
7	《上海市防汛条例》2017 年上海市人民代表大会常务委员会公告第 7 号 2003.8.8 发布、2003.9.1 施行，2010.9.17 第一次修正、2014.7.25 第二次修正、2017.11.23 第三次修正

（续表）

序号	主要法律文件名称、文号、颁布机关、施行日期
8	《上海市绿化条例》2018 年上海市人民代表大会常务委员会公告第 8 号 2007.1.17 发布、2007.5.1 施行，2015.7.23 第一次修正、2017.11.23 第二次修正、2018.12.20 第三次修正
9	《河道管理范围内建设项目管理的有关规定》2017 年水利部令第 49 号 1992.4.3 发布施行，2017.12.22 第一次修正
10	《上海市黄浦江防汛墙保护办法》2010 年上海市人民政府令第 52 号 1996.3.28 发布，1997.12.14 修正、2010.12.20 修正

18.1.2 技术标准

涉堤技术标准，见表 18－2。

表 18－2 涉堤技术标准

序号	主要技术标准名称	颁 布 机 关	标 准 编 号
1	《堤防工程设计规范》	住房和城乡建设部	GB 50286—2013
2	《防洪标准》	住房和城乡建设部	GB 50201—2014
3	《河道堤防工程管理通则》	水利部	SLJ703—81
4	《堤防工程安全监测技术规程》	水利部	SL/T 794—2020
5	《水利水电工程安全监测系统运行管理规范》	水利部	SL/T 782—2019
6	《城市防洪应急预案编制导则》	水利部	SL 754—2017
7	《堤防工程安全评价导则》	水利部	SL/Z 679—2015
8	《堤防工程管理设计规范》	水利部	SL/T 171—2020
9	《堤防工程养护修理规程》	水利部	SL 595—2013
10	《堤防隐患探测规程》	水利部	SL436—2008
11	《水利工程施工质量检验与评定标准》	上海市住房和城乡建设管理委员会	DG/TJ 08—90—2014
12	《园林绿化工程施工质量验收标准》	上海市住房和城乡建设管理委员会	DG/TJ 08—701—2020
13	《防汛墙工程设计标准》	上海市住房和城乡建设管理委员会	DG/TJ 08—2305—2019
14	《上海市黄浦江和苏州河堤防设施维修养护技术规程》	上海市水务局	沪水务〔2017〕95 号：编号：SSH/Z 10007—2017
15	《上海市黄浦江和苏州河堤防设施维修养护定额》	上海市水务局	沪水务〔2016〕1483 号；编号：SSH/Z 10006—2016
16	《上海市黄浦江和苏州河防汛墙清洗综合单价》	上海市水务工程定额管理站	沪水务定额〔2018〕5 号

18.1.3 规范性文件

涉堤规范性文件,见表18-3。

表18-3 涉堤规范性文件

序号	主要规范性文件名称	颁布机关	文号
1	《太湖流域河道管理范围内建设项目审查权限》	水利部	水利部公告〔2017〕32号
2	《关于落实"四化"工作提升本市绿化品质的指导意见》	上海市府办	沪府办〔2018〕60号
3	《关于本市市管河道及其管理范围的规定》	上海市府办	沪府办规〔2018〕10号
4	《关于加强黄浦江两岸滨江公共空间综合管理工作的指导意见》	沪浦江办	沪浦江办〔2017〕2号
5	《苏州河两岸(中心城区)公共空间贯通提升建设导则》	上海市"一江一河"工作领导小组办公室	沪"一江一河"办〔2019〕2号
6	《上海市河道绿化彩化珍贵化效益化工作实施方案》	上海市水务局	沪水务〔2019〕1321号
7	《苏州河中心城段两岸绿化景观提升导则》	市绿化市容局	沪绿容〔2019〕128号
8	《苏州河滨水公共空间建设技术导则(堤防篇)》	上海市水务局	沪水务〔2018〕1251号
9	《上海市堤防海塘管理标准(试行)》	上海市水务局	沪水务〔2018〕914号
10	《关于加强黄浦江、苏州河中心城区段沿线支流水域保洁工作的通知》	市水务局 市绿化市容局	沪水务〔2017〕521号
11	《上海市市管水利设施应急抢险修复工程管理办法》	上海市水务局	沪水务〔2016〕1473号
12	《上海市非汛期防汛工作暂行规定》	上海市防汛指挥部	沪汛办〔2016〕20号
13	《上海市防汛信息报送和突发险情灾情报告管理办法》	上海市防汛指挥部	沪汛办〔2015〕4号
14	《上海市跨、穿、沿河构筑物河道管理技术规定(试行)》	上海市水务局	沪水务〔2007〕365号
15	《上海市黄浦江防汛墙维修养护技术和管理暂行规定》	上海市水务局	沪水务〔2003〕828号
16	《关于进一步加强本市黄浦江和苏州河堤防设施管理的意见》	上海市水务局	沪水务〔2014〕849号
17	《上海市台风、暴雨和暴雪、道路结冰红色预警信号发布与解除规则》	上海市防汛指挥部	沪汛办〔2014〕2号

（续表）

序号	主要规范性文件名称	颁布机关	文　号
18	《上海市防汛(防台)安全检查办法》	上海市防汛指挥部	沪汛部〔2012〕2号
19	《上海市黄浦江和苏州河堤防设施管理规定》	上海市水务局	沪水务〔2010〕746号
20	《上海市黄浦江防汛墙工程设计技术规定(试行)》	上海市水务局	沪水务〔2010〕345号
21	《上海市河道绿化建设导则》	上海市水务局	沪水务〔2008〕1023号
22	《关于苏州河防汛墙改造工程结构设计的暂行规定》	上海市水务局	沪水务〔2006〕752号
23	《上海市装卸作业岸段防汛墙加固改造暂行规定》	上海市水务局	沪水务〔2004〕797号
24	《上海市黄浦江防汛墙养护管理达标考核暂行办法》	上海市水务局	沪水务〔2003〕830号
25	《上海市黄浦江防汛墙安全鉴定暂行办法》	上海市水务局	沪水务〔2003〕829号
26	《上海市水务局关于加强黄浦江防汛墙防汛通道的管理意见》	上海市水务局	沪水务〔2003〕192号

18.1.4　堤防管理制度

涉堤管理制度，见表18-4。

表18-4　涉堤管理制度

序号	文件名称	文　号
1	《上海市黄浦江和苏州河堤防巡查养护标准化站点建设和管理办法》	沪堤防〔2020〕4号
2	《上海市黄浦江和苏州河堤防绿化管理办法》	沪堤防〔2020〕3号
3	《上海市黄浦江和苏州河堤防设施巡查管理办法》	沪堤防〔2020〕2号
4	《上海市黄浦江和苏州河堤防设施日常养护管理办法》	沪堤防〔2020〕1号
5	《上海市黄浦江和苏州河堤防设施管理工作考核办法》	沪堤防〔2018〕216号
6	《上海市黄浦江和苏州河堤防设施日常养护与专项维修的工作界面划分标准》	沪堤防〔2017〕47号
7	《上海市黄浦江和苏州河堤防管理(保护)范围内施工防汛安全责任书》	沪堤防〔2015〕103号
8	《上海市堤防设施养护责任书(黄浦江中下游和苏州河)》	沪堤防〔2015〕102号
9	《上海市堤防设施养护责任书(黄浦江上游)》	沪堤防〔2015〕100号

(续表)

序号	文件名称	文号
10	《在一线河道堤防破堤施工或者开缺、凿洞行政许可事项批后监管文件》	沪堤防〔2015〕99号
11	《〈核发河道临时使用许可证〉行政许可事项批后监管文件》	沪堤防〔2015〕98号
12	《上海市黄浦江和苏州河活动式堤防设施管理暂行规定》	沪堤防〔2012〕86号
13	《上海市黄浦江和苏州河堤防设施维护管理经费使用管理暂行规定》	沪堤防〔2015〕95号
14	《上海市黄浦江和苏州河堤防设施日常检查和专项检查规定》	沪堤防〔2015〕94号
15	《河道管理范围及堤防安全保护区内从事有关活动行政许可事项批后监管文件》	沪堤防〔2015〕92号
16	《黄浦江、苏州河堤防巡查等级工评定办法(试行)》	沪堤防〔2009〕46号

18.2 管理责任制

堤防设施巡查和养护单位管理责任包括：

(1) 负责巡查/养护人员的聘用、劳动保护、社会保险的管理，承担相关费用，并负责办理相关法定手续。承担组织巡查/养护人员的业务培训、廉政建设、安全教育等堤防设施巡查队伍的管理工作。

(2) 负责编制堤防设施日常巡查/养护工作计划，落实工作责任制。

(3) 根据有关堤防设施保护和管理规定，按照"条块结合、以块为主"的防汛责任制要求，巡查沿岸专用岸段单位所要承担的《上海市堤防设施养护责任书(试行)》《上海市堤防设施安全运行责任书(试行)》工作落实的情况。

(4) 建立日常巡查应急预案，对影响堤防设施安全的各类突发事件、重大险情、违法行为，应当及时向堤防管理单位(部门)报告，并采取必要的紧急措施。

(5) 建立安全作业管理组织，落实安全责任制，定期进行安全检查，防止安全事故发生。

(6) 按照《上海市黄浦江和苏州河堤防设施巡查管理办法》《上海市黄浦江和苏州河堤防设施日常养护管理办法》《上海市黄浦江和苏州河堤防绿化管理办法》的要求，制订堤防日常巡查的工作内容、工作职责等内部管理制度。

(7) 对堤防养护单位承担的设施修复任务进行检查，并将修复情况及时向堤防管理单位(部门)反馈。

(8) 制止危害或者影响堤防设施安全的违法行为，协助水务行政执法部门对违法行为实施查处。

(9) 配合堤防设施管理单位(部门)做好日常巡查管理范围内的建设项目、水务行政执法等管理工作；配合做好日常宣传和教育工作。

18.3 应急预案

堤防设施巡查、养护单位应建立生产安全事故应急预案、防汛防台专项应急预案、薄弱岸段应急预案和相关突发事件应急处置方案。各类预案应报堤防管理(部门)备案。每年组织预案演练不得少于1次。其中,防汛防台专项应急预案内容应按照表18-5所示章节进行编制。

表18-5 防汛防台应急预案目录

序号	章节	小节内容
1	总则	编制目的
2		编制依据
3		适用范围
4		工作原则
5		基本情况
6	组织体系	应急处置工作小组
7		工作机构及职责
8	预防机制	信息监测
9		预防行动
10	应急响应	防汛防台应急值班
11		防汛防台预警响应
12		重点部位的预警响应
13	保障措施	抢险人员队伍
14		抢险物资
15		专家技术保障
16		经费保障
17	应急处置	设施损毁类
18		人员伤亡类
19		信息报告与通报
20	监督管理	检查考核
21		培训与演练
22		问责

第19章

管 理 流 程

19.1 巡查管理流程

堤防设施巡查人员应当将每天巡查情况上报至网格化管理系统，填报《堤防巡查日志》，并对处理完毕的信息进行确认后闭合。发生紧急情况的，巡查人员（经相邻巡查段2个巡查员核实）应当及时将堤防设施险情报堤防设施管理单位（部门）。

堤防设施管理单位（部门）应对堤防网格化管理系统中巡查上报的信息进行核实后分类派发。涉及堤防设施损坏的，及时通知堤防设施养护合同单位及养护责任单位按规定要求进行处理；涉嫌违反水务法律法规行为的，应当及时制止，并视违规（法）情况，开具《堤防设施整改告知书》，整改无效的，移送水务行政执法部门依法处理。堤防设施巡查管理流程如图19－1所示。

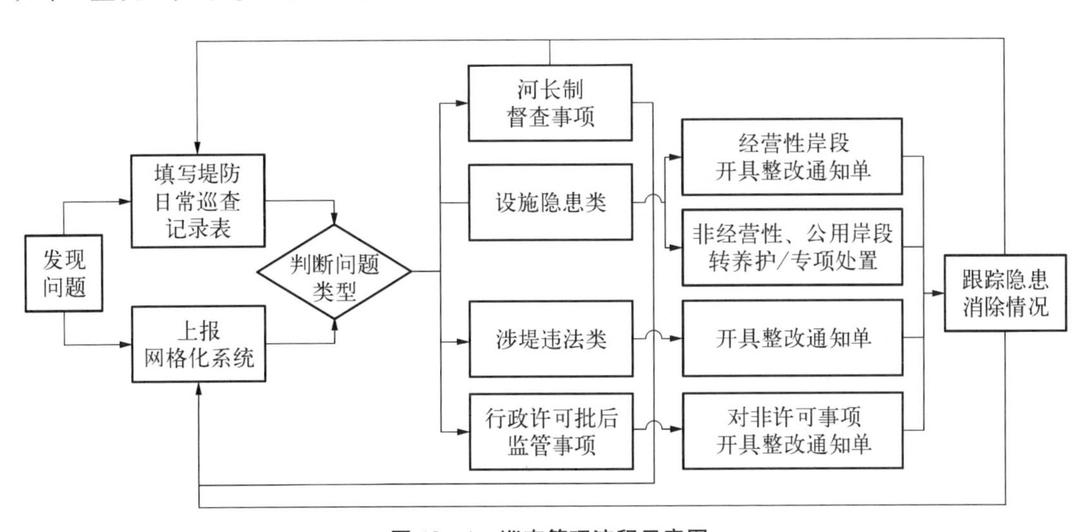

图19－1 巡查管理流程示意图

19.2 养护管理流程（含绿化养护）

堤防设施养护（含绿化养护）合同单位应通过网格化管理系统将定期保养及自查修复内

容上报。堤防设施管理单位(部门)应对合同单位上报、巡查上报内容审核确认后分类派发。合同单位根据派发的信息,在规定时间内开展修复工作,并按要求及时将相关资料送交监理单位。修复完毕后,及时通过网格化管理系统上报养护完成情况(附养护现场照片),经巡查确认后完成闭合。

未授权网格化管理系统操作的经营性专用岸段的养护责任单位,堤防设施日常养护工作完成后应及时上报所在区堤防设施管理单位(部门),并做好资料归档。堤防设施养护管理流程如图 19-2 所示。

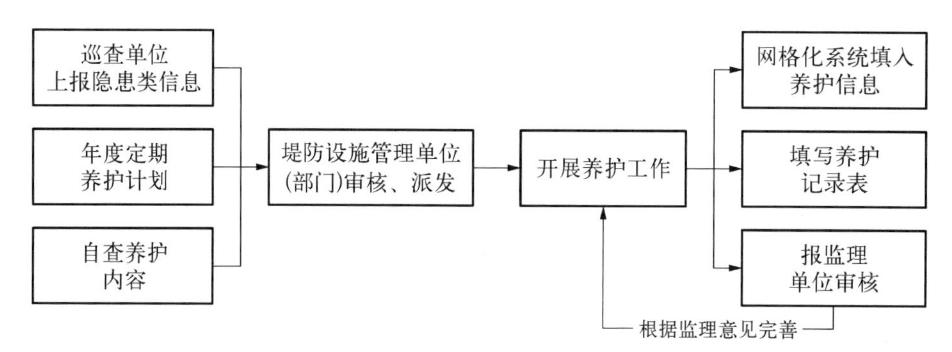

图 19-2　养护管理流程示意图

第 20 章

管 理 标 准

20.1 工作标准

堤防设施巡查、养护工作质量除应达到国家或行业质量检验和评定相关标准以外，其工作标准还包括：

(1) 各项制度健全，并按规定落实。人员配备齐全，符合岗位要求；巡查、养护资金使用规范，无违规使用情况。

(2) 建立和落实工作计划，按计划完成巡查、养护任务，无安全事故发生；年度(季度)工作计划编制及时，计划内容完整、明确；防汛工作总结及时上报，总结内容全面、真实。巡查、养护工作完成率 100%。有培训计划，组织开展各类岗位培训；制订定期测量计划，设有专人负责观测，测量数据准确。

(3) 巡查、养护人员统一着装，持证上岗；熟练使用巡查、养护工具和软件；内部团结，工作认真，遵纪守法，风气良好，主动公开联系人和监督电话，接受测评；参与行业文明创建、执法调查、河长制督查；积极配合做好堤防精细化管理、安全鉴定、生态文明建设、文化建设、法制建设、智慧水务建设、专项管理、城市重大活动等活动。

(4) 遇发布预警信息或突发应急事件时，接受防汛部门领导指挥，按要求加强值班值守，及时处置突发事件，并上报动态信息。巡查单位在潮期、汛期等开展特别巡查，按要求增加巡查频次。堤防设施运行状况、涉堤违法事件、河长制督查事项、行政许可批后监管、日常观测、其他协助工作巡查到位；养护单位设施损坏修复及时；堤防设施清洁到位。

(5) 设有标准化站点，建设内容完善，数量符合合同要求。站点环境整洁卫生、物品摆放有序，做好防火、防盗、用电、食品卫生等工作。各类物资、器具应有专人保管，排列有序，按规定要求进行维护保养，无霉变锈蚀、人为损坏及丢失等现象，能正常使用。

(6) 配合管理单位开展样板段建设，加强安全和主题活动宣传教育，宣传内容合理、准确。

(7) 达到安全文明施工标准，无责任事故发生。文明施工责任制和工作措施落实到位，无市民举报不文明施工。市民对堤防管理(保护)范围内环境的满意度高，无社会影响较大的新闻媒体责任曝光，未有超出规定时限的施工。

(8) 设置专职或兼职档案管理员(资料员),按《上海市黄浦江和苏州河堤防设施管理单位资料目录表》设置台账,各类管理台账、设施设备台账、检查记录应真实、可靠及完整。

20.2 站点建设标准

堤防巡查单位应根据委托合同约定,设置一个或多个站点,站点应尽量设置在堤防巡查、养护区域内。站点应按照规定设置办公室、会议室、值班室、仓库、卫生间、食堂和其他设施,其建设标准主要见表 20-1。巡查站点的建设、管理和考核按照相关制度要求执行,详见《上海市黄浦江和苏州河堤防巡查养护标准化站点建设和管理办法》(沪堤防〔2020〕4 号)。

表 20-1 站点建设标准内容

<table>
<tr><th>序号</th><th colspan="3">标 准 内 容</th></tr>
<tr><td>1</td><td rowspan="9">配置要求</td><td colspan="2">办公室:不小于 15 m^2,配备办公桌椅、传真机(电话)、计算机、复印机、打印机、文件柜等</td></tr>
<tr><td>2</td><td colspan="2">会议室:不小于 20 m^2,配备会议桌椅、投影装置等</td></tr>
<tr><td>3</td><td colspan="2">值班室:可至少摆放 2 张单人床及衣柜,配备值班电话</td></tr>
<tr><td>4</td><td rowspan="3">仓库</td><td>巡查仓库:
不小于 15 m^2,配备货架、垫板(高度 20 cm 以上)及存放物资的辅助设施。配备照明灯、移动护栏、警示带、警示标志、墙前泥面测深杆、无人测量船、无人机、电瓶车(含头盔)、钢卷尺、皮尺(50 m)、扩音器、铁锹、手电筒、安全帽、帆布手套;雨靴、工作服、工作鞋、救生衣、救生绳、记录本、卷尺,吊锤、三角小红旗或红色笔、小瓶高锰酸钾或红墨水;水上巡查仓库应配备船用配件等</td></tr>
<tr><td>5</td><td>堤防设施养护仓库:
不小于 20 m^2,配备货架、垫板(高度 20 cm 以上)及存放物资的辅助设施。配备发电机、照明灯、移动护栏、警示带、警示标志、扩音器、土工布、防渗布、编织袋(含扎口带)、铁锹、电筒、安全帽、雨靴、工作服、工作鞋、救生衣、救生绳、帆布手套、钢卷尺、皮尺(50 m)等</td></tr>
<tr><td>6</td><td>绿化养护仓库:
不小于 20 m^2,配备货架、垫板(高度 20 cm 以上)及存放物资的辅助设施。配备照明灯、移动护栏、警示带、警示标志、编织袋(含扎口带)、铁锹、油锯、高枝锯、剪枝钳、手锯、大草剪、气压式喷洒器、登高梯、安全带、木桩、水泵、浇水管带、割灌机、草绳、铁丝、电筒、安全帽、雨靴、工作服、工作鞋、救生衣、救生绳、帆布手套、皮尺(50 m)等</td></tr>
<tr><td>7</td><td colspan="2">食堂:配备微波炉、冰箱、餐桌椅等设施,有条件的,还应配备灶具</td></tr>
<tr><td>8</td><td colspan="2">卫生间:包括清洁卫生用具等</td></tr>
<tr><td>9</td><td>其他设施</td><td>宣传栏:在站点显著位置设置宣传栏,内容包括党务宣传、人员基本情况、工作动态等</td></tr>
</table>

（续表）

序号	标准内容		
10	配置要求	其他设施	单位铭牌：参考尺寸为 800 mm×600 mm，参考材料：不锈钢、铜 例：  杨浦区黄浦江堤防设施巡查 杨树浦工作站 上海江龙建设工程有限公司 规格800 mm×600 mm×1块 1.0 m不锈钢蓝字　折边4 cm  杨浦区黄浦江堤防设施巡查 杨树浦工作站 上海江龙建设工程有限公司 规格800 mm×600 mm×1块 1.0 m铜牌蓝字　折边4 cm
11			车辆：巡查养护车辆（货车），有条件的可配备电瓶巡视车
12			消防设施：按规定配备灭火器、沙桶、烟雾报警装置，有条件的还应设置消防栓
13	上墙制度	内容	组织架构图、人员构架图、巡查养护范围图、管理制度、值班制度、巡查养护负责人职责、巡查养护员职责、信息管理及报告制度、墙前泥面测量杆操作流程（陆上巡查）、巡查养护内容
14		样式	悬挂材料由玻璃钢为原材料制成，尺寸大小：600 mm×900 mm，若遇该尺寸不能满足时应以高度为 900 mm 为准 例： 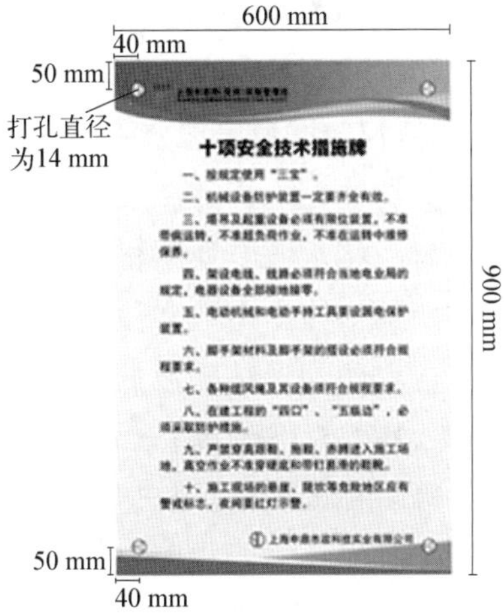 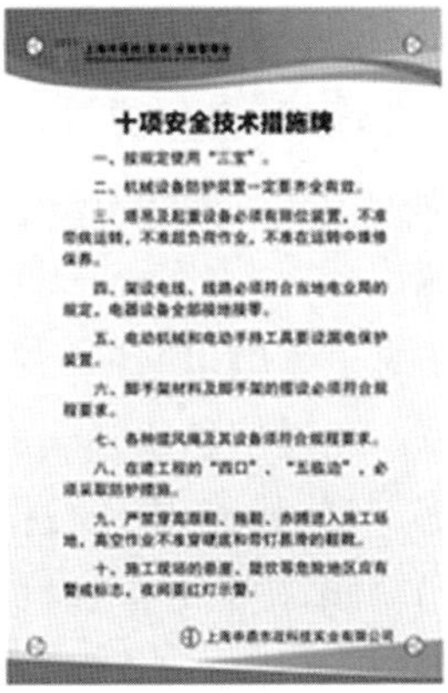 600 mm　40 mm　50 mm　打孔直径为14 mm　900 mm　50 mm　40 mm 十项安全技术措施牌 规格尺寸为：600 mm×900 mm 5 mm厚钢化玻璃，打4个孔，打孔直径为14 mm，打孔时边要平滑，四周搓边。
15	设备管理	各类物资、器具应有专人保管，排列有序，按规定要求进行维护保养，无霉变、锈蚀、人为损坏及丢失等现象，能正常使用	
16	站点环境	站点应保持整洁卫生、物品摆放有序，做好防火、防盗、用电等安全工作	

第 21 章

网格化管理平台

21.1 堤防信息化概述

上海市积极推进城市管理“一屏观天下、一网管全城”的建设目标，把事关城市运行的各类数据、系统集成到“一网统管”上来，真正实现数据汇集、系统整合、功能融合，加快形成跨部门、跨层级、跨区域的运行体系，打造信息共享、快速反应、联勤联动的指挥中心。堤防工程设施作为上海市防汛的四道屏障之一，堤防信息化发展与上海市智慧城市的建设息息相关。

在堤防管理中充分运用信息化、智能化手段，提高科技应用含量，逐步实现堤防规范化、精细化、数字化管理。通过建立水务专业网格化管理系统、堤防安全监控智能感知系统、防汛会商系统，进一步提升堤防巡查养护、防汛物资管理与应急调度的综合管理水平，实现信息存储与发布、数据分析与运用、监测监控数据采集与分析等作用，为堤防设施日常管理、防汛风险预警预判、堤防隐患应急处置提供重要技术支撑。

按照市政府“一网统管”的建设目标，将水务专业网格化巡查的案件信息、处置信息、地理位置信息接入城市网格化管理市级平台，为本市数字化城市管理提供有效的信息支持及决策依据。通过信息化管理手段，整合堤防管理基础数据、监测数据、养护数据、巡查数据、工程数据、工单数据、影像数据等资源，基于 GIS 地图、三维场景、可视化分析技术构建堤防地图应用功能，按照时空、对象、要素等多种维度，向用户全方位展现堤防的相关信息，实现信息查询、监测和预警管理。

信息化管理平台面向的对象包括市、区两级堤防管理人员，堤防巡查，养护人员，物资仓库管理人员，抢险队伍，第三方监理单位，监测测量单位，系统管理人员等。根据人员管理职能划分，将面向对象按照用户角色进行分配，根据其管理范围使用相应的功能模块。

21.2 巡查养护网格化管理

在市堤防(泵闸)设施建设与管理系统总体框架基础上，建设上海市黄浦江和苏州河堤防网格化平台，该平台主要包含堤防日常管理数据采集、数字化处置流程功能。通过网格化平台运用，促进堤防管理多部门、多层面的信息共享和业务协同。

21.2.1　巡查养护数据采集

按照用户角色分工，通过信息上报、数据导入、巡查轨迹自动提取等技术手段实现巡查、养护工作的数据采集。包括堤防基础数据、地理数据、岸段信息、巡查养护上报数据和图片、维修养护数据、养护物资、用户信息、堤防薄弱岸段、监测测量数据、设施监控视频等。

系统通过对采集的数据进行审核，确保数据的规范性、完整性和正确性；利用数据审核日志、定期备份、数据加密功能，确保数据的存储和传输安全；通过系统数据统计、归类功能，形成分析图、表，呈现给面向对象，以辅助堤防日常管理工作。

日常管理数据通过信息互通平台，促进市、区各部门、各单位之间的协同配合工作。网格化系统为市、区堤防管理人员、巡查养护人员、监理单位提供信息查询、统计分析、考核监督等功能，为市水务公共信息平台水务专业网格化专题提供堤防基础数据、巡视数据、监测数据查询等功能。堤防网格化系统界面如图 21－1—图 21－4 所示。

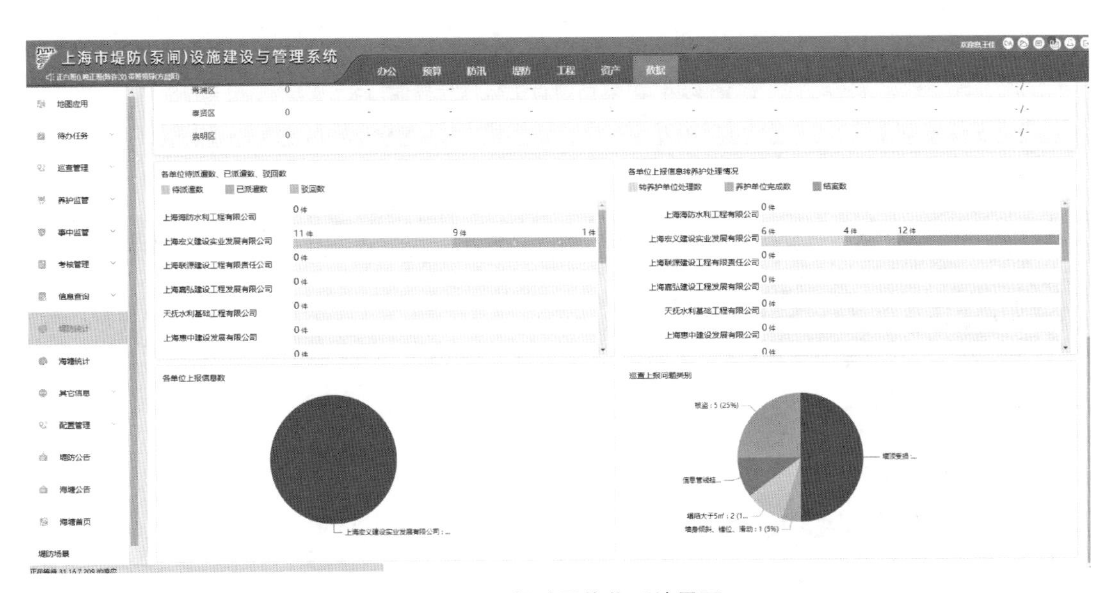

图 21－1　堤防网格化系统界面

21.2.2　网格化处置流程

1. 信息处置

(1) 巡查信息：围绕“发现、立案、派遣、处理、结案”五大流程环节，按照堤防横向、纵向管理条线，规范堤防巡查业务流程。

① 按照巡查管理要求，巡查单位进行堤防巡查。巡查轨迹记录通过手持终端设备自动上传至系统中，系统予以记录；

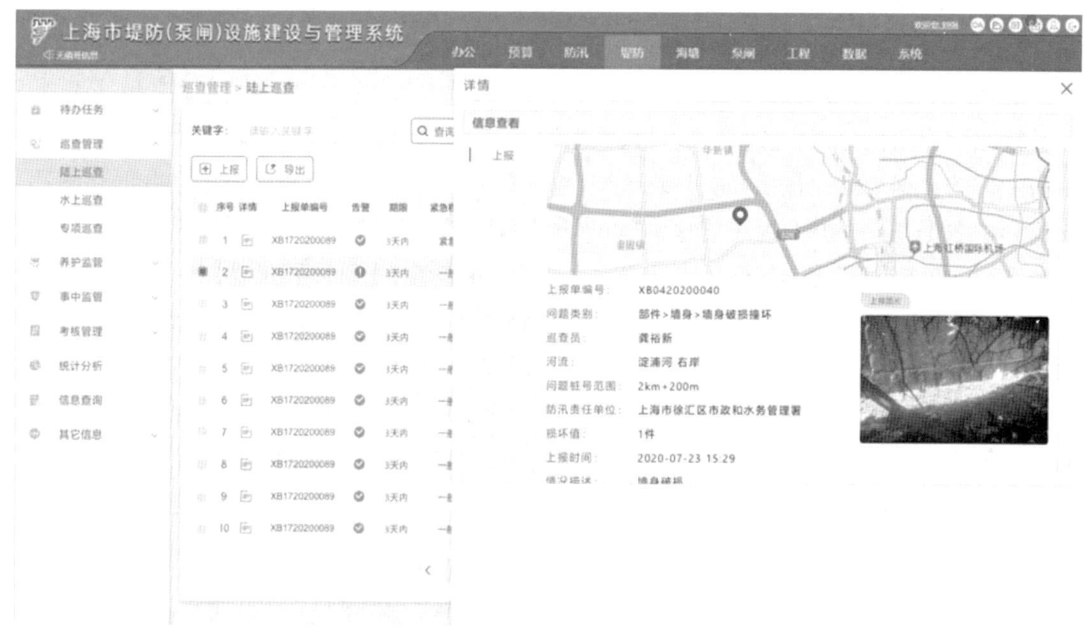

图 21－2　堤防巡查上报信息界面

图 21－3　堤防养护上报养护计划界面

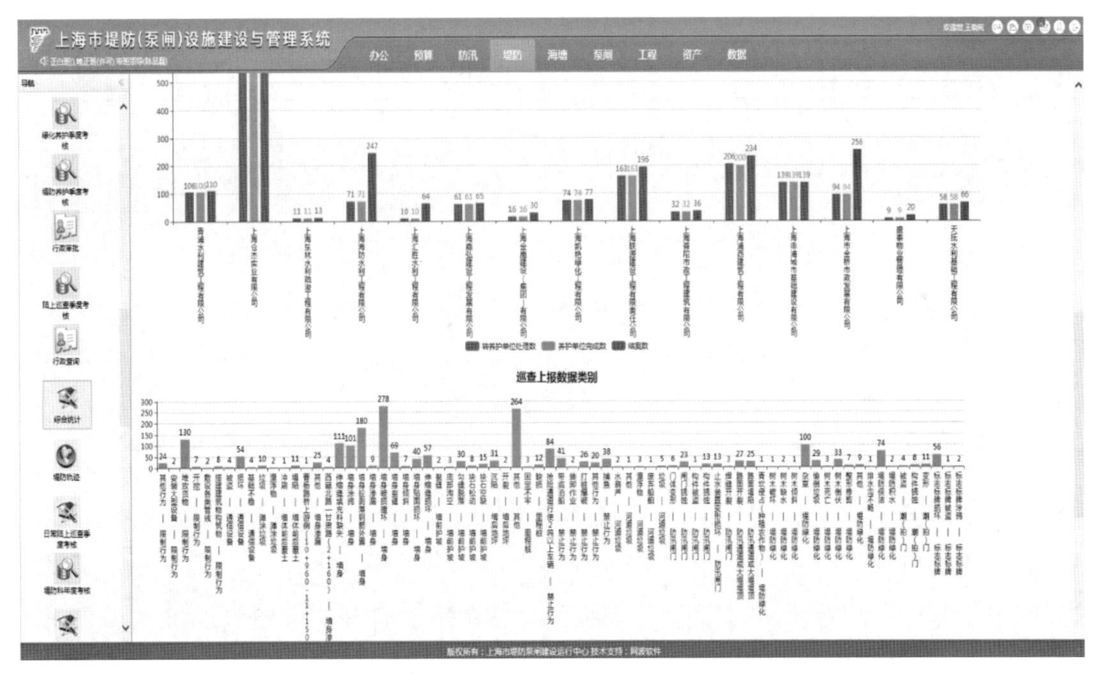

图 21－4　信息统计、信息分析界面

② 巡查单位如发现问题，通过系统上报问题信息至堤防管理单位，堤防管理人员在系统中立案并派遣；

③ 立案的信息，由堤防管理人员按照问题属性，在系统中派遣至相关单位；信息不予立案的，在系统中驳回至巡查单位。同时，巡查单位、堤防管理人员在系统模块中填写事件问题记录；

④ 执法类信息，堤防管理单位先行转至线下水务执法单位执法处理，处理后信息闭合；养护类信息，养护单位完成养护后在系统中上报养护照片，系统转至巡查人员核实；其他需协助或市执法类信息转至市堤防管理单位，按具体情况由堤防管理单位协调处置，相关人员在系统模块中填写事件处理记录；

⑤ 养护类信息，根据设施养护分类和养护要求，系统自动将监理旁站、抽查和检查信息筛选、归类，并流转至监理单位。旁站类信息先监理确认工作完成后，巡查员确认信息闭合；检查和抽查类信息，先巡查员确认闭合后，监理至现场核查；监理确认未通过的信息，再次流转至养护单位，进行二次养护，二次养护应同时由监理单位进行旁站，直至养护合格，并由监理单位填写监理台账；

⑥ 巡查结案后，信息处置过程资料自动保存至系统中。

信息处置流程通过网格化管理系统予以实现，面向对象在系统中各司其职，上传、调取信息和照片并进行系统操作。堤防巡查信息处置流程如图 21－5 所示。

(2) 养护信息：养护单位主动上报养护计划，按照时间节点要求完成养护信息处置，巡查单位上报的养护信息处置流程具体见图 21－6。

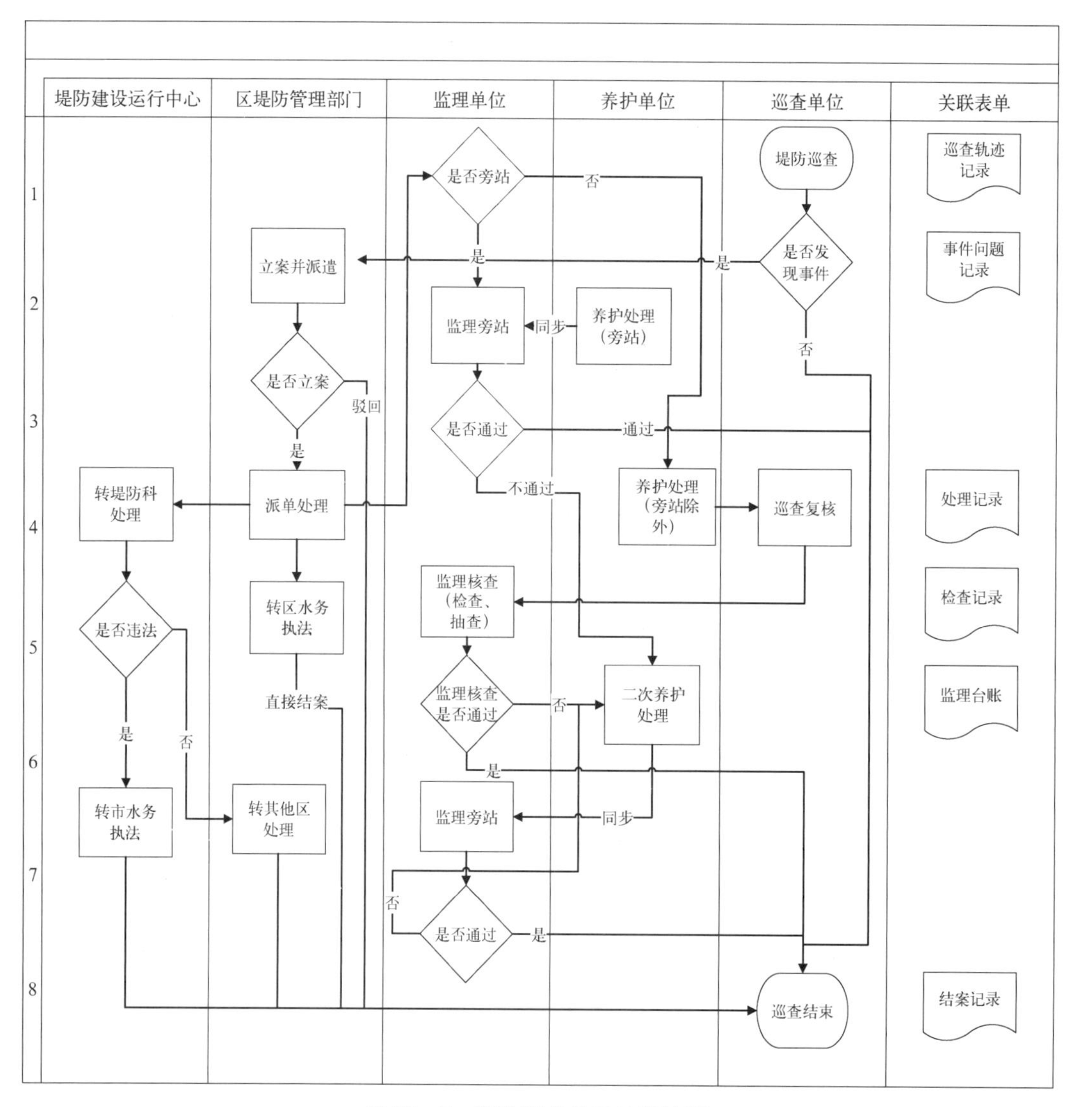

图 21－5　堤防巡查信息处置流程

① 养护单位系统中上报养护计划，送至监理单位审核。

② 监理单位先行审核后提交至堤防管理单位。养护计划通过的，养护单位进行养护处理；养护计划未通过的，区管理单位、监理单位退回至养护单位，养护单位再次完善养护计划，直至养护计划通过。堤防管理单位、监理单位上传审批记录。

③ 养护单位按照计划进行堤防养护，并将养护记录上传至系统。

④ 养护类信息，根据设施养护分类和养护要求，系统自动将监理旁站、抽查和检查信息筛选、归类，并流转至监理单位。旁站类信息先由监理确认工作完成后，巡查员确认信息闭合；检查和抽查类信息，先由巡查员确认信息闭合后，监理至现场核查；监理确认未通过的信息，再次流转至养护单位，进行二次养护。二次养护同时由监理单位进行旁站。直至养护合格，信息闭合。同时，监理单位填写监理台账。

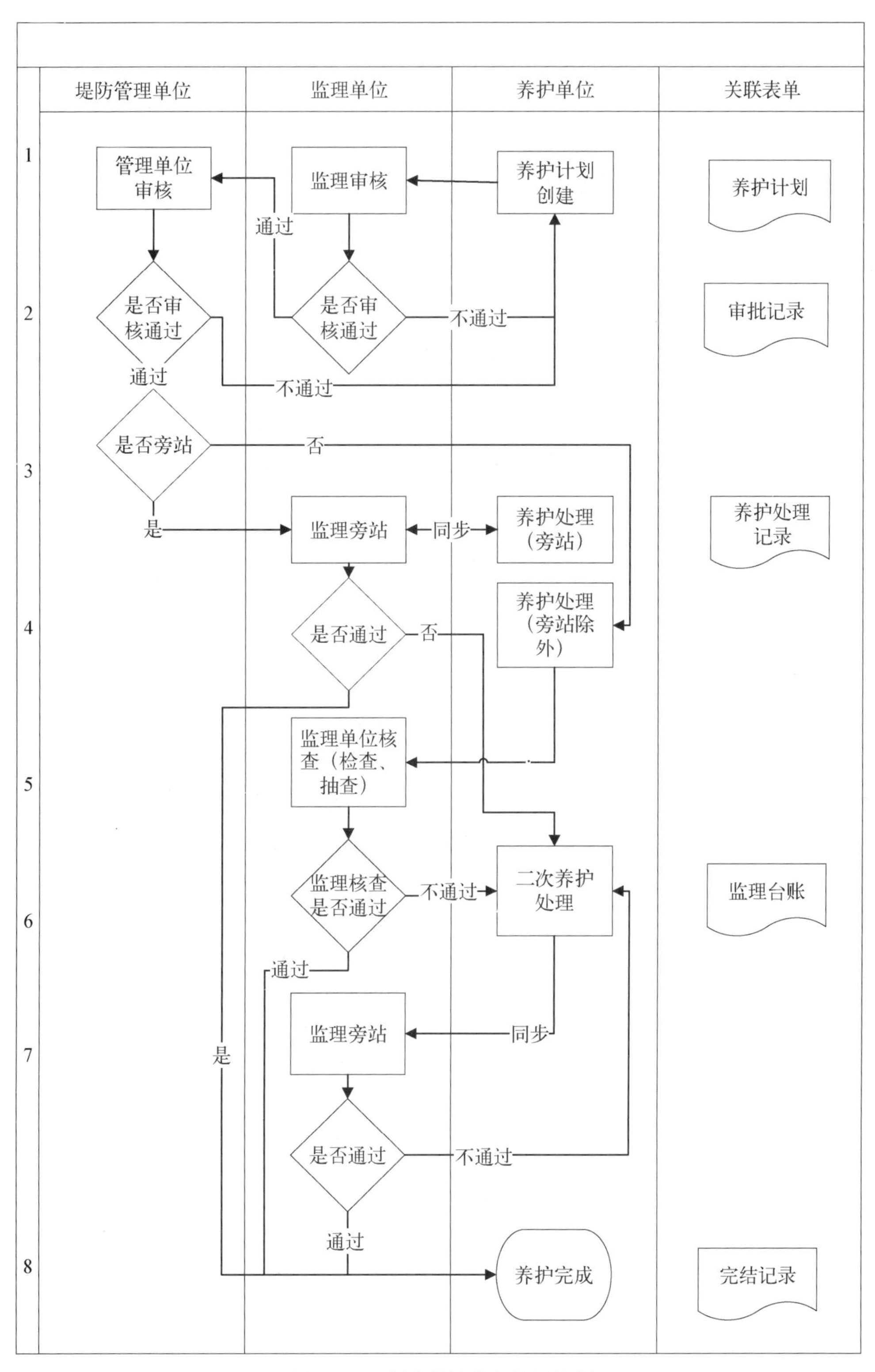

图 21－6　堤防养护信息处置流程

⑤ 养护完成后，信息处置过程资料自动保存至系统中。

(3) 涉堤许可事中监管信息处置：涉堤工程取得水务行政许可批复至验收阶段，堤防管理单位发起事中监管事项，必要时可委托第三方测量单位按照水务行政许可要求，对工程项目开展第三方测量。

① 第三方测量单位进行堤防现场踏勘，并通过网格化系统或监管微信小程序上报测量方案；

② 测量方案通过系统提交至堤防管理人员，由堤防管理人员在事中监管模块中进行方案审核；

③ 通过方案审核的监管项目，第三方测量单位开展现场测量，并将现场测量信息和照片上传至系统；

④ 通过网格化系统平台，堤防管理人员对涉堤工程开展过程监管；

⑤ 建设项目结束后，管理人员系统上传验收资料，系统自动进行验收归档。

2. *系统考核评分*

为保证堤防巡查养护工作有效开展，借助网格化平台考核模块，对各堤防设施管理单位、各巡查、养护单位进行工作考核评分。考核分为季度考核、年度考核。具体见表 21-1。

表 21-1 堤防巡查养护考核分类表

	季 度 考 核	年 度 考 核
考核人	堤防管理单位、养护监理单位	市堤防管理单位、养护监理单位
考核对象	巡查单位、养护单位、绿化养护单位	各区堤防管理部门、水上巡查单位
考核内容	堤防巡查、养护、绿化季度工作完成情况	堤防管理年度工作、水上巡查年度工作完成情况

考核评分为百分制，由客观分与主观分组成。巡查员轨迹统计、养护信息闭合率等为客观分，由系统按照权重统计计算获得；综合管理、安全生产、资金使用情况等主观分，由面向对象按照角色分工在系统中评分。堤防考核评分界面如图 21-7 所示。

21.3 堤防安全监控智能感知系统

为实现风险预警、风险监控、风险处置全过程的监管功能，运用堤防安全监控智能感知设备及时获取堤防形变位移监测、视频识别预警信息，并及时送达网格化系统，进而启动问题跟踪、应急处置等堤防管理工作。堤防安全监控智能感知系统包含自动监测和远程监控，利用测站及移动监测设备、视频智能监控、物联网监测感知、水位趋势分析预警等技术手段实现堤防风险智能感知目标，在时间上和空间上是对人工巡查的有效补充，确保堤防隐患早发现、早处置，最终实现风险常态化管控。

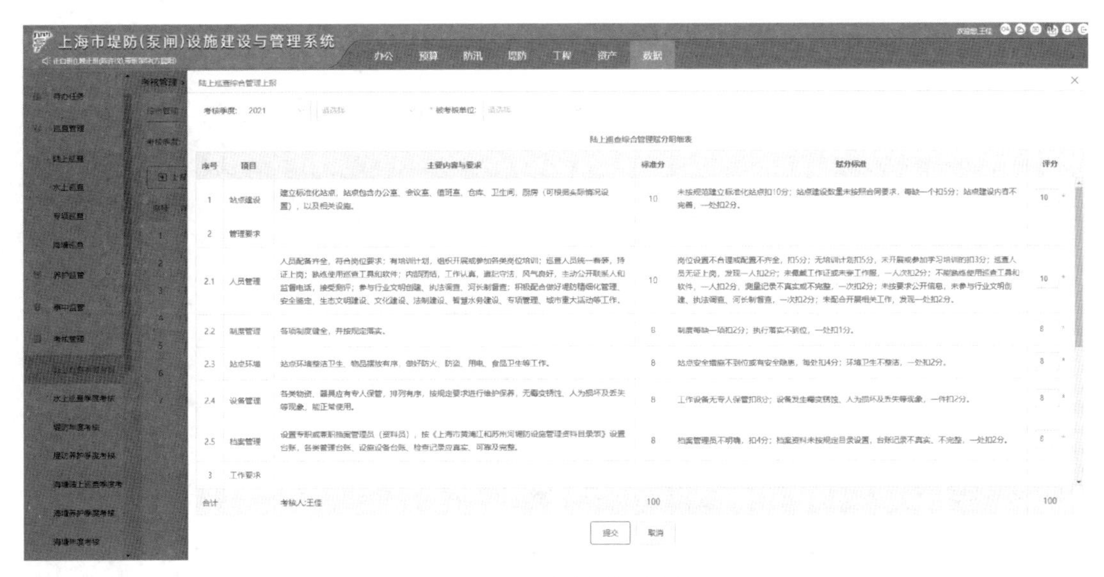

图 21 - 7　堤防考核评分界面

21.3.1　自动监测

1. 水位监测

在发现水位上涨至预警阈值范围或接近亲水平台淹没告警值时，系统自动发出预警，在 GIS 地图中内外河水位监测点、亲水平台所处位置均出现警示图标，并抓取该监测点视频监控实况图进行展示。

2. 薄弱险段监测

各堤防管理部门上报的薄弱险段信息须上图，面向对象通过系统 GIS 地图查看薄弱险段分布情况，结合巡查人员上报信息对薄弱险段当前状况进行检测，与水位监测数据、雨量监测数据结合，预判薄弱险段状况，并做出预警提示。对轨交隧道穿越段、重要岸段等堤防布设监测点、安装监测设备，实时掌握堤防形变、位移数据。一旦超过报警值，自动通过网格化系统进行报警。

3. 堤防渗漏点监测

对堤防沿线巡查上报的堤防渗漏点进行监测，与相应河道水位、降雨量等实测信息关联，分析渗漏点当前状况，并在 GIS 地图中做出预警提示。

4. 亲水平台监测

系统利用算法分析当前水位实测值、降雨量、亲水平台标高等数据，对亲水平台发生淹没的风险值进行估算，并及时做出预警提示；同时也可基于亲水平台周边视频监控识别结果，做出预警提示，并在地图中同步显示该告警点视频图像。

堤防位移监测设备如图 21 - 8 所示，堤防自动监测站如图 21 - 9 所示。

21.3.2　远程监控

通过安装监控设备，实现在线视频监控点位查询和视频调用，如图 21 - 10 所示。

图 21－8　堤防位移监测设备

图 21－9　堤防自动监测站

利用视频识别算法对视频监控中出现的船只碰撞防汛墙、防汛通道堆物、河道垃圾漂浮物、防汛通道闸门启闭状态、翻越堤防等行为等进行识别，同步在网格化系统中做出风险报警提示。

堤防管理人员通过网格化系统派单，指定巡查人员进行现场核查。如确认该风险点出现问题，系统转为报警提示，同时在系统中同步抓取该报警点视频图像；如尚未达到警戒点，系统继续以预警模式展示，直至风险解除；如超出网格化系统处置范围的事件，属于应急抢险事件的，则关联启动堤防应急调度系统。

同时，系统根据险情类型、风险等级，及时通过公众平台、广播通知、警示屏等途径对市民公众发布防险预警通知。

启闭通道闸门智能识别标识牌见图 21－11，通道闸门启闭状况检测演示如图 21－12 所示。

图 21－10　堤防监控设备

图 21－11　通道闸门启闭智能识别标识牌

图 21－12　通道闸门启闭状态检测演示

21.4　防汛会商系统

建立防汛会商系统，将包含堤防网格化系统、堤防安全监控智能感知管理系统在内的监测、运行、管理数据等内容，通过展示大屏予以统一展示，集中监测、监视防汛通道闸门启闭状态、薄弱段防汛安全等堤防设施运行情况；配置网络和通讯系统，在突发事件发生时，通过防汛会商系统及时做出响应措施并通知相关部门和人员，保障信息上传下达的及时性和准确性，有效提高防汛安全日常管理效率和应急处置能力。

防汛会商系统包括液晶展示屏及辅助视频显示系统、无线数字会议发言系统（摄像机、远程电话、音响扩声设备等）和集中控制管理系统（计算机、网络）等。

21.5　应急调度管理系统

堤防防汛应急调度管理系统从“发现、调度、处置、评估”等环节对应急调度的全过程进行动态智能化监管，促进巡查、养护等多部门、多层面的协同作业，提升堤防行业管理中应对突发事件的能力。

通过网格化系统、移动终端快速临时应急处置等手段，实现巡查、养护人员和物资的调度和跟踪，汇总统计应急调度的过程数据和信息。通过数据服务实现信息的共享与整合，将用户的单点登录接入数据实现在系统中的互通和展示，实现了系统用户、角色、权限、配置等系统管理信息的维护和管理。

系统面向对象主要包括：市、区水务局领导，市、区堤防管理单位，堤防巡查单位，养护单位（抢险队伍），物资仓库，相关专家，系统管理员等。通过系统，巡查单位及时上报发现应急处置事件；养护单位（抢险队伍）接到应急处置命令，调集防汛物资，及时采取应急处置措施；物资仓库按照指令要求，操作防汛物资出入库；相关专家查看参与项目的预案，并接收通知，到现场或指挥中心协助工作；系统管理员完成系统的维护、配置、监控等工作。

应急处置事项完成后，应急调度系统自动生成报告。报告内容包括：事件发生的基本信息及变化情况；应急处置中的水文、防汛信息；调度的物资、队伍总数；养护单位的处理情况和过程数据。

21.6 巡查养护手持终端(移动 App)

手持终端(移动 App)是网格化系统的外延，具备防汛值班人员信息查询，通知通告发布，巡查轨迹记录，巡查信息上报、管理、统计，NFC 管理和保修，堤防设施养护维修，下达养护任务，堤防考核，事中监管，防汛闸门预警，应急抢险信息查询，堤防考核等功能。

手持终端具有和电脑端相同的面向对象，按照角色分工，各个面向对象具有各自或互通的操作权限，在手持终端系统中完成堤防巡查、养护信息处置和考核评价流程。每个面向对象手机序列号与设施管理系统用户进行唯一关联。其中，移动 App 记录的堤防巡查轨迹数据是作为堤防考核的重要依据。

(1) 巡查 App：巡查人员将发现问题予以上报；堤防管理人员查看巡查人员上报问题，按照问题类型进行立案派发；区堤防管理人员、堤防养护人员查看堤防问题处置任务，在问题处置结束后，通过 App 上报处置结果；养护监理人员对堤防养护情况进行监管，并通过 App 上报监管情况，包括旁站、检查和抽查结果上报；面向对象可根据权限对堤防巡查上报问题、处置状态、处置意见以及处置结果进行全过程的跟踪和查看。

(2) 养护 App：养护单位将堤防设施按照长度划分养护单元并编码，以编码作为唯一标识，进行全生命周期管理，并配置对应二维码。养护单位通过养护管理手持终端 App 通过扫描二维码，查询养护任务(历史养护资料)、养护动态；通过手持终端输入养护计划，及时录入养护信息(养护内容、图片、养护费用等)，建立养护电子台账和数字备份。

巡查单位通过手持终端上报信息，立案后系统将地点直接发送至养护单位，养护单位可通过手持终端(移动 App)利用百度地图的定位和导航功能，及时获得养护位置并导航到达。

移动 App 与 Web 端对接实现堤防网格化考核结果的查询和展示。堤防统计管理分布对巡查上报问题按照分类进行汇总统计，通过 App 可统计全市上报问题数、全市结案数、全市结案率等指标。

堤防移动 App 相关巡查信息上报、养护处置、考核管理、问题统计的操作界面如图 21-13—图 21-18 所示。

图 21－13　堤防移动 App 界面 1　　　图 21－14　堤防移动 App 界面 2

图 21－15　堤防巡查信息上报 App 界面　　　图 21－16　堤防养护处置 App 界面

图 21－17　堤防考核 App 界面　　**图 21－18　堤防问题统计 App 界面**

21.7　信息联动

基于市局信息中心已建的“一网统管”系统(图 21－19)，市堤防泵闸建设运行中心与市水利管理事务中心、市排水管理事务中心、市水文总站等水务相关行业单位，运用堤防网格化系统、堤防安全监控智能感知系统，实现信息管理平台跨部门联动，协同处置堤防风险告警事件。

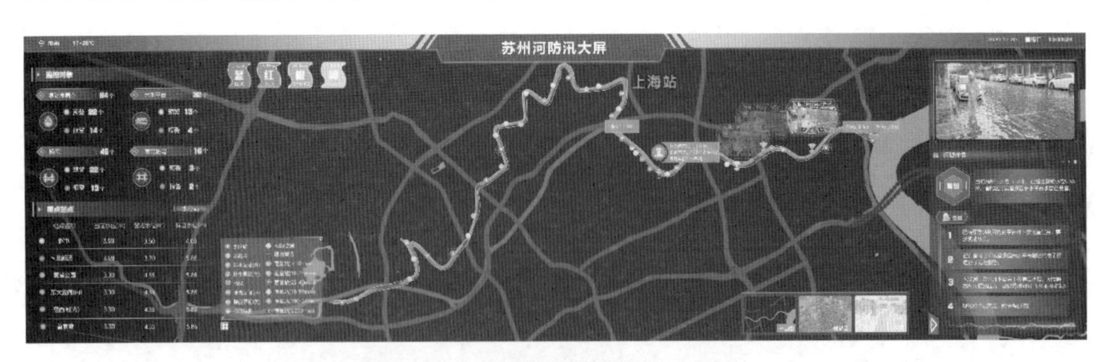

图 21－19　苏州河堤防防汛大屏展示

当发生预警信息时，信息管理平台将需要与外单位协同处置的预警信息直接推送至市局信息中心“一网统管”系统，由“一网统管”系统转发至相关单位。在“一网统管”防汛专屏中，同步展示堤防险情告警信息、典型监测点实测信息、视频监控信息、预警信息复核巡查人员定位信息等内容，并实施跟踪险情处置进展状况。

21.8　系统安全管理

信息化系统存储了大量堤防基础数据、堤防管理信息等重要数据，辅助堤防设施日常管理工作。因此，切实做好信息化系统安全管理尤为重要。

(1) 提升系统安全意识。通过系统安全技能培训和人才资源管理措施，提高系统用户操作能力，最大程度降低人为错误、盗窃、诈骗和误用设备的风险。

(2) 建立、完善各项系统安全管理制度、安全操作指南。规范系统日常安全管理工作，规范系统操作流程，提高系统使用安全和运用效率。

(3) 加强数据信息日常管理。通过数据维护及更新管理、定期查看业务系统操作日志、制订数据备份和恢复策略、数据加密等一系列措施，确保数据存储安全、传输安全和使用安全。

(4) 注重系统运维管理。运维单位人员采用实名制，一人一个账号，限定访问资源，禁止重复登录并通过录屏方式记录所有登录用户操作，确保运维访问安全和问题可追溯。

(5) 分级人员角色权限。不同角色访问系统的不同模块内容，通过统一用户系统实现系统单点登录并统一用户验证，系统数据服务通过用户验证后才可访问，无法独立调用访问地址。

(6) 加固网络安全建设。采用多种技术手段，通过设定网络边界访问规则，配置防火墙、入侵检测等安全设备，保证互联网服务安全；通过日志审计管理，安排专人定期定时检查，及时发现系统漏洞，防止病毒攻击。做到早发现，早修复。

(7) 定期维养系统设备。安排专人按照维养要求定期检修、更换系统线路、计算机硬件、软件、移动终端及监测监控等设备，保证信息化系统正常运行。

第 22 章

考 核 评 价

堤防设施管理考核工作按照“公正、公开、规范”原则，分级、分区域、分类进行，实行年度考核与堤防设施日常巡查、日常养护考核相结合的制度。考核结果由市堤防泵闸建设运行中心通报市水务局、市河长办和区水务局(建管委)，并作为下拨下一年度市级补助资金的依据。堤防日常巡查、日常养护考核工作由各区堤防设施管理单位会同所辖区域内市堤防泵闸建设运行中心下属泵闸(堤防)管理所，按照《上海市黄浦江和苏州河堤防设施巡查管理办法》《上海市黄浦江和苏州河堤防设施日常养护管理办法》定期组织实施，即日常巡查、日常养护考核是年度考核的组成部分。

22.1　设施管理工作考核

堤防设施管理工作考核事项及考核标准见表 22－1。

表 22－1　设施管理工作考核事项表

堤防设施管理单位考核要求		
考核内容		计划编制、陆上巡查、专项检查、日常养护、突发事件处置(防汛防台、应急抢险)、专项维修、信息管理、安全鉴定、观测和测量、行业创建、专项资金监管、河长制督查等日常管理工作
考核小组		堤防设施考核工作由市堤防建设运行中心组建年度考核小组，年度考核小组成员由中心分管领导和堤防管理科、信息管理科、计划财务科、处属泵闸(堤防)管理所及堤防设施养护监理单位有关人员组成
考核评分	考核权重	巡查管理(15%)、养护管理(10%)、综合管理(40%)、安全生产(10%)、河长制督查(10%)、专项资金监管(15%)
	考核结果	考核分值 90 分及以上的为优秀；考核分值在 80 分及以上、90 分以下的为合格；考核分值低于 80 分的为不合格

22.2　巡查、养护工作考核事项

22.2.1　巡查考核事项

堤防陆上巡查、水上巡查考核事项及考核标准见表 22－2—表 22－7；堤防设施日常养护考核事项及考核标准见表22-8—表22-10;堤防绿化养护考核事项及考核标准见表22-11—表22-13。

表22-2 陆上堤防巡查季度考核事项

项目	评分方法	权重(%)	赋分标准	备注
综合管理	依据《陆上巡查综合管理赋分明细表》评定	25	平均得分×25%	
有效轨迹完成率	实际有效巡查轨迹完成数/应完成轨迹数×100%	10	完成率达100%,得10分	
			完成率大于90%(含90%),得9分	
			完成率小于90%,得0分	
信息准确率	依据《陆上巡查内容赋分明细表》评定	20	准确率达100%,得20分	以抽查方式评定
			准确率大于90%(含90%),得15分	
			准确率小于90%,得0分	
信息闭合率	已闭合数/应闭合数×100%	10	已闭合数/应闭合数×100%×10%	
日常观测	(1—未测量记录数/应测量记录数)×100%	15	测量率达100%,得15分	以抽查方式评定
			测量率大于90%(含90%),得13分	
			测量率大于80%(含80%),得10分	
			测量率小于80%,得0分	
安全生产		10	发现1处安全隐患及不文明施工未报,扣2分,扣完为止	
			发生责任事故,得0分	
巡查资金使用情况		10	存在资金违规使用情况的,1项扣10分	

表22-3 水上堤防巡查季度考核事项

项目	评分方法	权重(%)	赋分标准	备注
综合管理	依据《水上巡查综合管理赋分明细表》评定	25	平均得分×25%	
有效轨迹完成率	实际有效巡查轨迹完成数/应完成轨迹数×100%	10	完成率达100%,得10分	
			完成率大于90%(含90%),得9分	
			完成率小于90%,得0分	
信息准确率	依据《水上巡查内容赋分明细表》评定	20	准确率达100%,得20分	以抽查方式评定
			准确率大于90%(含90%),得15分	
			准确率小于90%,得0分	
信息闭合率	已闭合数/应闭合数×100%	10	已闭合数/应闭合数×100%×10%	

(续表)

项目	评分方法	权重(%)	赋分标准	备注
日常观测	(1－未测量记录数/应测量记录数)×100%	15	测量率达100%,得15分	以抽查方式评定
			测量率大于90%(含90%),得13分	
			测量率大于80%(含80%),得10分	
			测量率小于80%,得0分	
安全生产		10	发现1处安全隐患及不文明施工未报,扣2分,扣完为止	
			发生责任事故,得0分	
巡查资金使用情况		10	存在资金违规使用情况的,1项扣10分	

表22－4 陆上堤防巡查综合管理考核事项

项目	主要内容与要求	标准分	赋分标准
站点建设	建立标准化站点,站点包含办公室、会议室、值班室、仓库、卫生间,厨房(可根据实际情况设置),以及相关设施	10	未按规范建立标准化站点扣10分;站点建设数量未按照合同要求,每缺1个扣5分;站点建设内容不完善,1处扣2分
人员管理	人员配备齐全,符合岗位要求;有培训计划,组织开展或参加各类岗位培训;巡查人员统一着装,持证上岗;熟练使用巡查工具和软件;内部团结,工作认真,遵纪守法,风气良好,主动公开联系人和监督电话,接受测评;参与行业文明创建、执法调查、河长制督查;积极配合做好堤防精细化管理、安全鉴定、生态文明建设、文化建设、法制建设、智慧水务建设、专项管理、城市重大活动等工作	10	岗位设置不合理或配置不齐全,扣5分;无培训计划扣5分,未开展或参加学习培训的扣3分;巡查人员无证上岗,发现1人扣2分;未佩戴工作证或未穿工作服,1人次扣2分;不能熟练使用巡查工具和软件,1人扣2分,测量记录不真实或不完整,1次扣2分;未按要求公开信息,未参与行业文明创建、执法调查、河长制督查,1次扣2分;未配合开展相关工作,发现1处扣2分
制度管理	各项制度健全,并按规定落实	8	制度每缺1项扣2分;执行落实不到位,1处扣1分
站点环境	站点环境整洁卫生、物品摆放有序,做好防火、防盗、用电、食品卫生等工作	8	站点安全措施不到位或有安全隐患,每处扣4分;环境卫生不整洁,1处扣2分
设备管理	各类物资、器具应有专人保管,排列有序,按规定要求进行维护保养,无霉变锈蚀、人为损坏及丢失等现象,能正常使用	8	工作设备无专人保管扣8分;设备发生霉变锈蚀、人为损坏及丢失等现象,1件扣2分
档案管理	设置专职或兼职档案管理员(资料员),按《上海市黄浦江和苏州河堤防设施管理资料目录表》设置台账,各类管理台账、设施设备台账、检查记录应真实、可靠及完整	8	档案管理员不明确,扣4分;档案资料未按规定目录设置,台账记录不真实、不完整,1处扣2分

（续表）

项　目	主要内容与要求	标准分	赋　分　标　准
工作计划	年度(季度)工作计划编制及时,计划内容完整、明确	8	无年度(季度)工作计划扣 8 分;计划编制滞后扣 3 分;计划内容不齐全或不合理,1 处扣 1 分
工作总结	工作总结,防汛工作总结及时上报,总结内容全面、真实	4	无工作总结扣 4 分;总结上报不及时扣 2 分;总结内容不真实、不合理 1 处扣 1 分
应急响应	遇发布预警信息或突发应急事件时,接受防汛部门领导指挥,按要求加强现场值班值守,及时上报动态信息	8	遇发布预警信息、突发应急事件未加强值班值守或不接受防汛部门领导扣 8 分;现场值班不认真、不到位扣 2 分;动态信息上报不及时扣 3 分
特别巡查	潮期、汛期等特别巡查,按要求增加巡查频次	8	自然灾害前后或遭受人为损坏时,未加强值班值守或不接受防汛部门领导扣 8 分;现场值班不认真、不到位扣 2 分;动态信息上报不及时扣 3 分
样板段养护	配合管理单位开展样板段建设	4	样板段养护不到位,发现 1 处扣 1 分
宣传教育	加强安全和主题活动宣传教育,宣传内容合理、准确	8	未开展安全或主题活动宣传教育,1 项扣 4 分;宣传内容不合理、不准确,1 处扣 2 分
社会评价	市民对堤防管理(保护)范围内环境的满意度,有无社会影响较大的新闻媒体责任曝光	8	堤防设施出现险情,市民通过市民热线、110 等途径反映而合同单位未发现的,扣 8 分;市民对堤防管理(保护)范围内环境不满意,1 次扣 2 分

表 22-5　水上堤防巡查综合管理考核事项

项　目	主要内容与要求	标准分	赋　分　标　准
站点建设	建立标准化站点,站点包含办公室、会议室、值班室、仓库、卫生间,厨房(可根据实际情况设置),以及相关设施	10	未建立标准化站点扣 10 分;站点建设数量未按照合同要求,每缺 1 个扣 5 分;站点建设内容不完善,1 处扣 2 分
人员管理	人员配备齐全,符合岗位要求;有培训计划,组织开展各类岗位培训;巡查人员统一着装,持证上岗;熟练使用巡查工具和软件;内部团结,工作认真,遵纪守法,风气良好,主动公开联系人和监督电话,接受测评;参与行业文明创建、执法调查、河长制督查;积极配合做好堤防精细化管理、安全鉴定、生态文明建设、文化建设、法制建设、智慧水务建设、专项管理、城市重大活动等工作	10	岗位设置不合理或配置不齐全,扣 5 分;无培训计划扣 5 分,未开展学习培训的扣 3 分;巡查人员无证上岗,发现 1 人扣 2 分;未佩戴工作证或未穿工作服,1 人次扣 2 分;不能熟练使用巡查工具和软件,1 人扣 2 分,测量记录不真实或不完整,1 次扣 2 分;未按要求公开信息,未参与行业文明创建、执法调查、河长制督查,1 次扣 2 分;未配合开展相关工作,发现 1 处扣 2 分

（续表）

项 目	主要内容与要求	标准分	赋 分 标 准
制度管理	各项制度健全，并按规定落实	8	制度每缺1项扣2分；执行落实不到位，1处扣1分
站点环境	站点环境整洁卫生、物品摆放有序，做好防火、防盗、用电、食品卫生等工作	8	站点安全措施不到位或有安全隐患，每处扣4分；环境卫生不整洁，1处扣2分
设备管理	各类物资、器具应有专人保管，排列有序，按规定要求进行维护保养，无霉变锈蚀、人为损坏及丢失等现象，能正常使用	8	工作设备无专人保管扣8分；设备发生霉变锈蚀、人为损坏及丢失等现象，1件扣2分
档案管理	设置专职或兼职档案管理员（资料员），按《上海市黄浦江和苏州河堤防设施管理资料目录表》设置台账，各类管理台账、设施设备台账、检查记录应真实、可靠及完整	8	档案管理员不明确，扣4分；档案资料未按规定目录设置，台账记录不真实、不完整，1处扣2分
工作计划	年度（季度）工作计划编制及时，计划内容完整、明确	8	无年度（季度）工作计划扣8分；计划编制滞后扣3分；计划内容不齐全或不合理，1处扣1分
工作总结	工作总结，防汛工作总结及时上报，总结内容全面、真实	4	无工作总结扣4分；总结上报不及时扣2分；总结内容不真实、不合理1次扣1分
应急响应	遇发布预警信息或突发应急事件时，接受防汛部门领导指挥，按要求加强现场值班值守，及时上报动态信息	8	遇发布预警信息、突发应急事件未加强值班值守或不接受防汛部门领导扣8分；现场值班不认真、不到位扣2分；动态信息上报不及时扣3分
特别巡查	潮期、汛期等特别巡查，按要求增加巡查频次	8	自然灾害前后或遭受人为损坏时，未加强值班值守或不接受防汛部门领导扣8分；现场值班不认真、不到位扣2分；动态信息上报不及时扣3分
样板段养护	配合管理单位开展样板段建设	4	样板段养护不到位，发现1处扣1分
宣传教育	加强安全和主题活动宣传教育，宣传内容合理、准确	8	未开展安全或主题活动宣传教育，1项扣4分；宣传内容不合理、不准确，1处扣2分
社会评价	市民对堤防管理（保护）范围内环境的满意度，有无社会影响较大的新闻媒体责任曝光，处置有无超过规定时限	8	堤防设施出现险情，市民通过市民热线、110等途径反映而合同单位未发现的，扣8分；市民对堤防管理（保护）范围内环境不满意，1次扣2分；处置超过规定时限的，1项扣2分

表 22－6　陆上巡查内容考核事项

项　　目		考　核　事　项	标准分	赋分标准
堤防设施运行状况	堤防护岸	墙体下沉、倾斜、破损撞坏、裂缝、剥蚀、露筋、钢筋锈蚀等；土堤出现雨淋沟、坍塌、裂缝、蚁兽危害等；前后覆土塌陷、开裂及冲刷等；护坡块石结构勾缝脱落、块石松动、底部淘空及撞损、裂缝等；亲水平台台面、台阶损坏，栏杆损坏、休闲设施损坏等；变形缝损坏、渗水及填充物流失等；压顶、贴面：损坏、脱落	10	堤防下沉、倾斜，堤防前后覆土陷、堤防护坡块石松动、底部淘空 1 处未上报扣 2 分，其余 1 处未上报扣 1 分
	防汛闸门潮闸门井	防汛闸门被盗、构件锈蚀、门体变形、焊缝开裂、配件损坏、底槛破损、门墩破损、门槽损坏；通道闸门违规封堵及止水装置损坏、高潮位时通道闸门未关闭等；潮闸门井被盗、损坏，配件损坏、螺杆启闭机损坏、违规封堵等	10	高潮位时通道闸门未关闭，防汛闸门或潮闸门井被盗、违规封堵 1 处未上报扣 2 分，其余 1 处未上报扣 1 分
	防汛通道（桥梁）	防汛抢险通道或者堤顶道路的路面塌陷、开裂、起拱，路侧缘石损坏，植草砖损坏，排水沟、窨井盖板损坏，限载通行设施损坏等；防汛通道桥梁栏杆损坏、桥面破损、桥接坡损坏、桥面变形缝损坏、桥台护坡损坏、桥梁警示桩损坏等	10	路面塌陷未上报扣 2 分，其余 1 处未上报扣 1 分
	堤防绿化	病虫害、杂草、排水沟不畅、绿地积水、种植农作物，林（树）木迁移、砍伐、倒伏、倾斜、缺水、死亡、偷窃，整形修剪不及时以及绿化用地被占用等	5	1 处未上报扣 1 分
	其他防汛设施	防汛通信光缆、视频监控设施及观测设施被盗、损坏、基础不稳等；界桩、堤防里程桩、单位分界桩等桩号牌，警示、宣传等标识牌被盗、损坏、固定不牢、字体不清等；护舷脱落或损坏、系缆桩损坏；防护网、花坛等其他设施损坏	10	防汛通信光缆、视频监控设施、观测设施、堤防里程桩、单位分界桩及标志标牌被盗 1 处未上报扣 2 分，其余 1 处未上报扣 1 分
	临时堤防（防汛墙）	临时堤防（防汛墙）结构、防汛物资、通道闸门（含插板）及与两侧现有防汛墙连接处的封闭不符合规定		
	防汛（养护）责任书	是否按照相关规定要求签订防汛（养护）责任书	10	1 处未上报扣 2 分
涉堤违法事件		堤防管理（保护）范围内擅自搭建各类建筑物、构筑物；船舶碰撞堤防、违章带缆泊船、装卸作业、堆放货物、堵塞防汛抢险通道，以及其他可能影响堤防安全的活动	10	1 处未上报扣 2 分
		堤防管理（保护）范围内擅自从事隧道、地铁、地下工程、桥梁、码头、排水（污）口等建设活动；擅自改变堤防结构、设施；爆破、取土、开挖、钻探、打桩、打井、敷设地下管线可能危及堤防安全；从事水上水下作业可能影响河势稳定、危及堤防安全	5	1 处未上报扣 1 分

(续表)

项目	考核事项	标准分	赋分标准
涉堤违法事件	堤防管理(保护)范围内倾倒工业、农业、建筑等废弃物以及生活垃圾、粪便;抢险通道上行驶2 t以上车辆	5	1处未上报扣2分
河长制督查事项	水上垃圾漂浮物、固废体、违法排污、擅自涂鸦等	5	1处未上报扣2分
行政许可批后监管	涉堤在建工程实施内容与行政许可批复时间、工程范围、工程结构、临时措施、监测措施等批复内容不相符	5	1处未上报扣1分
保洁	陆域侧堤防建(构)筑物、绿化、防汛通道及相关附属设施保洁	5	发现问题1处未上报扣1分
日常观测	墙前泥面测量	5	发现问题1处未上报扣1分
	防汛墙沉降、位移观测	5	协助工作不到位,1项扣2分;不予协助,1项扣5分
其他协助工作	堤防行业窗口创建、堤防出险应急处置、涉堤法律法规宣传		

表 22－7 水上巡查内容考核事项

项目		考核事项	标准分	赋分标准
堤防设施运行状况	堤防护岸	墙体下沉、倾斜、破损撞坏、裂缝、剥蚀、露筋、钢筋锈蚀等;土堤出现雨淋沟、坍塌、裂缝、蚁兽危害等;前后覆土塌陷、开裂及冲刷等;护坡块石结构勾缝脱落、块石松动、底部淘空及撞损、裂缝等;桩基脱损、迎水侧防汛墙开裂、涂鸦等;变形缝损坏、渗水及填充物流失等;压顶、贴面:损坏、脱落;亲水平台栏杆损坏等	10	堤防下沉、倾斜,堤防前后覆土陷、堤防护坡块石松动、底部淘空、桩基脱损、迎水侧防汛墙开裂1处未上报扣2分,其余1处未上报扣1分
	防汛闸门	防汛闸门被盗、构件锈蚀、门体变形、门墩破损、迎水侧涂鸦;通道闸门违规封堵、高潮位时通道闸门未关闭等;潮拍门被盗、损坏、违规封堵等	10	高潮位时通道闸门未关闭,防汛闸门或潮拍门被盗、违规封堵1处未上报扣2分,其余1处未上报扣1分
	防汛通道(桥梁)	防汛抢险通道或者堤顶道路限载通行设施损坏等;防汛通道桥梁栏杆损坏、桥梁警示桩损坏等	10	1处未上报扣1分
	堤防绿化	防汛墙墙前绿化病虫害、倾斜、缺水、死亡、偷窃,整形修剪不及时等	5	1处未上报扣1分
	其他防汛设施	防汛通信光缆、视频监控设施及观测设施被盗、损坏、基础不稳等;警示、宣传等标识牌被盗、损坏、固定不牢、字体不清等;护舷脱落或损坏、系缆桩损坏;防护网等其他设施损坏	10	1处未上报扣1分

（续表）

项　　目	考　核　事　项	标准分	赋分标准
涉堤违法事件	堤防管理（保护）范围内擅自搭建各类建筑物、构筑物；船舶碰撞堤防、违章带缆泊船、装卸作业、堆放货物、堵塞防汛抢险通道，以及其他可能影响堤防安全的活动	10	1处未上报扣2分
	堤防管理（保护）范围内擅自从事隧道、地铁、地下工程、桥梁、码头、排水（污）口等建设活动；擅自改变堤防结构、设施；爆破、取土、开挖、钻探、打桩、打井、敷设地下管线可能危及堤防安全；从事水上水下作业可能影响河势稳定、危及堤防安全	10	1处未上报扣2分
	堤防管理（保护）范围内倾倒工业、农业、建筑等废弃物以及生活垃圾、粪便；抢险通道上行驶2 t以上车辆	5	1处未上报扣1分
河长制督查事项	水上垃圾漂浮物、固废体、违法排污、擅自涂鸦等	5	1处未上报扣2分
行政许可批后监管	涉堤在建工程实施内容与行政许可批复时间、工程范围、工程结构、临时措施、监测措施等批复内容不相符	5	1处未上报扣2分
日常观测	水下地形测量	10	发现问题1处未上报扣1分
其他协助工作	行政许可事项批后监管、堤防行业窗口创建、养护责任书签订、堤防出险应急处置、涉堤法律法规宣传	10	协助工作不到位，1项扣3分；不予协助，1项扣10分

22.2.2　设施养护考核事项

表22-8　堤防设施日常养护季度考核事项

项目	评分方法	权重(%)	赋分标准	备　注
综合管理	依据《日常养护综合管理赋分明细表》评定	25	平均得分×25%	
养护质量	依据《日常养护内容赋分明细表》评定	30	平均得分×30%	
养护完成率	实际养护数/应养护数×100%	10	(实际养护数/应养护数)×100%×10%	应养护数为计划养护数和巡查上报数总和
养护信息闭合率	(实际按时间节点完成养护并闭合信息数/应按时间节点完成养护并闭合信息数)×100%	10	(实际按时间节点完成养护并闭合信息数/应按时间节点完成养护并闭合信息数)×100%×10%	

（续表）

项目	评分方法	权重(%)	赋分标准	备注
养护资金使用情况		10	存在资金违规使用情况的，1项扣10分	
安全生产		10	发现1处安全隐患及不文明施工，扣2分，扣完为止	
			发生责任事故，得0分	
文明施工		5	文明施工责任制和工作措施不落实扣3分，市民举报不文明施工经查实扣5分	

表22-9 堤防设施日常养护综合管理考核事项

项目	主要内容与要求	标准分	赋分标准
站点建设	建立标准化站点，站点包含办公室、会议室、值班室、仓库、卫生间，厨房(可根据实际情况设置)，以及相关设施	10	未按规范建立标准化站点扣10分；站点建设数量未按照合同要求，每缺1个扣5分；站点建设内容不完善，1处扣2分
人员管理	人员配备齐全，符合岗位要求；有培训计划，组织开展各类岗位培训；养护人员统一着装，持证上岗；熟练使用养护工具和软件；内部团结，工作认真，遵纪守法，风气良好，主动公开联系人和监督电话，接受测评；参与行业文明创建、执法调查、河长制督查；积极配合做好堤防精细化管理、安全鉴定、生态文明建设、文化建设、法制建设、智慧水务建设、专项管理、城市重大活动等活动	10	岗位设置不合理或配置不齐全，扣5分；无培训计划扣5分，未开展学习培训的扣3分；养护人员无证上岗，发现1人扣2分；未佩戴工作证或未穿工作服，1人次扣2分；不能熟练使用养护工具和软件，1人扣2分，测量记录不真实或不完整，1次扣2分；未按要求公开信息，未参与行业文明创建、执法调查、河长制督查，1次扣2分；未配合开展相关工作，发现1处扣2分
制度管理	各项制度健全，并按规定落实	10	制度每缺1项扣2分；执行落实不到位，1处扣1分
站点环境	站点环境整洁卫生、物品摆放有序，做好防火、防盗、用电、食品卫生等工作	10	站点安全措施不到位或有安全隐患，每处扣5分；环境卫生不整洁，1处扣2分
设备管理	各类物资、器具应有专人保管，排列有序，按规定要求进行维护保养，无霉变锈蚀、人为损坏及丢失等现象，能正常使用	10	工作设备无专人保管扣10分；设备发生霉变锈蚀、人为损坏及丢失等现象，1件扣2分
档案管理	设置专职或兼职档案管理员(资料员)，按《上海市黄浦江和苏州河堤防设施管理单位资料目录表》设置台账，各类管理台账、设施设备台账、检查记录应真实、可靠及完整	10	档案管理员不明确，扣5分；档案资料未按规定目录设置，台账记录不真实、不完整，1处扣2分

(续表)

项　目	主要内容与要求	标准分	赋分标准
工作计划	年度(季度)工作计划编制及时,计划内容完整、明确	8	无年度(季度)工作计划扣8分;计划编制滞后扣3分;计划内容不齐全或不合理,1处扣1分
工作总结	工作总结,防汛工作总结及时上报,总结内容全面、真实	4	无工作总结扣4分;总结上报不及时扣2分;总结内容不真实、不合理1处扣1分
应急响应	遇发布预警信息或突发应急事件时,接受防汛部门领导指挥,按要求加强值班值守,及时处置突发事件,并上报动态信息	8	遇发布预警信息、突发应急事件不接受防汛部门领导扣8分;现场处置不认真、不到位扣2分;动态信息上报不及时扣3分
样板段养护	配合管理单位开展样板段建设	4	样板段养护不到位,发现1处扣1分
宣传教育	加强安全和主题活动宣传教育,宣传内容合理、准确	8	未开展安全或主题活动宣传教育,1项扣4分;宣传内容不合理、不准确,1处扣2分
社会评价	市民对堤防管理(保护)范围内环境的满意度,有无社会影响较大的新闻媒体责任曝光,处置有无超过规定时限	8	堤防设施出现险情,市民通过市民热线、110等途径反映而巡查单位未发现的,扣8分;市民对堤防管理(保护)范围内环境不满意,1次扣2分;处置超过规定时限的,1项扣2分

表22-10　堤防设施日常养护综合管理考核事项

养护内容	养　护　要　求	标准分	赋分标准
堤防护岸	墙身及底板:墙顶、变形缝、浆砌块石勾缝等易损部位;墙前护坡、驳岸、内青坎、外青坎及墙身	15	发现1处未按计划养护扣1分,造成事故或损失的每次扣10分,扣完为止; 未建立和落实定期保养计划此项不得分
防汛通道	抢险通道、堤顶道路:路面清洁及一般性坑洼、破损等	5	
防汛闸门、潮闸门井	防汛钢闸门每年非汛期油漆1次;闸门的启闭设备、转动部件及锁定装置等汛前维修、汛后保养	14	
	穿堤挡潮建(构)筑物及潮门、拍门控制阀及其启闭设备;外立面		
防汛通道(桥梁)	支河桥、工作桥桥面、桥墩、桥接坡	5	
其他防汛设施	亲水平台台阶、地面等	6	
	护栏、栏杆金属护栏表面每年油漆1次;护栏表面,立柱及水平构件保养等		
	护舷每年非汛期钢护舷油漆1次、木质护舷防腐处理一次		

(续表)

养护内容	养护要求	标准分	赋分标准
堤防护岸	墙身及底板：撞损、非贯穿性裂缝、浆砌块石勾缝及变形缝充填料的老化或脱落，贴面砖脱落	15	堤防护岸损坏没有修复有1处扣3分，修复不及时扣1分
	土堤：出现雨淋沟、坍塌、裂缝、蚁兽危害等		
	墙前、墙后：墙前护坡浆砌块石或钢筋混凝土护坡局部破裂、勾缝脱落、底部淘刷等，墙后覆土、堤身土体流失、出现空洞		
	桩基与承台：钢筋保护层损坏、钢筋外露		
防汛闸门、潮闸门井	防汛闸门：钢闸门被盗、局部变形、焊缝开裂、配件损坏、底槛破损、门墩破损、门槽损坏、橡胶止水带损坏或老化等	14	防汛闸门、潮闸门井门没有修复有1处扣2分，修复不及时扣1分
	潮闸门井：涵闸门或潮(拍)被盗、损坏，配件损坏、螺杆启闭机损坏		
防汛通道(桥梁)	抢险通道、堤顶道路：路面塌陷、开裂、起拱，路侧缘石损坏，植草砖损坏，排水沟、窨井盖板损坏，限载通行设施损坏等	10	防汛通道(桥梁)没有修复有1处扣2分，修复不及时扣1分
	防汛通道桥梁：栏杆损坏、桥面破损、桥接坡损坏、桥面变形缝损坏、桥台护坡损坏、桥梁警示桩损坏等		
其他防汛设施	防汛通信光缆、视频监控设施、观测设施被盗、损坏、基础不稳等	6	其他防汛设施没有修复有1处扣2分，修复不及时扣1分
	里程桩号与标识牌：界桩、堤防里程桩、单位分界桩等桩号牌，警示、宣传等标识牌被盗、损坏、固定不牢、字体不清等		
	亲水平台：台面、台阶损坏，栏杆损坏、休闲设施损坏等		
	防护网、花坛等其他设施损坏		
	护舷及系缆桩：护舷脱落或损坏、系缆桩损坏		
清洁	陆域侧堤防建(构)筑物、防汛通道及相关附属设施、水域侧墙前滩地垃圾等清洁(建筑垃圾除外)；黄浦江滨江45 km及上游样板段防汛墙外立面清洁	6	1处未清洁扣1分
沉降位移	制订定期测量工作计划，安排专人负责，观测数据客观准确	4	无定期测量计划扣4分，无专人负责观测扣2分，观测数据不准确，1处扣1分

22.2.3 绿化养护考核事项

表 22－11 堤防绿化养护考核事项

项 目	评 分 方 法	权重(%)	赋 分 标 准
综合管理	依据《日常养护综合管理赋分明细表》评定	25	平均得分×25%
养护质量	依据《日常养护内容赋分明细表》评定	30	平均得分×30%
养护完成率	实际养护数/应养护数×100%	10	(实际养护数/应养护数)×100%×10%
养护信息闭合率	(实际按时间节点完成养护并闭合信息数/应按时间节点完成养护并闭合信息数)×100%	10	(实际按时间节点完成养护并闭合信息数/应按时间节点完成养护并闭合信息数)×100%×10%
养护资金使用情况	加强财务管理,规范使用资金,报表及时,资料健全	10	存在资金违规使用情况的,1 项扣 10 分
安全生产	建立安全组织体系,加强安全宣传培训,落实各类预案,抓好安全隐患排查治理等	10	安全组织体系不健全,扣 2 分;安全宣传培训不到位,扣 2 分;各类预案未落实,扣 2 分;1 项安全隐患未报,扣 2 分,扣完为止;发生责任事故,得 0 分
文明施工	文明施工方案完善,养护时现场配备作业标识牌。项目部专人负责文明施工,并现场监督养护班组规范作业	5	文明施工责任制和工作措施不落实扣 3 分;现场作业未配备作业标识牌每发现 1 处扣 1 分;项目部无专人负责扣 2 分;市民举报不文明施工经查实依具体情况扣 5 分

表 22－12 堤防绿化养护综合管理考核事项

项 目	主要内容与要求	标准分	赋 分 标 准
站点建设	建立标准化站点,站点包含办公室、会议室、值班室、仓库、卫生间,厨房(可根据实际情况设置),以及相关设施	10	未按规范建立标准化站点扣 10 分;站点建设数量未按照合同要求,每缺 1 个扣 5 分;站点建设内容不完善,1 处扣 2 分
人员管理	人员配备齐全,符合岗位要求;有培训计划,组织开展各类岗位培训;养护人员统一着装,持证上岗;熟练使用养护工具和软件;内部团结,工作认真,遵纪守法,风气良好,主动公开联系人和监督电话,接受测评;参与行业文明创建、执法调查、河长制督查;积极配合做好堤防精细化管理、安全鉴定、生态文明建设、文化建设、法制建设、智慧水务建设、专项管理、城市重大活动等活动	10	岗位设置不合理或配置不齐全,扣 5 分;无培训计划扣 5 分;未开展学习培训的扣 3 分;养护人员无证上岗,发现 1 人扣 2 分;未佩戴工作证或未穿工作服,1 人次扣 2 分;不能熟练使用养护工具和软件,1 人扣 2 分;测量记录不真实或不完整,1 次扣 2 分;未按要求公开信息,未参与行业文明创建、执法调查、河长制督查,1 次扣 2 分;未配合开展相关工作,发现 1 处扣 2 分

（续表）

项　目	主要内容与要求	标准分	赋　分　标　准
制度管理	各项制度健全，并按规定落实	10	制度每缺1项扣2分；执行落实不到位，1处扣1分
站点环境	站点环境整洁卫生、物品摆放有序，做好防火、防盗、用电、食品卫生等工作	10	站点安全措施不到位或有安全隐患，每处扣5分；环境卫生不整洁，1处扣2分
设备管理	各类物资、器具应有专人保管，排列有序，按规定要求进行维护保养，无霉变锈蚀、人为损坏及丢失等现象，能正常使用	10	工作设备无专人保管扣10分；设备发生霉变锈蚀、人为损坏及丢失等现象，1件扣2分
档案管理	设置专职或兼职档案管理员（资料员），按《上海市黄浦江和苏州河堤防设施管理单位资料目录表》设置台账，各类管理台账、设施设备台账、检查记录应真实、可靠及完整	10	档案管理员不明确，扣5分；档案资料未按规定目录设置，台账记录不真实、不完整，1处扣2分
工作计划	年度（季度）工作计划编制及时，计划内容完整、明确	10	无年度（季度）工作计划扣10分；计划编制滞后扣3分；计划内容不齐全或不合理，1处扣1分
工作总结	工作总结，防汛工作总结及时上报，总结内容全面、真实	5	无工作总结扣5分；总结上报不及时扣3分；总结内容不真实、不合理1处扣1分
样板段养护	配合管理单位开展样板段建设	5	样板段养护不到位，发现1处扣1分
宣传教育	加强安全和主题活动宣传教育，宣传内容合理、准确	10	未开展安全或主题活动宣传教育，1项扣5分；宣传内容不合理、不准确，1处扣2分
社会评价	市民对堤防管理（保护）范围内环境的满意度，有无社会影响较大的新闻媒体责任曝光	10	堤防设施出现险情，市民通过市民热线、110等途径反映而巡查单位未发现的，扣10分；市民对堤防管理（保护）范围内环境不满意，1次扣2分

表22-13　堤防绿化日常养护考核事项

项　目	主要内容与要求	标准分	赋　分　标　准
树木保存率	栽植成活一年以上的保存率均应达到98%，每三年开展1次苗木清点	4	乔灌木出现非正常死亡，每发现死亡1棵树扣0.1分；树木出现非正常死亡，每发现死亡1棵树扣0.2分；在种植季节不及时补种而影响堤防景观，按未补种1棵树扣0.1分；未开展苗木清点扣4分

（续表）

项　目	主要内容与要求	标准分	赋　分　标　准
灌溉、排水	保持土壤中的有效水份，按规程要求适时适量灌溉，及时排除积涝水	4	有明显干枯现象的每发现 1 株扣 0.5 分；雨季有积涝水超过 24 小时，且未合理安排人员除涝，每处扣 1 分；排水沟未及时清理疏通的每处扣 0.5 分
中耕、除草	根据规程进行中耕除草，应遵循除小、除早、除了的原则，并保持树木根部周围的土壤疏松	6	林间有明显大型或藤蔓杂草的不得分；未及时清除影响堤防环境的杂草或杂草高度高于 30 cm 以上，每 10 m^2 扣 0.5 分；杂草垃圾未及时清运的，每处扣 0.5 分；提倡使用生物制剂控草，严禁使用污染水源地的化学除草剂，发现使用不得分
翻地、施肥	有完备的施肥计划，并按“薄肥勤施”的原则合理用肥，保持土壤肥力，施肥时机、方法得当	4	无用肥计划的扣 2 分；因土壤肥力不足，且无补救措施而影响植物生长或死亡的，每发现 1 处扣 0.5 分；不按规程规定的方法施肥，每处扣 1 分；根部土壤板结的，每处扣 0.5 分
整形、修剪	因地制宜、因树修剪，有详尽的修剪技术方案，根据规程要求对各类乔灌花木类进行合理的整形修剪，修剪方法得当，保持景观效果，植物枝叶繁茂	10	因修剪而影响植物生长或造成造型变形的不得分；乔木留有徒长枝、病虫枝等情况的每处扣 0.1 分；不按规程修剪的扣 1 分；剪口不平整或不涂防腐剂的每处口 0.1 分
	在堤防样板段范围内，应增加树木整形修剪的频率，提高树木的观赏性		在堤防样板段范围内，根据植株生长特性，应及时做好树木的整形修剪，因未及时修剪而影响植株景观的没发现 1 处扣 0.5 分
地被养护	混植种类间协调，生长良好，基本符合生态要求；无枯叶残花，无大型杂草，适时适量浇水、施肥；无病虫害等现象	3	养护不及时造成花叶长势不良直至死亡的每处扣 0.5～2 分；有杂草每处扣 0.5 分；有病虫害等现象每处扣 1～2 分
草坪养护	草种基本纯，草坪面貌基本平整、无杂草、无空秃及无病虫害等现象，成坪高度为 5～8 cm，修剪后无残留草屑堆；树坛、花坛边缘应切草边，线条清晰	3	草种不纯、草坪不平整有杂草、空秃现象、病虫害等情况每处扣 0.5 分；现场残留草屑堆每处扣 0.5 分；树坛等边缘未切边每处扣 0.5 分
青坎地被全覆盖	在堤防绿化养护范围内，林带中地被全覆盖，地被生长和颜色正常	2	在堤防绿化养护范围内，林带中黄土裸露超过 100m^2，每处扣 0.5 分
防治原则	维护生态平衡、贯彻“预防为主，综合治理”的防治方针。通过养护管理，使植株生长健壮，增强抗病虫害的能力，充分利用园林间植被的多样化来保护和增殖天敌，抑制病虫危害	2	植株瘦弱且未采取必要措施，影响抗病性每处扣 0.5 分

（续表）

项　目	主要内容与要求	标准分	赋　分　标　准
预测预报及检查治理	定期定人开展病虫检查，发现影响植株生长的病虫害应及时采取防治措施(包括清理带病虫的落叶、杂草等，消灭病源、虫源，防止病虫扩散、蔓延，有短长期预测预报工作计划)。对于危险性病虫害，一旦发现疫情应及时上报管理单位，并按照规范迅速采取扑灭措施。局部发生严重病虫害地区必须即时治理	5	未有日常检查记录，未及时发现病虫害依具体情况扣 0.5～4 分；发现病虫害影响植株生长，未采取有效防治措施的每次扣 0.5～4 分；没有预测预报工作方案不得分；防治不到位造成严重疫情不得分
防治方法	以生物防治、物理防治为主，辅助以化学防治，保护和利用天敌，达到综合防治的效果。严禁使用国家规定的剧毒农药	6	采用生物防治或物理防治能防治，却采用化学防治的不得分；化学药剂污染水源的不得分；不能科学防治，即对症下药或药量使用不规范每次扣 1 分；使用国家规定剧毒农药不得分
抗台准备	按规定做好台风来临前的检查，编制防汛抗台预案，落实防护措施，有抢险预案	2	未做检查的扣 0.5 分；没有防汛抗台抢险预案的扣 1 分
防护措施	对树木存在根浅、迎风、树冠庞大、枝叶过密及立地条件差等实际情况分别采取立支柱、绑扎、加土、扶正、疏枝、打地桩等六项综合措施	4	因采取的措施不当造成植物倒伏的每处扣0.5分；未采取措施造成倒伏的每处扣 0.2 分
抢救工作	能及时发现、报告险情，抢护及时，措施得当，因防汛需要建立紧急防汛通道，应在事后及时办理手续并补植苗木	2	未能及时发现、报告险情扣 2 分；抢护不及时，措施不得当，而妨碍交通或影响景观的每处扣 0.2 分
清理死树	死树木应连同根部及时挖除，并填平坑槽，尽早补植	4	枯死树木未及时挖除不得分；清理中留有根部每处扣 0.1 分；未填平坑槽每处扣 0.1 分
补植树木	根据养护规程按季节补植树木，补植的树木应选用原树种，规格也应相近似，须与原来的景观相协调	4	不按季节补植树木扣 1 分；补植树木与原来的景观不协调不得分
更新、调整	根据年度计划或景观改造设计进行绿地更新、调整，应确保更新调整的树木成活率，并确保景观效果	6	影响景观效果的不得分；发现苗木死亡，不及时补种，每发现 1 处扣 0.2 分

（续表）

项　目	主要内容与要求	标准分	赋　分　标　准
临时占地	经堤防设施管理单位批准临时占用的绿地，应按时收回，并监督恢复原状，保持绿地的景观面貌和完整	6	临时使用结束未能恢复原状不得分；恢复栽植的树木影响景观和原貌扣 1 分
绿地保洁	绿地内无垃圾杂物，无鼠洞和蚊蝇滋生地等	8	有垃圾杂物每处扣 0.5 分；有鼠洞或蚊蝇滋生地每处扣 0.2 分
绿化被盗率	堤防绿化有无被盗现象	10	有被盗情况每次扣 1 分
地形平整	肩坡、边坡修整符合相关要求，线型顺直，无坑洼不平	5	边坡坡度不满足要求，每处扣 0.5 分；边坡线型不顺直，每处扣 0.5 分；肩坡线型不顺直，每处扣 0.5 分；肩坡坑洼不平，每处扣 0.5 分

22.3　巡查、养护及绿化养护单位考核

巡查、养护及绿化养护工作的考核采用“月检查、季考核、年综评”的方式，日常检查主要为现场检查和资料检查，季度考核在月度检查的基础上开展，年度综评结合季度考核、年度各项工作开展情况开展综合测评。考核流程及内容如图 22 - 1 和表 22 - 14—表 22 - 16 所示。

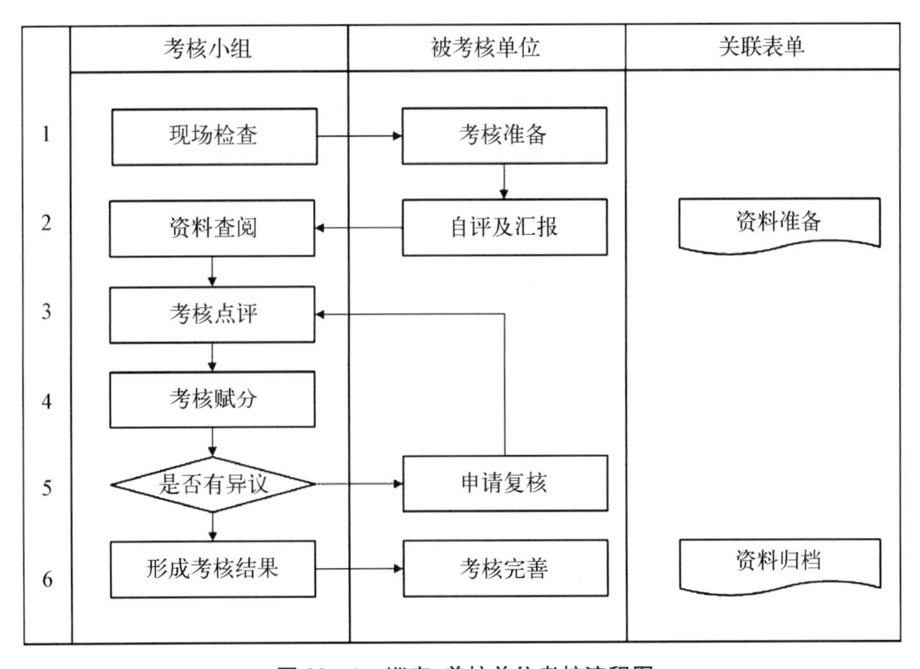

图 22 - 1　巡查、养护单位考核流程图

表 22-14 水、陆巡查考核内容及要求

事　项		内容及要求
考核内容		站点建设、人员管理、制度管理、站点环境、设备管理、档案管理、工作计划、工作总结、应急响应、特别巡查、样板段养护、宣传教育、社会评价、对堤防设施运行状况、涉堤违法事件、河长制督查事项、行政许可批后监管、保洁、日常观测、其他协助工作等事项巡查到位
考核流程		现场检查、资料查阅、工作汇报(工作总结)、考核点评
陆上巡查考核小组	黄浦江上游	上游所：评分权重 100%
	黄浦江中下游苏州河	1. 各区堤防设施管理单位：评分权重 70% 2. 中心属闸(堤)所：评分权重 30%
水上巡查考核小组		1. 中心属堤防科：评分权重 70% 2. 信息科、计财科、相关中心属闸(堤)所：评分权重 30%
考核评分	巡查考核权重	综合管理(25%)、有效轨迹完成率(10%)、信息准确率(20%)、信息闭合率(10%)、日常观测(15%)、安全生产(10%)、巡查资金使用情况(10%)
	考核结果	考核分值 90 分及以上的为优秀；考核分值在 80 分及以上、90 分以下的为合格；考核分值低于 80 分的为不合格；对考核为优秀的单位予以表彰；对考核为不合格的单位予以通报批评。对于年度考核不合格或者年内 2 个季度考核不合格的合同单位，堤防设施管理单位(部门)不得与其签订下一年度堤防设施巡查委托合同

表 22-15 日常养护考核内容及要求

事　项		内容及要求
考核内容		站点建设、人员管理、制度管理、站点环境、设备管理、档案管理、工作计划、工作总结、应急响应、样板段养护、宣传教育、社会评价、定期保养、及时修复、堤防设施清洁、定期测量、养护完成率、养护信息闭合率、养护资金使用情况、安全生产、文明施工
考核流程		现场检查、资料查阅、工作汇报(工作总结)、考核点评
考核小组	黄浦江上游	1. 上游所：评分权重 80% 2. 监理单位：评分权重 20%
	黄浦江中下游和苏州河	1. 各区堤防设施管理单位：评分权重 60% 2. 中心属闸(堤)所：评分权重 20% 3. 监理单位：评分权重 20%
考核评分	考核权重	综合管理(25%)、养护质量(30%)、养护完成率(10%)、养护信息闭合率(10%)、养护资金使用情况(10%)、安全生产(10%)、文明施工(5%)
	考核结果	考核分值 90 分及以上的为优秀；考核分值在 80 分及以上、90 分以下的为合格；考核分值低于 80 分的为不合格

表22-16　绿化养护考核内容及要求

事　项		内 容 及 要 求
考核内容		站点建设、人员管理、制度管理、站点环境、设备管理、档案管理、工作计划、工作总结、应急响应、样板段养护、宣传教育、社会评价、日常养护、养护效果、养护完成率、养护信息闭合率、养护资金使用情况、安全生产、文明施工
考核流程		现场检查、资料查阅、工作汇报(工作总结)、考核点评
考核小组	黄浦江上游绿化	1. 上游所：评分权重80% 2. 监理单位：评分权重20%
	黄浦江中下游绿化	1. 各区堤防设施管理单位：评分权重60% 2. 中心属闸(堤)所：评分权重20% 3. 监理单位：评分权重20%
	苏州河墙前绿化	1. 堤防科：评分权重70% 2. 计财科、信息科、苏闸所、监理单位：评分权重30%
考核评分	考核权重	综合管理(25%)、养护质量(30%)、养护完成率(10%)、养护信息闭合率(10%)、养护资金使用情况(10%)、安全生产(10%)、文明施工(5%)
	考核结果	考核分值90分及以上的为优秀；考核分值在80分及以上、90分以下的为合格；考核分值低于80分的为不合格。对考核为优秀的单位予以表彰；对考核为不合格的单位予以通报批评

22.4　优秀个人评定

市堤防泵闸建设运行中心结合上年度工作，开展巡查、养护单位的个人评优工作。评优经养护单位、堤防管理单位推荐，市堤防泵闸建设运行中心综合审定及网上公示最终确定。

(1) 陆上巡查单位优秀个人名额按照巡查人员总数的10%确定，不足10人则评选出1名优秀个人按照每单位1人确定。

(2) 水上巡查及养护单位优秀个人名额为1名。

附　录

附录 A

相关责任书、表单

A.1　上海市堤防设施养护责任书(黄浦江上游)

______区　第____号

上海市堤防设施养护责任书

(2015 版)

为加强黄浦江和苏州河堤防设施的保护和管理,落实堤防设施的养护责任,保障堤防设施安全,根据《上海市防汛条例》《上海市河道管理条例》《上海市黄浦江防汛墙保护办法》及《上海市水务局关于进一步加强本市黄浦江和苏州河堤防设施管理的意见》等有关规定,制定本堤防设施养护责任书(以下简称养护责任书)。

养护责任单位:____________________________

养护责任范围:

岸段属性________(公用段、非经营性、经营性)

所属河道____________岸　　别____________

起始桩号____________终止桩号____________

养护责任期限:自本养护责任书签订日起至养护责任单位变更或者终止时止。

养护责任单位对堤防设施承担养护责任,确保堤防设施完好,保障防汛安全,并按下列要求落实养护责任:

一、防汛责任:在上海市堤防泵闸建设运行中心(简称市堤防建设运行中心)和区堤防管理部门的指导下,制订防汛预案,落实防汛责任(落实工作部门、联系人)和措施。

二、养护责任:接受市、区堤防管理部门的指导、检查和考核工作。

利用堤防设施岸段从事经营性活动的养护责任单位(经营性岸段),承担堤防设施的养护检查、安全鉴定、专项维修、应急抢险等养护责任。

未利用堤防设施岸段从事经营性活动的养护责任单位(非经营性岸段),应当配合市堤防建设运行中心承担堤防设施的日常巡查、日常养护、观测测量、安全鉴定、专项维修、应急抢险等堤防设施养护责任。

（一）养护检查要求：按照《上海市黄浦江和苏州河堤防设施日常检查和专项检查暂行规定》的要求，开展堤防设施的日常检查、专项检查，掌握堤防设施的有关情况，及时向市堤防建设运行中心报告堤防设施的安全隐患，对危害堤防设施安全的行为予以制止，保障堤防设施的安全。

（二）养护技术要求：堤防设施日常养护包括定期保养和及时修复。活动式通道闸门及潮拍门应当落实专人负责，在台风、高潮位预警发布时及时关闭。应当在市堤防建设运行中心的指导下，按照《上海市黄浦江防汛墙维修养护技术和管理暂行规定》《上海市黄浦江和苏州河堤防设施日常维修养护技术指导工作手册》等相关规范和技术标准，定期保养堤防设施的易损部位。堤防设施陆域、水域侧种植绿化的，应当按照《上海市河道绿化建设导则》《上海市黄浦江和苏州河堤防管理（保护）范围内绿化管理办法》等养护标准开展绿化养护工作。

（三）安全鉴定：在市堤防建设运行中心的业务指导下，按照《上海市防汛条例》和《上海市黄浦江防汛墙安全鉴定暂行办法》要求，定期开展堤防设施安全鉴定，并根据安全鉴定的结论，实施堤防设施简易修复或者专项维修。

三、审批要求：在堤防管理（保护）范围内进行工程建设（包括综合利用堤防设施），或者在堤防上凿洞、开缺等影响堤防设施安全的，应当按照有关规定办理水务行政许可手续后方可实施。

四、单位变更要求：养护责任单位发生变更的，原养护责任单位应当与养护责任接受单位签订养护责任变更协议，并在10日内向市堤防建设运行中心办理养护责任变更手续。养护责任接受单位应当与市堤防建设运行中心重新签订养护责任书，明确防汛和养护责任。未办理养护责任变更手续的，养护责任仍由原养护责任单位承担。

五、达标考核：按照市堤防行业养护达标考核的相关规定，养护责任单位对其承担的堤防设施养护责任情况接受市堤防建设运行中心的考核。

六、附件：

1. 附件一：《考核记录》

2. 附件二：《岸线位置平面图》

3. 附件三：《堤防（防汛墙）结构断面图》

4. 附件四：《监测设施平面布置图》

七、其他：本养护责任书一式叁份，养护责任单位、区堤防管理部门、市堤防建设运行中心各执壹份。

上海市堤防泵闸建设运行中心：	养护责任单位：
（盖章）	（盖章）

法定代表人(委托人)：	法定代表人：
联系人：	联系人：
地址：	地址：
电话：	电话：
邮编：	邮编：
年　　月　　日	年　　月　　日

《上海市堤防设施养护责任书》附件一

考核记录		
考核日期	考核结果	考核单位

《上海市堤防设施养护责任书》附件二

岸线位置平面图	
上游单位：	上游里程桩号：
下游单位：	下游里程桩号：
所在河道：	长度：　　　　　　m

《上海市堤防设施养护责任书》附件三

堤防(防汛墙)结构断面图

《上海市堤防设施养护责任书》附件四

监测设施平面布置图	
监测管线埋设方式及长度：	
管线连接井数量：	监测传感器数量：
校核点数量：	防汛墙变形观测点数量：

A.2 上海市堤防设施养护责任书(黄浦江中下游和苏州河)

________区 第____号

上海市堤防设施养护责任书

(2015 版)

为加强黄浦江和苏州河堤防设施的保护和管理,落实堤防设施的养护责任,保障堤防设施安全,根据《上海市防汛条例》《上海市河道管理条例》《上海市黄浦江防汛墙保护办法》及《上海市水务局关于进一步加强本市黄浦江和苏州河堤防设施管理的意见》等有关规定,制定本堤防设施养护责任书(以下简称养护责任书)。

养护责任单位:____________________________

养护责任范围:

岸段属性________(公用段、非经营性、经营性)

所属河道____________岸　　别____________

起始桩号____________终止桩号____________

养护责任期限:自本养护责任书签订日起至养护责任单位变更或者终止时止。

养护责任单位对堤防设施承担养护责任,确保堤防设施完好,保障防汛安全,并按下列要求落实养护责任:

一、防汛责任:在所在地区水务局(建交委)的指导下,制订防汛预案,落实防汛责任(落实工作部门、联系人)和措施。

二、养护责任:接受上海市堤防泵闸建设运行中心(简称市堤防建设运行中心)、区水务局(建交委)的指导、检查和考核工作。

利用堤防设施岸段从事经营性活动的养护责任单位(经营性岸段),承担堤防设施的养护检查、安全鉴定、专项维修、应急抢险等养护责任。

未利用堤防设施岸段从事经营性活动的养护责任单位(非经营性岸段),应当配合区堤防设施管理单位承担堤防设施的日常巡查、日常养护、观测测量、安全鉴定、专项维修、应急抢险等堤防设施养护责任。

(一) 养护检查要求:按照《上海市黄浦江和苏州河堤防设施日常检查和专项检查暂行规定》的要求,开展堤防设施的日常检查、专项检查,掌握堤防设施的有关情况,及时向区堤防设施管理单位报告堤防设施的安全隐患,对危害堤防设施安全的行为予以制止,保障堤防设施的安全。

(二) 养护技术要求:堤防设施日常养护包括定期保养和及时修复。活动式通道闸门及潮拍门应当落实专人负责,在台风、高潮位预警发布时及时关闭。应当在市堤防建设运行中心、区水务局(建交委)的指导下,按照《上海市黄浦江防汛墙维修养护技术和管理暂行规定》

《上海市黄浦江和苏州河堤防设施日常维修养护技术指导工作手册》等相关规范和技术标准，定期保养堤防设施的易损部位。堤防设施陆域、水域侧种植绿化的，应当按照《上海市河道绿化建设导则》《上海市黄浦江和苏州河堤防管理(保护)范围内绿化管理办法》等养护标准开展绿化养护工作。

(三) 安全鉴定：在市堤防建设运行中心、区水务局(建交委)的业务指导下，按照《上海市防汛条例》和《上海市黄浦江防汛墙安全鉴定暂行办法》要求，定期开展堤防设施安全鉴定，并根据安全鉴定的结论，实施堤防设施简易修复或者专项维修。

三、审批要求：在堤防管理(保护)范围内进行工程建设(包括综合利用堤防设施)，或者在堤防上凿洞、开缺等影响堤防设施安全的，应当按照有关规定办理水务行政许可手续后方可实施。

四、单位变更要求：养护责任单位发生变更的，原养护责任单位应当与养护责任接受单位签订养护责任变更协议，并在10日内向堤防设施所在区水务局(建交委)办理养护责任变更手续。养护责任接受单位应当与区水务局(建交委)重新签订养护责任书，明确防汛和养护责任。区水务局(建交委)应当将重新签订的养护责任书报市堤防建设运行中心备案。未办理养护责任变更手续的，养护责任仍由原养护责任单位承担。

五、达标考核：按照市堤防行业养护达标考核的相关规定，养护责任单位对其承担的堤防设施养护责任情况接受区水务局(建交委)的考核。

六、附件：

1. 附件一：《考核记录》

2. 附件二：《岸线位置平面图》

3. 附件三：《堤防(防汛墙)结构断面图》

4. 附件四：《监测设施平面布置图》

七、其他：本养护责任书一式肆份，养护责任单位、区水务局(建交委)、区堤防设施管理单位、市堤防建设运行中心各执壹份。

区水务局(建交委)：	养护责任单位：
(盖章)	(盖章)
法定代表人(委托人)：	法定代表人：
联系人：	联系人：
地址：	地址：
电话：	电话：
邮编：	邮编：
年 月 日	年 月 日

《上海市堤防设施养护责任书》附件一

考核记录		
考核日期	考核结果	考核单位

《上海市堤防设施养护责任书》附件二

岸线位置平面图	
上游单位：	上游里程桩号：
下游单位：	下游里程桩号：
所在河道：	长度：　　　　　　米

《上海市堤防设施养护责任书》附件三

堤防(防汛墙)结构断面图

《上海市堤防设施养护责任书》附件四

监测设施平面布置图	
监测管线埋设方式及长度：	
管线连接井数量：	监测传感器数量：
校核点数量：	防汛墙变形观测点数量：

A.3 上海市黄浦江和苏州河堤防管理(保护)范围内施工防汛安全责任书

________区 第____号

上海市黄浦江和苏州河堤防管理(保护)范围内施工防汛安全责任书

(2015版)

养护责任单位:________________________________

建设单位:________________________________

因____________________工程(以下简称"本工程")施工需要,自__________至______________止,位于____________(河道)____________________(岸段名称),在堤防管理(保护)范围内施工。为明确工程在施工期间建设单位的防汛责任,确保该段堤防设施的安全,根据《上海市防汛条例》《上海市河道管理条例》和《上海市水务局关于进一步加强本市黄浦江和苏州河堤防设施管理的意见》等有关规定,签订本防汛安全责任书。

一、建设单位责任:

(一) 承担本工程堤防管理(保护)范围内堤防设施的安全,落实具体防汛安全措施,包括督促施工单位按设计构筑临时防汛设施,落实值班人员、抢险力量与物资,确保工程施工范围内堤防设施的安全。

(二) 根据堤防设施建设和管理的有关规定,向养护责任单位提供本工程堤防管理(保护)范围内有关堤防设施的保障措施、施工图纸、施工方案、技术文件、技术参数等资料,涉及影响堤防防汛安全的,应当由堤防设施原设计单位就本工程施工对堤防设施的防汛安全影响进行专项论证。

(三) 工程施工前,应当按照有关堤防设施管理的有关规定,向上海市水务业务受理中心办理水务行政许可手续。

(四) 工程施工期间,应当接受堤防设施管理人员对堤防设施的检查。应急(防汛)预案以及对现有堤防设施的保护监测报告,应当报区堤防设施管理单位和养护责任单位。

(五) 工程施工结束,应当在一个月内,撤走(拆除)堤防管理(保护)范围内的施工设施和物料,并按行政许可要求恢复堤防设施原状。

(六) 工程建成后,经市、区堤防设施管理部门验收合格,办理交接手续。堤防设施的竣工资料(包括电子版本),应当移交上海市堤防泵闸建设运行中心(以下简称市堤防建设运行中心)、区堤防设施管理单位及养护责任单位归档。

(七) 施工期间,承担因实施工程而造成对堤防及附属设施损害的修复责任或者相关维修费用。

二、养护责任单位责任：

（一）负责向建设单位提供施工范围内现有堤防设施设计资料，做好施工期间的服务工作。

（二）检查督促建设单位落实防汛安全责任情况，确保堤防设施安全度汛。

三、其他：

（一）本防汛安全责任书一式肆份：由养护责任单位、建设单位各执壹份，送市堤防建设运行中心和区水务局（建交委）各壹份。

（二）本防汛责任书自签订之日起生效，至本工程通过竣工验收之日起______年后失效。

（三）补充条款：____。

养护责任单位：（盖章） 建设单位：（盖章）

法定代表人： 法定代表人：
联系人： 联系人：
联系电话： 联系电话：
日期： 日期：

年 月 日 年 月 日

A.4　堤防设施整改告知书

堤防设施整改告知书

________区堤防〔20　〕第　　号

________________________：

经查，你单位于 20　年　月　日在　　　河段(岸别：　　　　　里程桩号：　　　)违反了《上海市防汛条例》第二十二条和《上海市黄浦江防汛墙保护办法》第十一、第十二、第十三条的规定：

1. 擅自改变防汛墙主体结构；

2. 在不具备码头作业条件的防汛墙岸段内带缆泊船或者进行装卸作业，在不具备船舶靠泊条件的防汛墙岸段内带缆泊船；

3. (1) 违反规定堆放货物，(2) 安装大型设备，(3) 搭建建筑物或者构筑物；

4. 违反规定疏浚河道；

5. 其他危害防汛墙安全的行为；

6. 船舶等水上运输工具碰撞防汛墙；

7. 在抢险通道内行驶 2 吨以上车辆；

8. 打桩、爆破；

9. 在防汛通道内取土、开挖、敷设各类地下管线；

10. 未经审批在防汛墙上开缺、凿洞；

现我所(中心)对你单位作出如下整改决定：限期在 20　年　月　日前完成上述第　　条的整改，做到符合《上海市防汛条例》和《上海市黄埔江防汛墙保护办法》的规定，逾期未完成整改，我所(中心)将会同执法部门进行处罚。

附违章照片。

责任单位签收人：　　　　　　联系电话：

堤防设施管理单位(部门)经办人：　　　　　　联系电话：

堤防设施管理单位(部门)(盖章)

年　月　日

注：本通知一式叁份，双方各执壹份，抄送水务执法机构壹份。

A.5 常用表单

A.5.1 堤防维护作业记录表格

堤防维护作业记录表格分为 a 类表(养护单位通用表)、b 类表(堤防设施养护用表)和 c 类表(堤防绿化养护用表)三类。

a 类表(养护单位通用表)包括:

a1 施工组织设计(方案)交底;

a2 养护单位特种作业人员报审表;

a3 养护设备进场报验表;

a4 原材料/中间产品进场报验表。

b 类表(堤防设施养护用表)包括:

b1 黄浦江中下游和苏州河堤防设施日常养护季度工作计划表;

b2 黄浦江中下游和苏州河堤防设施日常养护维修报验表;

b3 黄浦江中下游和苏州河堤防设施及时修复记录表;

b4 黄浦江中下游和苏州河堤防设施及时修复汇总表;

b5 黄浦江中下游和苏州河堤防设施定期保养记录表;

b6 黄浦江中下游和苏州河堤防设施定期保养汇总表;

b7 黄浦江中下游和苏州河堤防设施养护资金使用情况表。

c 类表(堤防绿化养护用表)包括:

c1 黄浦江中下游和苏州河堤防绿化季度工作计划表;

c2 黄浦江中下游和苏州河堤防绿化养护记录表。

a1

施工组织设计(方案)交底

<table>
<tr><td>合同名称</td><td colspan="3"></td></tr>
<tr><td>方案名称</td><td></td><td>日期</td><td></td></tr>
<tr><td>交底内容</td><td></td><td>地点</td><td></td></tr>
<tr><td colspan="4">交底记录：

(不够请附页，或附相关的方案)</td></tr>
<tr><td>交底人签字</td><td colspan="3"></td></tr>
<tr><td rowspan="2">被交底人签字</td><td colspan="3">我已接受了本施工方案的交底，并传阅了相关的方案内容，已明确了相关的施工技术方案及注意事项。</td></tr>
<tr><td colspan="3"></td></tr>
</table>

备注：技术负责人应将施工组织设计(方案)交底给相关的施工管理人员。

a2

养护单位特种作业人员报审表

合同名称　　　　　　　　　　　　　　　　　　　　　　编号：

致____(监理单位)

经我单位审查，下列特种作业人员的特种作业操作证齐全有效，请予以审核。

姓名	工种	操作证号	有效期限	工作单位

附件：① 特种作业操作证_____份及网上查询对比记录
　　　② 特种作业人员身份证_____份

施工单位________________________

项目经理________________________

日期________________________

审核意见：

项目监理机构________________________

安全监理人员________________________

总监理工程师________________________

日期________________________

说明：工作单位应填写养护单位名称，审核时应抽查证书原件。

a3

养护设备进场报验表

合同名称：　　　　　　　　　　　　　　　　编号：

致(监理机构)：

我方于____年____月____日进场的施工设备如下表。拟用于__________的施工。

经自检,符合合同要求,请贵方审核。

序号	设备名称	规格型号	数量	进场日期	完好状况	设备权属	生产能力	备　注
1								
2								
3								

附件：1. 进场养护设备照片；

2. 进场养护设备生产许可证；

3. 进场养护设备产品合格证(特种设备应提供安全检定证书)；

4. 操作人员资格证及网上对比记录。

承包人：(现场机构名称及盖章)

项目经理/技术负责人：(签名)

日　期：　　年　　月　　日

审核意见：

☐ 同意进场使用

☐ 不同意进场使用

理由：

监理机构：(名称及盖章)

监理工程师：(签名)

日　期：　　年　　月　　日

a4

原材料/中间产品进场报验单

合同名称： 编号：

致(监理机构)：

我方于____年____月____日进场的原材料/中间产品如下表。拟用于下述部位：

1. __________________；2. __________________；3. __________________。

经自检，符合合同要求，请贵方审核。

序号	原材料/中间产品名称	原材料/中间产品来源、产地	原材料/中间产品规格	用途	本批原材料/中间产品数量	承包人试验					
						试样来源	取样地点	取样日期	试验日期	试验结果	质检负责人
1											
2											
3											
4											

附件：1. 质量证明文件。
2. 进场原材料/中间产品外观验收检查记录。
3. 检测报告。

承包人：(现场机构名称及盖章)
项目经理/技术负责人：(签名)
日 期： 年 月 日

审查意见：
☐ 同意进场使用
☐ 不同意进场使用
理由：

监理机构：(名称及盖章)
监理工程师：(签名)
日 期： 年 月 日

b1

黄浦江中下游及苏州河堤防设施第___季度养护计划表

合同名称： 编号：

序号	项 目	年 月 日— 年 月 日								
		月(黄浦江)			月(黄浦江)			月(黄浦江)		
		上旬	中旬	下旬	上旬	中旬	下旬	上旬	中旬	下旬
1										
2										

项目负责人： 填表人：

黄浦江中下游及苏州河堤防设施第___季度养护工作量计划表

合同名称： 编号：

序号	项目名称	预计养护工程量	预计完成时间	备注
1				
2				

b2.1

黄浦江中下游和苏州河堤防设施定期养护报验表

合同名称： 编号：

<table>
<tr><td colspan="2">养护单位：</td><td colspan="2">合同名称：</td></tr>
<tr><td colspan="2">监理单位：</td><td colspan="2">养护地点：</td></tr>
<tr><td colspan="2">区管理单位：</td><td colspan="2">养护内容：</td></tr>
<tr><td colspan="2">开工时间：</td><td colspan="2">完工时间：</td></tr>
<tr><td colspan="3">维修前现场情况描述：</td><td>附照片</td></tr>
<tr><td colspan="3">维修过程及材料消耗描述：</td><td>附照片</td></tr>
<tr><td colspan="3">维修后现场情况描述：</td><td>附照片</td></tr>
<tr><td colspan="4">养护单位申报：

（盖章）
项目经理：
年 月 日</td></tr>
<tr><td colspan="4">监理工程师审批：

（盖章）
监理：
年 月 日</td></tr>
<tr><td colspan="4">管理单位审核：

（盖章）
主管：
年 月 日</td></tr>
</table>

注：养护地点应注明河道、岸别及具体桩号

b2.2

黄浦江中下游和苏州河堤防设施及时修复报验表

合同名称：　　　　　　　　　　　　　　　　　　　　　　　　　编号：

<table>
<tr><td colspan="2">养护单位：</td><td colspan="2">合同名称：</td></tr>
<tr><td colspan="2">监理单位：</td><td colspan="2">养护地点：</td></tr>
<tr><td colspan="2">区管理单位：</td><td colspan="2">养护内容：</td></tr>
<tr><td>接收养护
信息时间：</td><td>工单编号：</td><td>开工时间：</td><td>完工时间：</td></tr>
<tr><td colspan="3">维修前现场情况描述：</td><td>附照片</td></tr>
<tr><td colspan="3">维修过程及材料消耗描述：</td><td>附照片</td></tr>
<tr><td colspan="3">维修后现场情况描述：</td><td>附照片</td></tr>
<tr><td colspan="4">养护单位申报：

（盖章）
项目经理：
年　月　日</td></tr>
<tr><td colspan="4">监理工程师审批：

（盖章）
监理：
年　月　日</td></tr>
<tr><td colspan="4">管理单位审核：

（盖章）
主管：
年　月　日</td></tr>
</table>

注：养护地点应注明河道、岸别及具体桩号。

b3

黄浦江中下游和苏州河堤防设施及时修复记录表

合同名称：　　　　　　　　　　　　　　　　　　　　　　编号：

河道名称		修复范围	岸别：　　　　桩号：
工单编号		修复时间	
修复前现场描述：		附照片	
修复过程现场中描述：		附照片	
修复后现场情况描述：		附照片	

项目负责人：

b4

年　　月黄浦江中下游和苏州河堤防及时修复汇总表

合同名称：　　　　　　　　　　　　　　　　　　编号：

序号	工单编号	河道名称	岸别	桩号位置	修复内容	尺寸/m（长×高）	个数	米数	条数	面积/m^2	其他	修复起止时间	修复完成后网格化系统上报时间	备注
汇总		（汇总栏填写采用文字叙述，如墙身裂缝修复多少米、伸缩缝修复多少条、防汛墙（贴面、墙身）破损修复多少平方米等。）												

项目负责人：　　　　　　　　　　　　　　　　　　填表人：

b5

黄浦江中下游和苏州河堤防设施定期保养记录表

合同名称：　　　　　　　　　　　　　　　　　　　　　　　　　　编号：

河道名称		养护地点	
工单编号	/	养护时间	
保养前现场描述：		附照片	
主要养护过程描述：		附照片	
保养后质量情况描述：		附照片	

项目负责人：　　　　　　　　　　　　　　　　　　　　　　　　填表人：

注：养护地点应注明河道、岸别及具体桩号。

b6

年　　月黄浦江中下游和苏州河堤防定期保养汇总表

合同名称：　　　　　　　　　　　　　　　　　　　　　　　　　编号：

序号	工单编号	河道名称	左/右岸	桩号位置	保养内容	尺寸/m（长×高）	个数	米数	条数	面积/m^2	保养起止时间	备注
汇总	按照各项月度保养的工程量进行汇总统计											

项目负责人：　　　　　　　　　　　　　　　　　　　　　　　　填表人：

b7

黄浦江中下游和苏州河堤防设施养护资金使用情况表(一)

(______年____月)

合同名称： 编号：

序号	项目名称	单位	养护工作量	养护费用		备注
一	及时维修					
小计						
二	定期保养					
小计						
合计						

注：本表根据实际情况可以扩展填写。

项目负责人： 填表人：

c1

黄浦江中下游及苏州河堤防绿化第___季度养护计划表

合同名称： 编号：

<table>
<tr><td rowspan="3">序号</td><td rowspan="3">项　目</td><td colspan="9">年　月　日～　年　月　日</td></tr>
<tr><td colspan="3">1月</td><td colspan="3">2月</td><td colspan="3">3月</td></tr>
<tr><td>上旬</td><td>中旬</td><td>下旬</td><td>上旬</td><td>中旬</td><td>下旬</td><td>上旬</td><td>中旬</td><td>下旬</td></tr>
<tr><td>1</td><td></td><td></td><td></td><td></td><td></td><td></td><td></td><td></td><td></td><td></td></tr>
<tr><td>2</td><td></td><td></td><td></td><td></td><td></td><td></td><td></td><td></td><td></td><td></td></tr>
</table>

项目负责人： 填表人：

黄浦江中下游及苏州河堤防绿化第___季度养护工作量计划表

合同名称： 编号：

序号	项目名称	预计养护工程量	预计完成时间	备　注
1				
2				

c2

黄浦江中下游和苏州河堤防绿化养护记录表

合同名称：　　　　　　　　　　　　　　　　　　　编号：

河道名称		养护范围	
管理单位		养护时间	
养护前现场描述：		附照片	
主要养护过程描述：		附照片	
养护后质量情况描述：		附照片	

注：本表应附相关同一角度绿化照片。

项目负责人：　　　　　　　　　　　　　　　　　　　填表人：

A.5.2 汛前隐患排查表格

薄弱岸段调查表

序号	所在区	岸段名称	岸段属性	所在河道	岸别	里程桩号		涉及岸段长度(m)	存在问题	防汛(养护)责任单位	联系人/联系方式

建设运行超 30 年岸段调查表

序号	所在区	岸段名称	岸段属性	所在河道	岸别	里程桩号		涉及岸段长度(m)	存在问题	防汛(养护)责任单位	联系人/联系方式

行政许可在建工程岸段调查表

序号	所在区	工程名称	岸段属性	所在河道	岸别	里程桩号		堤防长度(m)	其中汛期开缺堤防长度(m)	建设单位	联系方式	地址	受理类型	起止时间

堤防高程低于设计标高 20 cm 以上的岸段调查表

序号	所在区	岸段名称	岸段属性	所在河道	岸别	里程桩号		涉及岸段长度(m)	存在问题	防汛(养护)责任单位	联系人/联系方式

附录 B

防汛墙常见的险情处置

B.1 渗漏险情

1. 险情产生原因

在高潮位的作用下，江水经过墙身基础、墙身或堤身向墙(堤)后方向渗透是正常的自然现象，但由于以下一些原因会导致墙后出现渗漏水现象。

(1) 墙后回填土质量较差，回填料为松散性弃料，如煤渣、建筑弃料、垃圾等。

(2) 墙(堤)后填土填筑时夯压不实，板桩脱榫或板桩缝未处理好。

(3) 浆砌块石墙身砌筑不密实。

(4) 防汛墙不均匀沉降，造成基础底板及墙身止水带断裂。

(5) 下水道出水管与墙(堤)接口未封堵或封堵不实。

(6) 穿墙(堤)下水道接口脱节、断裂等等，使得渗径长度不够。

2. 险情判别

当地面出现渗水情况后，首先应开沟引流，排除积水，同时找出渗水集中点(区)位置。根据现场的实际情况，采用排除法判断产生渗水的最终原因，判别渗水原因一般从以下几个方面进行考虑。

(1) 如墙后渗水区域面较大，现场周围土质松软，则墙后回填土不密实引起渗水的可能性比较大。

(2) 墙后渗水区地面如发生凹陷，除了回填土不密实以外，还需防备防汛墙基础有淘刷的可能性。

(3) 渗水区内如有伸缩缝，则可通过观察相邻墙体有无不均匀沉降来判别是否有基础底板止水带断裂而导致渗水的可能性。

(4) 临水面如有排放口，则需检查管口周围有无渗漏水现象，管道年久失修、江水通过管壁与墙身接合部位渗出地面也不无存在的可能性。

(5) 此外，墙后出现突发集中渗水现象，一般为墙前拍门损坏的可能性比较大。

(6) 如防汛墙为浆砌块石墙身，墙后普遍出现渗漏水，则为墙身砌筑不密实或块石脱缝引起的可能性较大。

(7) 板桩脱榫或板桩缝未处理致使底板下土体流失是板桩驳岸墙后渗漏水的原因之一。

渗水原因确定后,根据现场渗水险情的程度和影响范围,请求上级调配必要的抢险物资和人员进行应急抢险,消除险情。

3. 险情处置

墙后出现渗水现象一般都是在墙前水位高于墙后地面标高时发生的。由于黄浦江是一条潮汐河道,因此渗水险情的程度主要取决于潮水位的高低及高潮位滞留时间的长短。

(1) 当墙后地面出现潮湿,有渗水迹象,此种情况不影响防汛墙(堤)的结构安全,在防汛巡查时做好标记,事后稍作处理即可。

(2) 墙后地面出现轻微渗水,局部地段可能出现积水,但险情并无发展趋势,防汛墙(堤)结构仍为稳定状态,出现此种情况,除了做好标记外,还需加强监视,同时开沟引流,将积水排入附近下水道。

(3) 墙后地面出现积水,并影响周边低洼区,随着水位不断上涨,局部地段可能发展为管涌或地面坍陷,造成对周边地区的严重危害,若险情进一步发展,将影响防汛墙(堤),特别是无桩基础结构的安全稳定,故应及时上报上级相关部门进行抢护。

B.2 墙体裂缝及止水破坏险情

1. 险情产生原因

1) 墙体裂缝产生原因

墙体裂缝的产生,一般由以下几方面因素造成:

(1) 配筋或混凝土浇筑不规范,养护不到位,造成墙面纵横向裂缝。

(2) 墙体配筋不足,尤其是水平分布筋不足,往往会造成墙体垂直向裂缝的出现。

(3) 墙体伸缩缝间隔过长,两伸缩缝之间距离大于 20 m 以上时,墙体往往会出现一条至数条垂直向裂缝。

(4) 墙体受外力撞击影响,致使墙体出现水平向裂缝甚至墙体水平开裂。

在温度、潮流及地面沉降等自然因素的不断影响下,墙体裂缝发展逐渐加大,在高潮位作用下,墙面裂缝由最初的潮湿逐渐发展为渗水,乃至冒水,甚至墙体断裂。

2) 止水破坏产生的原因

目前沿河沿岸所建防汛墙(堤)一般每间隔 15 m 左右设有 1 条约 2 cm 宽的变形缝,堤防(防汛墙)变形缝的做法一般有以下两种情况:一种是缝中间设橡胶止水带,聚乙烯硬质泡沫板隔断,外周面密封胶封缝止水,目前沿江沿河上的防汛墙变形缝止水基本上都是采用这种处理方式;另一种是缝中间不设置橡胶止水带,缝间仅采用泡沫板隔断,外周面聚氨酯密封胶封缝止水,这种处理方式在块石结构或墙顶标高高于地面 50 cm 以下的护岸结构的变形缝中常用。

造成变形缝止水破坏的原因一般有以下几个方面：

(1) 防汛墙(堤)不均匀沉降较严重，造成变形缝错位，致使填缝料脱落，止水带损坏。

(2) 施工时橡胶止水带接头处理不规范，造成脱节形成进水通道。

(3) 防汛墙(堤)受外力突袭作用，墙体失稳造成伸缩缝止水带拉断。

(4) 防汛墙(堤)变形缝养护不到位，使填缝料老化、脱落，久之使变形缝形成内外贯通。

2. 险情判别

1) 墙体裂缝险情判别

墙面裂缝一般可在现场通过墙面外观来判别墙体的险情情况。

(1) 墙面外观风化麻面，浆面剥落，露石，个别露筋，墙体表面纵横向裂缝较密，这主要是墙体混凝土浇筑，养护不规范引起的，一般不会造成墙体倒坍，但在高水位作用下，墙面会出现渗水，裂缝间甚至会出现冒水状况。

(2) 墙面外观尚好，但有水平或垂直向裂缝，部分裂缝贯穿，缝隙宽度小于 2 mm，这有可能是墙体配筋不足引起的，一般不会造成墙体倒坍的危险，但在高水位作用下，墙面裂缝会出现潮湿、渗水。

(3) 每幅或单幅墙体上有 1 条或数条垂直裂缝，少数裂缝内外贯穿，缝较宽，高潮位时会冒水，这可能是由于墙体的不均匀沉降引起的。

(4) 墙面水平裂缝宽度大于 2 mm，缝口颜色较深，局部有锈迹，且内外贯通，这表明墙体裂缝的形成已有较长时间，需警惕在高水位作用下，因钢筋锈蚀，墙体有可能发生倒坍，形成缺口的危险。

(5) 墙体及墙顶出现水平向开裂，缝宽大于 1 cm 以上，一般为墙体受外力撞击所致，墙后进水与否，取决于墙体裂缝所处在的位置。

(6) 因墙前冲刷或超挖，或墙后地面严重超载，或严重不均匀沉降，均可造成墙体垂直开裂，形成的裂缝可能较宽，内外可通视。

2) 止水破坏险情判别

变形缝止水破坏险情判别较为简单，地面以上部分可根据变形缝结构现状进行直观判断，地面以下部分可根据伸缩缝处相邻墙体不均匀沉降或错位、高潮位时地面有无渗水情况来判断底板止水带是否断裂。

3. 险情处置

墙体裂缝及变形缝止水出现险情，一般都是发生在墙前水位高于墙后地面标高时。

(1) 当墙前水位高于墙后地面标高，墙面裂缝处出现潮湿，变形缝有渗水现象，在防汛巡查时做好标记，事后处理即可。

(2) 当墙前水位高于墙后地面标高，墙面裂缝、变形缝出现渗水，变形缝如内外贯通，则会出现冒水，当出现这种险情时，除了做好标记外，还需加强监视，同时开沟引流，将积水及时排入附近下水道。

(3) 当墙前水位高于墙后地面标高，墙面裂缝及变形缝贯通处冒水、喷水不断，造成墙后积水，如墙体有连续的水平老裂缝，则需警惕在水压力的作用下墙体有断裂形成缺口的隐患可能性。

对内外贯通形成进水通道的裂缝、变形缝，需警惕墙后地面冲刷，出现上述险情要及时进行围堵，并将墙后积水排入附近下水道。

B.3 防汛墙地基淘空及管涌险情

1. 险情产生原因

由于防汛墙基础土质及墙后填土质量原因，在潮位不断涨落的作用下，地基土中的填土细颗粒逐渐流失，出现渗透破坏，逐渐形成通过防汛墙基础，内外贯通的漏水通道险情，这种通过防汛墙基础，形成内外贯通，直径从几厘米至几米不等的漏水通道，上海地区统称管涌。此险情一般由以下几方面因素造成。

(1) 岸前滩地刷深导致防汛墙基础底下土体淘刷。

(2) 基础坐落在回填土上，或地基土为易冲刷的粉砂、粉质土，在涨落潮及渗流作用下，土体中的黏土颗粒逐渐流失。

(3) 墙后回填土质量较差，回填料为松散性弃料，如煤渣、建筑垃圾、废弃料等，无法起抗渗作用。

(4) 墙后填土填筑时夯压不实，墙后覆土层的有效抗渗能力小于渗流的渗透压力。

(5) 板桩结构防汛墙由于板桩脱榫，破损及长年的涨落潮水流冲刷作用，使板桩后土体逐渐流失，形成进水通道。

水流冲刷破坏了结构岸前的覆盖层，将基础底部土体淘刷，导致墙后土体中土颗粒逐步流失，随着流失的土粒增多，墙后土体渗径长度缩短，抵抗渗流的阻力减小，久而久之导致管涌险情发生。

2. 险情判别

1) 高桩承台、空厢结构，拉锚板桩结构

墙后地面出现管涌险情，主要是板桩脱榫、破损，墙后土体通过板桩缝隙被水流逐渐带走流失所致。但由于结构由桩基支撑，只要墙前滩地冲刷不严重，并做到及时抢护，防汛墙主要结构一般不会产生失稳现象。

(1) 墙后孔口冒清水，表明墙后土体质量尚好，孔口周围土体尚未被带走。此时险情不影响防汛墙结构的安全，抢护也较为方便。

(2) 墙后孔口冒浑水，孔口周围土体随同水流流失，孔口迅速扩大。如不及时进行抢护，会引起墙后地面坍塌。

2) 重力式结构

对于有基础桩或无基础桩的重力式结构，如墙后地面出现管涌险情，则墙前滩地或护坡一般都已遭到不同程度的破坏，并且防汛墙基础下土体已形成内外贯穿的进水通道，如不及时进行抢护，对防汛墙结构的安全是极为不利的。

(1) 墙后孔口冒清水，表明墙后土体质量尚好，孔口周围土体尚未流失，但墙前滩地淘刷，基础下土体有进水通道，应及时进行抢护。

(2) 墙后孔口冒浑水，表明孔口周围土体在流失、孔口不断在扩大，这表明墙前滩地淘刷严重，基础下土体进水通道在扩展。此种险情随水位上涨，会进一步恶化，必须及时进行抢护，否则影响防汛安全。

3. 险情处置

1) 高桩承台、空厢结构、拉锚板桩结构

(1) 当墙前水位高于墙后地面标高，墙后地面冒清水，一般不影响防汛墙结构的安全，可做事后处理。若汛情紧急时，险情有可能会发展，故采取开沟引流后还需采取围堵抢护措施，以防万一。

(2) 当墙前水位高于墙后地面标高，墙后地面冒水量增大，并出现黄水、泥水现象，地面形成积水，这表明险情在逐步发展，应及时进行围堵抢护，减轻对周边低洼地区的积水危害。

(3) 当墙前水位高于墙后地面标高，墙后地面冒浑水，孔口扩大，地面积水严重，并引起附近地面坍塌，必须立即进行前堵后围抢护，否则将对墙后低洼区造成严重危害。

2) 重力式结构

(1) 当墙前水位高于墙后地面标高，墙后地面冒清水，表明墙前护滩已出现一定程度的冲刷破坏，基础下土体亦已贯穿形成进水通道。但墙后孔口周围土体尚未流失，险情对防汛墙结构虽尚未构成安全威胁，但应及时进行进水口封堵抢护。

(2) 当墙前水位高于墙后地面标高，墙后地面冒水量增大，并出现黄水、泥水现象，地面形成积水，表明险情有发展趋势，并且墙前护滩冲刷破坏可能已较为严重，此时应即刻查明渗漏位置，并及时进行封堵进水口和保滩作业，确保防汛墙的稳定。

(3) 当墙前水位高于墙后地面标高，墙后地面冒浑水，孔口不断扩大，墙后地面将出现坍塌，险情将导致防汛墙倒坍的风险大增。此时除了按上述第(2)条进行保滩和封堵进水口的作业外，还应在墙后稳定区域加筑临时防汛墙，确保防汛安全。

B.4　土堤(堤防)管涌险情

1. 险情产生原因

土堤因筑堤土质或填筑质量原因致使抗渗能力较差，较易冲失，在高水位作用下，造成渗流在土堤背水坡坡脚附近地面溢出，并随着流失土体的增多，逐渐形成贯穿土堤内外的进水通道。上海地区将这种由渗流作用引起，直径十几厘米至几十厘米不等，贯穿堤身的进水通道险情称为管涌。

土堤(堤防)发生管涌一般由以下几方面因素引起。

(1) 堤前滩地受冲刷或其他原因使迎水侧护坡结构层遭破坏,造成土堤抗渗能力降低,堤脚出现渗水,逐渐发展为管涌。

(2) 土堤填筑质量不高(土质本身及夯实质量有问题),加上上海地区堤防背水坡一般不设排水倒滤,当护坡结构层遭到破坏后,在涨落潮潮流的作用下,渗流将堤身薄弱处细颗粒土体带走,导致渗水,渗水逐渐扩展成管涌险情。

(3) 土堤因种种原因存有空穴隐患,当护坡结构层破坏后,较容易形成渗流集中,使土体大量流失,形成贯穿堤身的进水通道,即管涌险情。

2. 险情判别

堤防管涌一般可根据背水坡面、坡脚的渗漏水情况来判断其险情产生的原因和险情发展的趋势。

(1) 土堤背水坡、坡脚湿度正常,踩上去有浅浅凹印,表明堤防属基本正常运营状态。

(2) 堤背水坡、坡脚潮湿,踩上去有明显凹印,表明堤后有出现渗流险情迹象。需仔细查勘对应的迎水侧护坡面结构层是否出现破坏,是否有进水孔洞或坡脚滩面是否出现局部淘刷破坏等。

(3) 土堤背水坡或坡脚渗水,出现涓涓细流,速度较慢,表明堤身土体可能正在流失。此险情为堤防产生管涌的前兆,要仔细查勘迎水面护坡是否有破坏,是否有进水洞口,坡脚是否有淘刷等,必须尽快进行抢护,以免险情扩大。

(4) 土堤背水坡、坡脚渗流不断,且在加剧,表明孔口周围土体随渗流在流失,进水通道在扩展,险情严重,若发现迎水坡面有涡漩,险情则更为严重。必须即刻进行报警防护,否则将会引起堤防溃决,造成严重危害。

3. 险情处置

(1) 当堤前水位高于堤后地面标高,土堤背水坡、坡脚潮湿,踩上去有稍明显凹印,局部岸坡或滩地出现破坏。此险情尚不构成对堤防安全的威胁,但为确保堤防安全,应及时对迎水坡面进行修护,以消除因渗流而引发管涌的隐患,并加强监测。

(2) 当堤前水位高于堤后地面标高,土堤背水坡或坡脚处出现渗水,渗流速度较慢。此险情多发生于土堤背水坡坡脚处,较为危险,虽堤身土体尚未大量流失,但如不及时抢护,随时会引发管涌险情。此时,应立即对迎水坡进行封堵复盖,同时在背水坡采用砂石袋阻止渗流,确保堤身稳定。如果背水坡出水面较大,渗流量较多,需警惕险情会加速发展,增加局部堤顶面突然下陷的可能性,此时,应随时做好堤顶堆筑填平的准备工作,确保堤身稳定。

(3) 当堤前水位高于堤后地面标高,渗流量增加,渗流面扩大,预计堤防局部地段将出现管涌险情,随着孔口周围土体逐渐流失,孔口不断扩大,堤顶可能局部塌陷。如管涌险情及堤顶局部坍陷无法及时抢护和控制,则应随时做好在可能发生溃决处的堤内侧加筑临时防汛堤的准备工作,以确保防汛安全。

B.5　滩地淘刷及堤(墙)后地坪坍塌险情

1. 险情产生原因

防汛墙前岸滩及护坡结构层遭到破坏,导致高水位时墙后地面出现渗水乃至地面下陷,严重时将造成防汛墙坍塌。造成滩地淘刷有以下几个主要原因。

(1) 板桩结构防汛墙因其板桩脱榫等原因,由于潮水涨落对板缝产生的负压抽吸作用,使板桩后土体逐渐流失、淘空,久而久之导致地面坍塌。

(2) 涨落潮流,风浪及船行波等对墙前滩地、护坡的长久淘刷,使得护岸结构层遭到破坏,或使原状岸滩土冲刷淘深,从而威胁防汛墙的安全。

(3) 河道内船舶过往甚密,船舶紧贴岸边行驶,当船只停靠或离开时,螺旋桨将墙前原有的覆盖土层淘失,致使防汛墙基础下土体淘空,墙后地坪坍塌,影响防汛墙主体结构的安全。

2. 险情判别

1) 高桩承台、空厢结构、拉板桩

墙后地面坍塌,主要是板桩脱榫,墙后土体通过板桩缝隙被潮水逐渐带走流失而造成,但由于结构由桩基支撑,只要做到及时进行抢护,防汛墙主体结构一般不会产生失稳现象。但在涨落潮流的长期作用下,墙后地面会出现瞬时坍塌,如抢护不及时则会造成周边地区受淹。

(1) 墙后地面出现渗水,如果渗水范围较小,则墙前局部板桩脱榫或破损引起渗水的可能性较大,如果渗水范围较大,则墙后回填土不密实引起渗水的可能性较大。

(2) 如果渗水区土质踩上去松软,需防备墙后地面塌陷的可能性,并应及时进行抢护。

2) 重力式结构或低桩承台结构

对于无基础桩的重力式结构或低桩承台结构,如墙后地面出现渗水、冒水现象,则表明墙前滩地已受到冲刷破坏,护坡结构层已出现破损、脱落现象。如墙后地面出现坍塌,则表明防汛墙基础下土体淘空,如不及时进行抢护,将会造成防汛墙倾覆坍塌。

3. 险情处置

1) 高桩承台、空厢结构、拉锚板桩结构

(1) 当墙前水位高于墙后地面标高时,江水透过板桩缝及墙后土体渗出地面,若渗水量不多,墙后地面不松软,一般不会影响防汛墙结构的安全。巡查时做好标记,事后处理即可。

(2) 当墙前水位高于墙后地面标高,墙后地面从少量渗水发展到冒水并形成地面积水,表明险情在逐步发展,墙后地面会出现下陷,如不及时抢护,将对周边地区造成积水危害。此时除了开沟引流之外,还应及时将渗水区域进行围堵,以控制险情扩展。

(3) 当墙前水位高于墙后地面标高,墙后渗水、冒水严重,局部地面出现下陷,地面出现积水,时间一长,险情将导致墙后地面坍塌,应必须立即进行抢护,否则积水将对周边地区造成严重危害。为此，在进行围堵的同时，还应做好在后侧稳定区域修筑临时防汛墙的准备，以确保防汛安全。

2）重力式结构或低桩承台结构

（1）当墙前水位高于墙后地面标高，墙后地面出现渗水。险情表明墙前滩地已出现冲刷或护坡结构覆盖层已出现破损、脱落现象，并且防汛墙基础下土体及墙后填土细颗粒部分流失。尽管渗漏量不大，且尚未对防汛墙结构构成安全威胁，但应及时进行保滩封堵措施，控制险情进一步扩展。

（2）当墙前水位高于墙后地面标高，墙后地面渗水较大并形成积水，局部地面出现下陷，险情表明墙前滩地淘刷严重，防汛墙基础下土体可能淘空，墙后填土细颗粒流失较多，如不及时抢护，可能会危及防汛墙安全，为此，应立即采取在墙前进行袋装土抛堵，封堵进水通道的措施，确保防汛墙的安全稳定。

（3）当墙前水位高于墙后地面标高，墙后渗水、冒水严重，防汛墙基础下土体逐渐淘空，墙后填土流失加剧，抗渗能力严重降低，如不及时进行防护，险情将导致防汛墙坍塌。碰到此情况时，除了按上述第(2)条处置方式进行抢护外，还应在墙后稳定区域修筑临时堤防（防汛墙）以确保防汛安全。

B.6 堤防（土堤）滑坡险情

1. 险情产生原因

堤防（土堤）岸滩冲刷严重，护坡结构层破坏，堤顶面开裂，错位堤防（土堤）出现滑坡险情，险情的形成过程由渐变到突发。

（1）迎水坡面长期受水流、风浪或船行波的冲击、淘刷，导致边坡失稳破坏。

（2）堤防处于凹岸段，潮水涨落时，受水流顶冲淘刷影响，坡脚刷深，导致堤防滑坡失稳。

（3）汛期堤防受台风，暴雨突袭发生破坏、滑动。

2. 险情判别

险情发生主要是由平时冲刷累积而形成隐患，在落潮或风暴潮或暴雨后突发，一般可从落潮时岸坡以及堤顶面的状况来判断其险情及发展趋势。

（1）岸前滩地受一定冲刷，部分护坡结构层破损凌乱，部分坡脚冲刷，但堤坡、堤顶未发现水平向裂缝，堤防结构尚处于稳定状态，反之，需警惕坡面滑动失稳的可能性。

（2）滩面淘刷、坡脚冲刷，堤顶面或堤坡出现水平向裂缝，这是堤防发生滑坡的前兆，必须立即进行抢护，当外坡滩面冲刷严重，滑坡可能通过堤防底部，反之，则滑坡可能通过堤坡。

（3）外坡滩面淘刷严重，护坡脚冲失已尽，堤坡或堤顶出现开裂，甚至错位，则表明堤坡已开始滑动，险情严重，必须立即进行抢护。

值得注意的是一般坡脚均有一定量的抛石，巡查时如果发现坡脚抛石在减少，要注意该处是受冲刷岸段，须加强观察。

3. 险情处置

(1) 堤前滩地有冲刷，部分护坡结构层破坏，坡脚部分冲失，但护坡脚完好，这表明，堤防结构尚处于稳定状态，但发现险情要及时进行修复，以保证堤防的安全稳定，否则险情会进一步发展，导致出现滑坡。

(2) 堤前滩地冲刷严重，外坡呈下滑趋势。外坡滩地受水流、风浪和船行波的淘刷降低，坡脚冲失，护坡结构层已遭到破坏，险情较为严重，必须立即进行护滩固脚抢护，以稳定险情，阻止外坡下滑趋势。

(3) 堤前滩地冲刷严重，外坡下滑，堤顶或堤坡出现水平向裂缝，甚至错位，这是堤防发生滑坡的先兆，险情已严重威胁堤防的安全，此时，除了进行必要的固脚保滩抢护外，应及时抢筑临时防汛堤，确保防汛安全。

B.7 墙体缺口险情

1. 险情产生原因

险情产生的原因主要是墙体受外力撞击所致，一般由以下几方面原因造成：

(1) 当遭遇灾害性天气时(如热带气旋影响，强冷空气过境影响，雷暴影响等)，在风力、潮流等外力作用下，黄浦江、苏州河及其支流中个别船只、浮筒、浮码头、木排等失控(断缆、断链等)，撞击防汛墙造成缺口。

(2) 河口狭窄，过往船只拥挤，特别是涨落潮时，船舶因避险、调头困难，造成失控，对防汛墙产生撞击，缺口由此产生。

(3) 码头两侧防汛墙本无停靠船只设施，在违规停靠船只的撞击下形成缺口。

(4) 墙后道路狭窄、弯曲，因重载车辆失控，撞击防汛墙使之形成缺口。

(5) 防汛墙墙体有缺陷，强度不足，在风暴潮侵袭时突然溃决。

2. 险情判别

(1) 被撞缺口位置位于墙顶部 0.5 m 或 1 m 以内，缺口底高程高于该段防汛墙设防水位，险情一般是由于高潮位时船只撞击所致，易发于河口转弯角、码头两侧，以及船舶候潮区域。由于缺口较小，对防汛墙主体一般不会产生太大影响。

(2) 被撞缺口位置位于地面及地面以下，缺口底高程低于设防水位，防汛墙两端变形缝错位，止水带断裂，墙体外滑，高潮位时形成进水，防汛墙已失去挡水功能。

(3) 有缺陷墙体在遇风、暴、潮侵袭时溃决，造成严重危害。

3. 险情处置

(1) 墙体受车、船等撞击形成的缺口，缺口高程较高，高潮位不进水。此险情缺口高于该段防汛墙设防水位,防汛墙主体结构一般不会产生意外现象,及时修复即可。

(2) 缺口位置位于地面及地面以下,高潮位时缺口进水,墙体外滑失去挡水功能。此险情将会影响周边地区,为此,当险情发生时,必须火速报警,并及时抢筑临时防汛墙。

(3) 缺陷墙体在遇风、暴、潮侵袭时溃决,必须要及时抢筑临时防汛墙,以减轻危害。一般情况下,险情程度的大小与外力撞击点的位置、撞击力大小有关,高潮位时,险情易发生于墙体顶部;低潮位时,险情易发生于墙体中间部位。一般来说,撞击力愈大,缺口也越大,缺口底高程也越低,险情也越严重。此外,险情程度大小与被撞墙体结构也有关,砖砌墙抗撞击性能最差,一撞即倒;浆砌块石墙体抗撞击性能也较差,撞击力较大时甚至会造成长达几十米的防汛墙移动、倒塌;钢筋混凝土墙身遭撞击时一般仅在撞击点附近出现倒三角形缺口,不过,当撞击力很大时,也可造成一节防汛墙倒塌形成缺口。

B.8 局部漫溢(越浪)险情

1. 险情产生原因

(1) 气象方面:风、暴、潮三碰头造成水位超过该段堤防的实际防御能力。

(2) 工程方面:由于地面下沉,墙体严重老化,堤防实际防御能力严重下降。

(3) 人为方面:因种种原因,桥堍标高不足,潮水漫过桥面;墙体受到外力撞击形成缺口,致使江水从缺口漫进等。

对上海地区来说,漫溢是一种偶发性的危急险情,主要发生在主汛期,其危害性不言而喻。如险情发生于非汛期,则大多是人为因素所造成的,其危险一般是局部的,影响范围亦较小。

2. 险情判别

(1) 汛期在蓝色预警信号(黄浦公园 4.55～4.90 m)至橙色预警信号(黄浦公园 5.10～5.28 m)发布之间,由于现有黄浦江防汛墙基本已达标,顶高程高于水位 1.62～2.35 m(黄浦公园),风浪一般不会越过墙顶面,故堤防一般不会产生漫溢(个别特殊情况除外)。

(2) 汛期当潮位红色预警信号(黄浦公园水位 5.29～5.86 m)发布时,此时如遇风、暴、潮正面袭击,将造成水位增高,风浪越过墙顶导致墙后泥面冲刷,影响防汛墙(堤)安全。

(3) 当在紧急状态时,黄浦江潮位超过设计防御标准(黄浦公园>5.86 m),此时,超高水位及越浪将会危及堤防安全。

3. 险情处置

(1) 由于黄浦江防汛墙全线已基本达标,故如出现漫溢险情则为某地区全线性的险情,涉及面很广,抢护时必须统一指挥,重点是防汛墙(堤)相对高度较高、墙后为泥地面、结构为无桩基结构(有可能倒坍)和墙体有缺陷、墙后保护区为人口密集的要害地段及土堤地段。

(2) 若局部岸段因堤(墙)顶标高不足,出现越浪险情,抢护时应注意充分利用墙后地形条件，采用小包围隔断方式，快速控制险情灾害扩散。若围区内积水量不断增大应同时采用抽水泵外排。

(3) 若事先有水位预报，可在土堤结构上抢筑土袋子埝，子埝必须修筑在临水坡肩。

(4) 若事先根据水位预报，某区段防汛墙将出现漫溢，经原设计认可后可临时用砖砌突击加高该区域防汛墙(一般加高不超过 30 cm)，以减小漫溢风险危害。

(5) 堤防顶面一旦进行临时加高，必须严格控制施工质量，并且还需配备专人进行巡查，严加防守。

(6) 因工程需要防汛墙破墙而砌筑临时堤防(防汛墙)的岸段，是重点防范险段，应根据气象预报，事先对临防进行加固培厚，同时还应配备足够的人员及物资以防万一。

B.9　结构整体失稳险情

1. 险情产生原因

1) 墙后超载

墙后地面超载，严重超出设计标准，致使防汛墙失稳、倾斜、下沉。

2) 墙前超挖

墙前泥面标高因超挖，或船只停靠，或行驶超标船只等原因，使其严重低于设计标高，致使防汛墙失稳、外倾、下沉。

3) 墙前冲刷

墙前泥面标高因水流自然冲刷，使其严重低于设计标高，致使防汛墙失稳、倾斜、下沉。

2. 险情判别

1) 墙体两侧伸缩缝错位，止水带尚未断裂

险情表明墙体已发生内、外倾趋势，一般来说，向内倾与墙后超载有关；向外倾与墙前滩地淘刷、挖泥超深有关，如及时抢护可使防汛墙不倒。另外，墙体受外力撞击也会发生本险情现象。

2) 墙后地面开裂、下陷，伸缩缝严重错位，止水带断裂，结构整体向内、外倾斜

险情表明结构已开始失稳，但如果险情发生时，止水带尚未断裂，立即进行抢护可阻险情进一步发展。反之，如止水带断裂，结构内、外倾严重，则说明险情会加速发展。

3) 防汛墙失稳

结构出现严重内、外倾，墙后地面严重开裂、下陷。险情表明结构已开始出现倒坍，防汛墙已丧失挡水能力。

3. 险情处置

1) 墙体两侧伸缩缝错位，止水带尚未断裂

险情有发展趋势，应尽快查明原因，制订抢护对策，阻止险情发展。如抢护不及时，险情

进一步发展将会导致墙体失稳。常用的处置方法有：卸载、墙前抛填固基、保滩等。

2）墙后地面开裂、下陷、止水带断裂，结构整体向内、外倾斜

防汛墙开始丧失挡水能力，如发现险情，应快速抢护，可保持墙体不倒，若险情发展，应抢筑临时防汛墙封闭。

3）防汛墙失稳

出现严重内、外倾，丧失挡水能力。险情表明防汛墙已失控，已形成进水缺口，将对周边地区造成严重危害，应立即抢筑临时防汛墙封闭。

B.10 防汛闸门险情

1. 产生原因

高潮位时，闸门无法关闭或关闭不严，导致潮水从闸口或门缝涌入，造成周边地区严重积水，一般由以下因素造成。

(1) 工作人员操作不当，门体关闭不严引起闸口漏水。

(2) 闸门日常养护管理不到位，闸口底槛门槽破坏，或底槛门槽内有大量黄砂、石子等障碍物堵塞，或零部件失落或闸门变形致使闸门无法关闭。

(3) 高潮位来临时，工作人员未准时到岗关闭闸门，形成防汛缺口，致使潮水从闸口涌入。

(4) 进出车辆将闸门及闸门墩撞坏后，未及时修复。

2. 险情判别

(1) 闸门门缝及闸门与门墩接触面漏水，主要是闸门关闭不严引起，另外止水带老化、闸门的变形亦会加重接触面漏水程度。

(2) 闸门门缝及闸门与门墩接触面漏(冒)水严重，主要是由闸门止水带变形老化，或底槛门槽破坏，零部件连接件失落等原因造成。漏水量较大，积水将影响周边地区。

(3) 闸门无法关闭、失控，主要是闸门门体变形、下垂、门体连接件锈蚀破坏，底槛门槽内障碍物未清除干净等原因造成。高潮位时闸门无法关闭，形成进水缺口，给周边地区造成严重积水危害。

(4) 采用螺栓固定的闸门、闸门墩，由于螺栓固定不紧，或个别螺栓无法紧固，在闸门挡水出现振动等情况时，螺栓松脱，致使闸门突然倒坍，造成严重积水危害。

3. 险情处置

1）闸门门缝及闸门与门墩接触面漏水

闸门基本能够关闭，漏水量不大，一般情况下不影响防汛安全。但当墙前水位高于墙后地面标高 50 cm 以上时，如遇台风、暴雨预警信号发布，墙前水位将持续高涨，在水压力作用下，闸门漏水量加大，造成墙后积水。为防止险情扩展，应采用袋装土袋对闸门漏水缝进行

封堵止漏并进行引流。

2）闸门门缝及闸门与门墩接触面漏(穿)水严重

闸门虽能关闭,但已不能起到止水作用,如不及时进行抢护,积水将严重影响墙后周边地区。遇此情况时,应及时在门后修筑袋装土子堤围堵,确保防汛安全。

3）闸门无法关闭、失控

闸门部分或全部丧失挡水能力,闸口形成进水通道,积水将严重危及周边地区,造成危害。在此情况下,先在闸口堆筑一部分袋装土袋阻挡部分水流(紧急时块石、砂石袋均可),然后按上述第(2)条修筑子堤围堵。

B.11　防汛潮门、潮闸门井险情

1. 险情产生原因

(1) 防汛潮门缺失或失灵,造成高潮位时墙后下水道窨井、进水口倒灌、满溢及地面积水。

(2) 潮闸门井设备失修,闸门无法正常启闭,导致下水道窨井、进水口倒灌、满溢及地面积水。

(3) 潮闸门井井底有异物,闸门无法关闭,导致高潮位倒灌。

2. 险情判别

(1) 防汛潮门缺失或失灵,或被异物卡住,可根据现场情况进行直接检查判别。

(2) 潮闸门井闸门无法正常启闭,应先从闸门门体是否变形,丝杆是否弯曲断裂,启闭机能否正常运行,电路是否短路等方面对闸门井设备进行检查,再判断闸门设备是否正常运转。这些是导致闸门无法开启和关闭的常见原因。闸门井井底有障碍物,以致无法完全关闭或开启,常见的有木棍、垃圾、石块等。

3. 险情处置

当墙前水位高于墙后地面标高时,如防汛潮门缺失、失灵,闸门井中闸门无法正常启闭等问题时,则会出现下水道倒灌,窨井、进水口满溢等险情,并造成周边低洼地区积水影响。

出现此情况时,应采用前堵后排方式进行应急抢险,即采用木板或袋装土袋将排水口封堵,同时开沟引流减小积水影响范围。

潮闸门井后侧若有连接井的还可采用在井沟放入塑料袋灌水的方式进行临时封堵。

附录 C

常用材料设备使用技术要求

C.1 常用材料使用技术要求

堤防设施在维修养护中常用的材料要求除本文中已明确注明处外，其余必须满足下列要求。

1. 混凝土

混凝土强度等级：C30；

混凝土保护层：3 cm；

水泥砂浆标号：不低于 10 MPa；砂浆应随拌随用，一般宜在 3～4 h 内用完；气温超过 30℃时，宜在 2～3 h 内用完，如发生离析、泌水等现象，使用前应重新拌和已凝结的砂浆，不得使用。

2. 钢材

钢筋："A"为 HPB300，"C"为 HRB400。

钢材：Q235A；钢闸门零部件：不锈钢等。

钢筋搭接长度：绑扎 35 d，弯钩 10 d。

钢筋焊接长度双面焊 5 d，单面焊 10 d。

钢材(型钢)焊缝高度≥6 mm。

电焊条型号：E4303(J422)。

3. 钢筋锚固(预埋)：化学锚固

植筋材料：喜利得植筋一号(喜利得 HLT－HY150)。

钢筋规格：ϕ12、ϕ14、ϕ16、ϕ20。

钢筋埋置深度：140 mm(ϕ12、ϕ14)，200 mm(ϕ16、ϕ20)。

闸口底槛修复，预埋件采用植筋方式时，根据现场情况宜选用ϕ16—ϕ20 规格。

4. 石材

所有石材包括块石、碎石、砂等均应满足新鲜、完整、干净、质地坚硬、不得有剥落层和裂纹规定，石料抗压强度不小于 30 MPa。

砌石体石料：块石外形大致呈方形，上、下两面大致平整、无尖角、薄边，块石厚度不小于 20 cm。宽度为厚度的 1.0～1.5 倍，长度为厚度的 1.5～3.0 倍(中锋棱锐角应敲除)，一般以花岗岩为宜。块石砌体容重 $\gamma_{石}$＝22～24 kN/m^3。

碎石：具有一定级配，不含杂质，洁净、坚硬、有棱角，不允许用同粒径山皮、风化石子、不稳定矿渣替代。压实干密度不小于 21 kN/m^3。

砾石砂：设置于路基与基层之间的结构层(隔离层)，用以隔断毛细水上升侵入路面基层，压实干密度不小于 21.5 kN/m^3。

5. 回填土

(1) 回填前必须将基坑内杂物清理干净，回填时基坑内不得有积水，严禁带水覆土。

(2) 回填土不得使用腐殖土、生活垃圾、淤泥，也不得含草、树根等杂物，不同种类的土必须分类堆放、分层填筑、不应混杂，优良土应填在上层。

(3) 回填土每层松铺厚度≤30 cm，分层回填夯实。

(4) 桥台与路基接合部回填应采用道碴间隔土填筑压实，每层松铺厚度≤30 cm(10 cm 道碴，30 cm 土)，并略向桥外方向倾斜以利排水，压路机压不到的部位采用人工夯实。

(5) 排水管道顶面以上的回填土摊铺时应对称，均应人工薄铺轻夯分层回填夯实。

(6) 回填土质量控制标准：环刀法检验，每层一组(3 点)，压实度不小于 90%；干密度 $\gamma_d \geq 14.5$ kN/m^3。

6. 堤防工程施工维修质量控制要求

(1) 堤防设施在运行中的日常检查与养护应按《上海市黄浦江防汛墙维修养护技术和管理暂行规定》执行。

(2) 施工过程由专业监理人员控制施工质量。

(3) 按照上海市《水利工程施工质量检验与评定标准(DG/TJ 08—90—2014)》执行。

C.2 橡胶止水带技术性能要求

1. 材料

具有抗老化性能要求的合成橡胶止水带(满足规范指标“J”)。

2. 规格

中心圆孔型普通止水带，规格：300×8×φ24。

中心半圆孔型普通止水带，规格：300×10×R12～20。

3. 橡胶止水带物理力学性能要求

拉伸强度≥10 MPa。

扯断伸长率≥300%。

硬度(邵尔 A)60±5 度。

脆性温度＜－40℃。

4. 止水带施工关键技术要素

(1) 变形缝缝口必须上下对齐,呈一条垂直线。

(2) 止水带离混凝土表面的距离应≥15 cm。

(3) 止水带搭接长度应≥10 cm,专用黏结材料搭接。

(4) 止水带的中心变形部分安装误差应小于5 mm。

(5) 止水带周围的混凝土施工时,应防止止水带移位、损坏、撕裂或扭曲。止水带水平铺设时,应确保止水带下部的混凝土振捣密实。

5. 质量检查和验收

(1) 止水带表面不允许有开裂、缺胶、海绵状等影响使用的缺陷,中心孔偏心不允许超过管状断面厚度的1/3。止水带表面允许有深度不大于2 mm,面积不大于16 mm^2的凹痕、气泡、杂质、明疤等缺陷,每延米不超过4处。

(2) 止水带应有产品合格证和施工工艺文件。现场抽样检查每批不得少于1次。

(3) 应对止水带工种施工人员进行培训。

(4) 应对止水带的安装位置、紧固密封情况、接头连接情况、止水带的完好情况进行检查。

6. 钢闸门门上的橡胶止水带物理力学性能要求

参照上述第3条执行。

C.3　密封胶技术要求

1. 材料

单组份聚氨酯嵌缝密封胶。

2. 工作温度

5～40℃。

3. 防汛墙变形缝嵌缝胶技术性能要求

表干时间:约3 h;

固化速率:2～6 mm/24 h;

密度:1.2±0.1 g/cm^2;

适应温度:+45～−80℃

下垂度:≤3 mm;

拉伸强度:1.0 MPa;

断裂伸长率:400%;

邵氏硬度:25～35 HD。

4. 施工关键

当材料选定后,则嵌缝胶黏贴质量保证的关键是被黏物表面处理的质量,为此应注意两方面。

(1) 混凝土黏结表面必须为混凝土基材,不能有浮材。

(2) 混凝土基材的黏结表面必须无油污和无粉尘。

5. 胶层厚度的确定

嵌缝胶层厚度一般应不小于变形缝宽度的 2/3，例如：变形缝宽度为 30 mm 时，胶层厚度应≥20 mm；当变形缝宽度为 20 mm 时，则胶层厚度不小于 15 mm。

6. 施工工艺及程序

(1) 根据设计要求确定所需嵌缝胶灌注厚度。

(2) 用角向磨光机薄片磨盘打磨嵌缝胶黏结表面，磨去一层厚约 2 mm 左右，露出砂石即可。

(3) 变形缝侧壁不灌注聚氨酯胶部分用聚乙烯低发泡泡沫板填塞。

(4) 在无风沙情况下，用高压空气吹去表面尘埃。

(5) 用白色无油回丝蘸丙本酮擦拭黏结表面，直到白色无油回丝擦拭后，仍为白色，无污点时才合格。

(6) 缝口两边黏贴不干胶带，保护缝口两边混凝土不黏上嵌缝胶，保证缝口齐直，均匀美观。

(7) 把单组份聚氨酯软管头部剪开，置于聚氨酯密封胶专用挤胶枪中，头部套好锥形塑料嘴。

(8) 在干燥、无潮湿状态下，把单组份聚氨酯胶挤出少许，用括刀在黏结表面用力薄薄地来回按压刮胶，使胶能浸润入混凝土黏结表面空隙(或毛细孔中)。

(9) 由下而上逐步灌注单组份聚氨酯嵌缝胶。

(10) 用湿润铲刀刮平、收光。

(11) 撕去缝口两侧保护带。

(12) 清理现场。

7. 注意事项

(1) 聚乙烯低发泡泡沫板作为填充物，其形状和尺寸必须事先根据防汛墙横断面尺寸和嵌缝胶厚度予以确定，然后制作样板，并用电热钢丝锯按样板予以切割，以便到现场后可直接对号放置，其厚度也应事先测量好，以便选择。

(2) 灌胶时，必须在无刮风沙的干燥的天气下进行，黏结表面必须干燥；不潮湿，若遇刮风天气，宜采取挡风沙措施，以防黏结表面因沾上尘埃而影响黏结力。

(3) 嵌缝胶尚未表干前，不得有人去摸或其他物品接触，以免表面拉毛难看，应吊牌予以警示。

(4) 采购单组份聚氨酯时，必须注意所购数量应在其注明的保质期内使用完毕。若使用不完，易失效，造成浪费。

C.4　填缝板技术要求

1. 材料

采用聚乙烯低发泡填缝板。

2. 防汛墙变形缝填缝板技术性能要求

表面密度：0.05～0.14 g/cm^3；

抗拉强度：≥0.15 MPa；

抗压强度：≥0.15 MPa；

延伸率：≥100%。

3. 填缝板厚度的确定

(1) 聚乙烯低发泡泡沫板作为变形缝填充物，维修时其形状和尺寸须事先根据防汛墙现状横断面尺寸和嵌缝胶(扣除)厚度予以确定，然后制作样板，电热钢丝锯切割，现场对号放置。

(2) 变形缝维修时，其缝中填充物也可采用沥青蔴丝(交互捻)3～4 道嵌塞替代，具体施工要求见第 9 章第 9.4 节。

(3) 采购填缝板材料时，须注意所购数量应在注明的保质期内使用完毕，避免因失效造成浪费，购回的填缝板材料，应避光储藏，以免老化。

C.5　压密注浆技术要求

1. 处理目的

防渗堵漏，提高地基土的强度和变形模量。

2. 布孔

(1) 不少于 3 排。

(2) 孔距：1 m(纵、横向)，第一排孔距防汛墙应小于 80 cm 布置。

(3) 孔深：不小于 5 m(从地面算起)。

3. 压密注浆顺序

(1) 纵向：间隔跳注。

(2) 横向：先前、后排，后中间排。

4. 压密注浆方式

自下而上分段注浆法，注浆段为 0.5～1.0 m。

5. 压密注浆技术参数

(1) 注浆材料：42.5 普通硅酸盐水泥。

(2) 浆液配合比：水灰比：0.3～0.6，掺 2%～5%水玻璃或氯化钙，也可掺 10%～20%粉煤灰。

(3) 注浆压力：① 起始注浆压力：≤0.3 MPa；② 过程注浆压力：0.3～0.5 MPa；③ 终止注浆压力：0.5 MPa。

(4) 进浆量：7～10 L/s。

6. 施工注意事项

(1) 注浆结束应及时拔管,清除机具内的残留浆液,拔管后在土中所留的孔洞应用水泥砂浆封堵。

(2) 浆液沿注浆管壁冒出地面时,宜在地表孔口用水泥、水玻璃(或氯化钙)混合料封闭管壁与地表土孔隙,并间隔一段时间后再进行下一个深度的注浆。

(3) 如注浆从迎水侧结构缝隙冒出,则宜采用增加浆浓度和速凝剂掺量、降低注浆压力、间歇注浆等方法。

(4) 灌浆时一旦发生压力不增而浆液不断增加的情况应立即停止,待查明原因采取措施后才能继续灌浆。

7. 注浆质量检验

(1) 注浆结束 10 d 后,两次高潮位观察地面不渗水;

(2) 28 d 后土体 P_s 平均值≥1.2 MPa。

C.6　高压旋喷技术要求

(1) 高压旋喷桩直径: ϕ600 mm,间距 400 mm。

(2) 旋喷方式: 二重管法。

(3) 施工程序: 定位→钻孔→插管→旋喷→冲洗→移位。下管时宜边射水边下旋喷注浆管;水压力不宜超过 1 MPa。

(4) 浆液材料(参考值): 水泥: 不低于 42.5 普通硅酸盐水泥;水灰比: 1∶1～1.5∶1(浆液在旋喷前 1 h 内搅拌),也可掺氯化钙 2%～4%或水玻璃 2%(水泥用量的百分比)。

(5) 高压喷射注浆技术参数(参考值):

① 空气: 压力 0.7 MPa;流量 1～2 m^2/min;喷嘴间隙 1～2 mm,喷嘴数量 2 个;

② 浆液: 压力 20 MPa;流量 80～120/min: 喷嘴孔径中 ϕ2～3 mm,喷嘴数量 2 个;

③ 注浆管外径: ϕ42～75 mm;

④ 提升速度: 约 10 cm/min;

⑤ 旋喷速度: 约 10 r/min;

⑥ 固结体直径: >600 mm。

(6) 施工要求

① 旋喷注浆管进入预定深度后,先应进行试喷。然后根据现场实际效果调整施工参数;

② 发生故障时,立即停止提升和旋喷,排除故障后复喷,复喷高度不小于 50 cm;

③ 施工时,必须保持高压水泥浆和压缩空气各管路系统不堵、不漏、不串;

④ 拆卸钻杆继续旋喷时,须保持钻杆有 10 cm 以上的搭接长度。成桩中钻杆的旋转和

提升必须联系不中断；

⑤ 施工时，应先喷浆，后旋转和提升；

⑥ 做好压力、流量和冒浆量的量测和记录工作。

(7) 施工完毕应把注浆泵、注浆管及输浆管道冲洗干净，管内不应有残存浆液。

(8) 放喷作业前要检查高压设备和管路系统，其压力和流量必须要满足设计要求。注浆管及喷嘴内不得有任何杂物。注浆管接头的密封圈必须良好。

(9) 在旋喷过程中，钻孔中正常的冒浆量应不超过注浆量的 20%。超出该值或完全不冒浆时，应查明原因并采取相应措施。

(10) 旋喷桩质量检验，旋喷注浆结束 28 d 后，旋喷坝体无侧震抗压强度不小于 1.5 MPa，渗透系数小于 1×10^{-6} cm/s。

C.7 高聚物注浆技术要求

1. 处理目的

堤防管涌、渗漏封堵，下水道渗漏修复。

2. 施工工艺流程

检测→注浆孔定位标注→钻孔注浆→下注浆管→安装注射帽→注浆→孔口处理→注浆效果复测。

(1) 检测：采用 SIR－20 探地雷达仪对堤(墙)后渗漏部位进行详细探测，准确确定渗漏部位。

(2) 注浆孔定位标注：孔距：平均 1.0 m 左右，变形缝两侧加密布孔，孔距 0.3～0.5 m；孔深：底板以下 0.5～1.0 m 左右(根据探测成果最终确定)；若墙前底板外挑宽度≥0.5 m，可在外挑底板上布孔注浆封堵进水通道。

(3) 钻孔：根据不同的注浆深度，选用不同的钻孔机械，钻孔深至预定注浆点。钻孔与透水层平行、斜交或垂直相交。

(4) 下注浆管：在钻孔内插入注浆导管，注浆管长度接近注浆孔深度。

(5) 安装注射帽：把注射帽凹形边缘使用专用工具清理干净，以便与注射枪更好地结合，用铁锤把已清理注射帽敲入注浆管内。

(6) 注浆：通过注浆导管实施高聚物注浆，在透水层中形成连续的高聚物帷幕防渗体。

(7) 孔口处理：注浆工作全部完成并观察 12 h 无变化时，用防水砂浆将注浆孔逐个填塞，抹压平整。

(8) 注浆效果复测：通过雷达检测和高水位观测判断注浆效果，对不足之处进行补注。

3. 高聚物注浆技术参数

注浆孔深：2.5～4.0 m；

注浆孔径：d≥25 mm；

注浆方式：一次灌浆法；

浆液配比：1∶1；

浆液温度：32～40℃；

浆液流量：≥150 g/s；

注浆压力：≥6 MPa；

注浆量：10～15 kg/s(管涌通道除外)。

4. 施工要求

(1) 注浆施工前，对渗漏部位应尽可能详尽探测，准确检测出渗漏部位，这样才可做到针对性注浆，达到快、准、省的目标；

(2) 单孔注浆量与地基的松散程度有关，为方便统计分析，施工过程中应对每孔的注浆情况进行记录，见高聚物注浆现场记录表，并为验收做好准备；

(3) 若迎水面侧有条件的，应尽可能在迎水面作业，注浆效果比较明显。

5. 单位工程质量评定

(1) 顺河向注浆加固以 10～15 个孔为一个单元工程计；

(2) 变形缝注浆加固以一条缝为一个单元工程计；

(3) 二次高水位检验无渗漏水为合格；

(4) 附表：单位工程施工质量评定表如下。

________________高聚物注浆现场记录表

工程名称						施工单位			
人员、机械						施工时间			
工程位置（部位）	孔号	钻孔深度（m）	孔径（mm）	注浆温度（℃）	注浆压力（MPa）	注浆时间			注浆量（kg）
						开始	结束	用时（′″）	
本页小计									

记录：　　　　　　　　　　施工负责人：　　　　　　　　　　监理：

单位工程施工质量评定表(高聚物注浆)

评(按原章节编号)

单位工程名称		单元工程量	
分部工程名称		施工单位	

（续表）

单元工程部位				施工日期	自 年 月 日 至 年 月 日
项类		检查项目	质量标准或允许偏差（mm）	检查（测）结果	合格率
主控项目	1	原材料品牌、规格、质量及配合比	相关产品证书、专利书、产品说明书		
	2	浆液安全标准	相关产品检测报告		
	3	注浆范围、注浆方式、注浆压力	应符合设计要求		
	4	每孔注浆量检验	每个注浆孔注浆量应符合设计要求，总体合格率应大于80%，平均值不小于设计值		
一般项目	1	孔位			
	2	孔深H			
	3	竖孔垂直度			
	4	斜孔倾角			
施工单位自评意见	主控项目检查结果全部符合检验标准，一般项目逐项检查点的合格率均不小于___%，且不合格点不集中分布。各项报验资料_______标准要求。 单元质量等级评定为：____________ （签章） 年 月 日				
监理单位自评意见	经抽查并查验相关检验报告和检验资料，主控项目检查结果全部符合检验评定标准。一般项目逐项检查点的合格率均不小于___%，且不合格点不集中分布。各项报验资料_______标准要求。 单元质量等级评定为：____________ （签章） 年 月 日				
注1：对重要隐藏单元工程和关键部位单元工程的施工质量检验评定应有设计、建设等单位的代表签字，具体要求应满足SL 176的规定。 注2：本表所填“单元工程量”不作为施工单位工程量结算计量的依据。					

注：本表为不划分工序的单元评定表。

C.8 水泥回填土技术要求

（1）基坑内建筑弃料、垃圾必须清除干净。

（2）采用的填筑材料严禁混入垃圾。

（3）基坑应在无水状态下，方能进行回填土的施工作业。

(4) 水泥土回填技术指标：

水泥掺和量 6%～10%(重量比)；

土料含水量 20%左右(黏性土;不得含有垃圾及腐蚀物)；

经充分拌匀后,分层回填夯实。

(5) 回填土质量控制标准：$\gamma_{干} \geqslant 15\ kN/m^3$。

C.9　土工织物材料性能技术参数

堤防工程上常用的土工织物为无纺反滤土工织布(通常简称为土工布)。

(1) 选购的土工布应满足以下技术参数。

① 质量：250 g/m^2；

② 厚度：≥2.1 mm；

③ 断裂强度：≥8 kN/m；

④ 断裂伸长率：≥60%；

⑤ CBR 顶破强力：≥1.2 kN；

⑥ 垂直渗透系数：＞1×10 cm/s；

⑦ 等效孔径：≤0.1 mm；

⑧ 撕破强度力：≥0.2 kN。

(2) 土工布使用注意事项。

① 土工布缝合应用双线包缝拼合,缝的抗拉强度不低于布强度的 60%；

② 布块之间应尽量在工厂拼装搭接,若现场施工,应严格控制质量；

③ 注意现场保管,不得长时间暴露在阳光下,不得划破；

④ 铺设时松紧度应均匀,端部锚着牢固,搭接宽度不小于 0.5 m。

C.10　巡查 GPS-RTK 测量仪使用方法

GPS 卫星定位测量是利用两台或两台以上接收机同时接收多颗定位卫星信号,确定地面点相对位置的方法。GPS 卫星定位测量方法包括静态测量与动态测量,根据项目测量要求及现代化测量发展现状,常用基于上海城市 CORS 系统的 GPS-RTK 动态测量方法开展巡查测量。

C.10.1　测量方法

控制点观测仪器使用 GPS 接收机,采用网络 RTK 测量(城市网络 RTK 测量),坐标系统为上海城市坐标系。使用 RTK 技术进行平面位置测量时均应满足上海市测绘院《基于

GPS虚拟参考站动态测量作业指导书》中相应的规定。

C.10.2 控制点的点位选择要求

(1) 便于安置接收设备和操作，视野开阔，视场内障碍物的高度角不宜超过15°。

(2) 控制点点位不应超出最外围参考站连线10 km范围。

(3) 远离大功率无线电发射源(如电视台、电台、微波站等)，距离不小于200 m；远离高压输电线和微波无线电信号传送通道，距离不应小于50 m。

(4) 附近不应有强烈反射卫星的信号的物件(如大型建筑物等)。

(5) 交通方便，并有利于其他测量手段扩展和联测。

(6) 选站时应尽可能使测站附近的局部环境(地形、地貌、植被)与周围的大环境保持一致，以减小气象元素的代表性误差。

C.10.3 控制点的点位采集要求

(1) 接收机内参数设置必须正确无误，数据采集器内存卡有足够的储存空间。

(2) 天线高度设置应与天线高的量取方式一致。

(3) 平面收敛阈值不应超过2 cm，垂直收敛阈值不应超过3 cm。

(4) 观测前应对仪器进行初始化，观测值得到固定解且收敛稳定后才可记录，每测回的自动观测个数不应少于10个观测值，并应取平均值作为定位结果，经纬度记录至秒后5位以上，平面坐标和高程应记录至mm。

(5) 测回间应对仪器进行重新初始化，测回间的时间间隔应超过60 s。

(6) 测量过程中仪器的圆气泡应严格居中。

(7) 应采用常规方法进行边长、角度或导线联测检核。

(8) 其他相关要求。

C.10.4 测量仪使用步骤

(1) 首先设置基准站网络模式，打开手簿中的Hcconfig软件，点击主界面上的“连接”，点击“搜索设备”，选择基准站，然后点击下方的“连接”。

(2) 蓝牙连接成功后，退回主界面，选择“RTK”，接收机模式设置为“自启动基准站”，然后点击右下方的“设置”。

(3) 退回主界面，点击“电台与网络”，基准站工作模式设置为“网络”，通信协议设置为“APIS”输入“服务器”“IP地址”“端口”后，点击右下角的“设置”，完成基准站网络模式设置。

(4) 然后设置移动站网络模式，打开LandStar软件，点击主菜单上的“设备”，进入蓝牙连接页面，将连接方式设置为“蓝牙”，然后点击后方的“放大镜”选择移动站进行连接，连接类型为“移动站”，之后点击右下方的“√”确认设置。

(5) 蓝牙连接成功后，选择“移动站设置”设置移动站“差分格式”(与基准站一致)，然后点击右下方的"√"完成设置。

(6) 完成移动站设置后，选择"通讯方式"，设置移动站工作模式为"网络"，通信协议设置为"APIS"，"基站"输入基准站的 SN 号，输入"服务器""IP 地址""端口"后，点击右下角的"设置"后自动登录，界面会提示"登录成功"，点击"√"完成移动站网络设置。

C.11 巡查无人机技术要求

无人驾驶飞机简称"无人机"("UAV")，是利用无线电遥控设备和自备的程序控制装置操纵的不载人飞行器。2013 年 11 月，中国民用航空局(CAAC)下发了《民用无人驾驶航空器系统驾驶员管理暂行规定》，由中国航空器拥有者及驾驶员协会(Aircraft Owners and Pilots Association，简称 AOPA)负责民用无人机的相关管理。根据《规定》，中国内地无人机操作按照机型大小、飞行空域可分为 11 种情况，其中仅有 116 kg 以上的无人机和 4 600 m^3 以上的飞艇在融合空域飞行由民航局管理，其余情况，包括日渐流行的微型航拍飞行器在内的其他飞行，均由行业协会管理或由操作手自行负责。

按飞行平台构型分类，无人机可分为固定翼无人机、旋翼无人机、无人飞艇、伞翼无人机、扑翼无人机等。根据巡查的相关要求，巡查一般采用多旋翼无人机，市面上消费级无人机如大疆、零度等均为旋翼无人机。多旋翼无人机操作简单、轻便，适合航拍、侦查等小区域使用。

C.11.1 常用多旋翼无人机技术参数

以大疆御 2、精灵 4 及悟 2 为例，归纳常见技术参数如下：

(1) 重量：0.9～3.5 kg。

(2) 最大水平飞行速度：20～26 m/s。

(3) 最大上升速度：5～6 m/s。

(4) 最大下降速度：4 m/s。

(5) 最大可承受风速：5 级风/(10 m/s)。

(6) 最大飞行时间：约 27～31 min。

(7) 最大信号有效距离：3.5～7.0 km(2.4 GHz)/2～7 km(5.8 GHz)。

(8) 最大飞行高度：默认 120 m(视当地要求，最大可调至 500 m)。

C.11.2 飞行环境要求

(1) 恶劣天气下请勿飞行，如大风(风速五级及以上)、下雪、下雨、有雾天气等。

(2) 选择开阔、周围无高大建筑物的场所作为飞行场地。大量使用钢筋的建筑物会影响指南针工作，而且会遮挡 GPS 信号，导致飞行器定位效果变差甚至无法定位。

(3) 飞行时，请保持在视线内控制，远离障碍物、人群、水面等。

(4) 请勿在有高压线、通讯基站或发射塔等区域飞行,以免遥控器受到干扰。

(5) 在海拔 5 000 m 以上飞行,由于环境因素导致飞行器电池及动力系统性能下降,飞行性能将会受到影响,请谨慎飞行。

C.11.3 飞行限制以及特殊区域限飞

根据国家空管对空域管制的规定,无人机必须在规定的空域中飞行,无人机默认开启飞行限制功能,对飞行高度和距离、特殊区域进行飞行限制。本市的限飞区指虹桥机场、浦东机场明确的禁飞区范围,以及工业、军事区域等属地禁飞范围。

C.11.4 基础飞行步骤

(1) 把飞行器放置在平整开阔地面上,用户面朝机尾。

(2) 开启遥控器和飞行器电池。

(3) 运行无人机手机端 App,连接移动设备和无人机,进入“相机”界面。

(4) 等待飞行器状态指示灯绿灯慢闪,进入可安全飞行状态。执行掰杆动作,启动电机。

(5) 往上缓慢推动油门杆,让飞行器平稳起飞。

(6) 下拉油门杆使飞行器下降,当降落至离地面 0.5 m 高时,飞行器将悬停约 1 s,此时需将油门杆拉到底,使其降落至地面。

(7) 落地后,将油门杆拉到最低的位置并保持 3 s 以上直至电机停止。

(8) 停机后依次关闭飞行器和遥控器电源。

C.11.5 航拍提示和技巧

(1) 执行飞行前检查。

(2) 选择合适的云台工作模式。

(3) 尽量在可安全飞行状态下进行拍照或录影。

(4) 选择晴朗,少风的天气进行拍摄。

(5) 根据拍摄需求设置相机,例如照片格式,曝光度等。

(6) 飞行前可进行试飞,以帮助规划航线和取景。

(7) 飞行过程中尽量小幅度地推杆使飞行器平稳地飞行。

C.12 巡查无人船技术要求

无人船是一种可以无需遥控,借助精确卫星定位和自身传感即可按照预设任务在水面航行的全自动水面机器人,英文缩写为 USV。国内无人船用途多为测绘、水文和水质监测。目前市面上常见的无人船包括中海达 iBoat、华测华微、南方方州等。无人船根据船型的不同，可分为单体船、双体船和三体船等。

C.12.1　常用无人测量船技术参数

以中海达 iBoat BS3 及华测华微 3 号为例，如图 C－1 所示，归纳其主要技术参数如下：

图 C－1　华测华微 3 号无人船

(1) 船体尺寸：长 1.0～1.1 m，宽 0.52～0.65 m，高 0.3 m。

(2) 重量：7 kg(空载)。

(3) 船型：单体船/三体船。

(4) 抗风浪等级：3 级风、2 级浪。

(5) 吃水深度：10 cm。

(6) 续航能力：4～6 h@2 m/s。

(7) 最大航行速度：6～8 m/s。

(8) 动力装置：涵道式推进器，推进器采用直流无刷电机驱动。

(9) 测深范围：0.15～300 m。

(10) 测深精度：±1 cm+0.1%h(h 为水深)。

(11) 安全性参数：支持低压电或失联自动返航、浅滩自动倒车、超声波避障及视频观察等。

C.12.2　常用无人测量船测量方法

1. 准备工作

准备工作主要分为以下几个步骤：① RTK 基站的架设；② 控制点的校准及结果验证；③ 布置测线及自动导航任务点的规划；④ 无人船下水前动力、通讯检测。

2. 下水测量

下水测量主要是按设定的计划线进行数据采集，过程中不定时查看无人船及数据状态，如图 C－2 所示。

图 C－2　无人船下水工作

3. 数据处理

无人船测量数据处理即单波束测量数据的处理，采用无人船自带软件集成数据采集及后处理。HydroSurvey 6 软件界面见图 C－3。

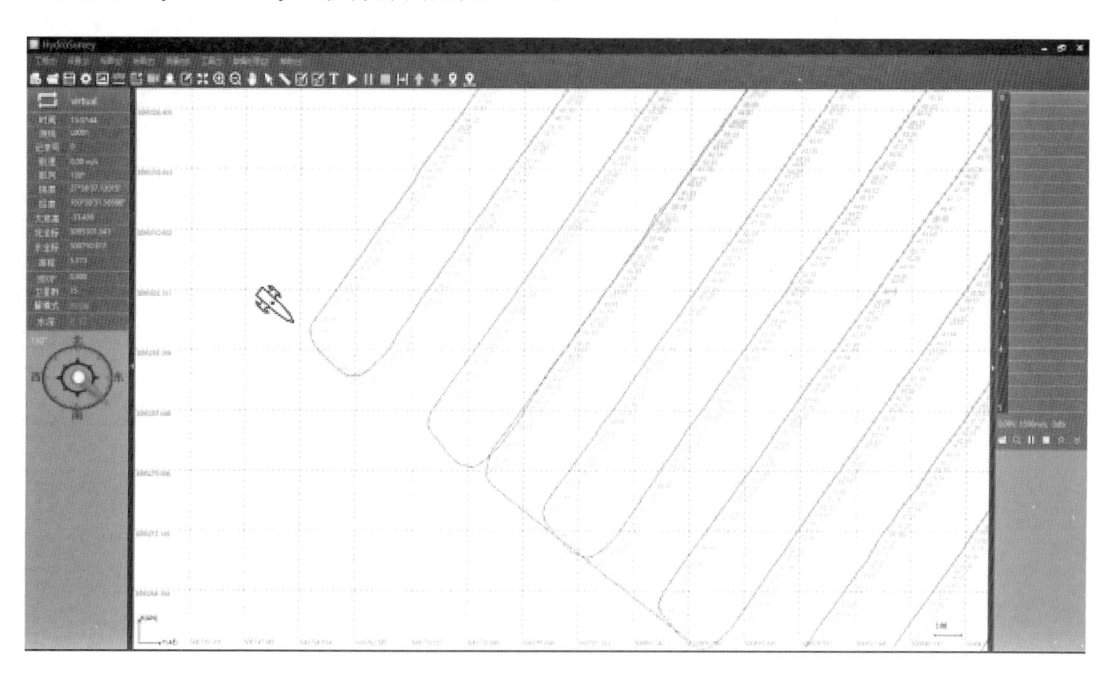

图 C－3　HydroSurvey 6 软件界面

4. 资料后处理、内业成图

所有测量数据经计算、处理后，制作成图表：控制测量数据经平差处理后制作成控制测量成果表、并制作点之记；图形数据通过 CASS 成图软件进行后处理完成，生成地形图和断面图，并手工对部分计算结果进行抽查及合理性检查。

C.12.3 无人测量船使用注意事项

1. 锂电池使用说明

(1) 电池贮存应该存放在阴凉干燥环境、最佳温度为－20～35℃。

(2) 切勿拆开电池外壳。

(3) 严禁挤压、撞击电池。

(4) 严禁过充电、过放电。

(5) 严禁正负短路。

(6) 定期对长时间放置的电池进行充电。

2. 锂电池充电说明

(1) 使用专用充电器进行充电。

(2) 使用锂电池充电器,先插电池充电口,再将充电器接入电源。

(3) 充电中,充电器指示灯为红色;充满电,充电器指示灯为绿色。

(4) 满电后,先将充电器断电,再将电池取下。

3. 船下水前检查事项

(1) 测区环境：浅滩范围、漂浮物情况等。

(2) 动力是否正常。

(3) 天线是否安装妥当。

(4) 软件是否注册、报错及接入正确数据。

4. 测量过程中注意事项

(1) 注意速度变化及警告信息。

(2) 注意 App 上的状态信息。

(3) 确保船和测量人员的安全。

(4) 注意无人船的电量。

5. 测量结束后注意事项

(1) 导航软件上结束测量。

(2) 关闭船上的开关。

(3) 拧下船上天线,妥善放置。

(4) 关闭船上的测深仪。

(5) 打开舱盖放置一段时间,去除潮气。

(6) 冬季测量完毕后,使马达空转 30 s,防止马达结冰。

附录 D

上海市堤防日常维护工程实例

D.1 实例一：外滩空厢墙体裂缝修复方案

1. 问题

墙体受空载槽罐船撞击，撞击部位出现多条纵、横向裂缝，撞击中心部位墙体（里侧）露筋。

2. 修复范围

1）内侧墙

横向面：受损部位扩展至两侧立柱边侧（8 m）。

竖向面：舷窗底部—台阶面（台阶面以上 0～1.50 m）。

2）外侧墙（临水面）

横向面：受损部位扩展至两侧立柱边侧（8 m）。

竖向面：挂板至舷窗底部。

3. 修复方式

1）空厢内侧墙面（图 D－1）

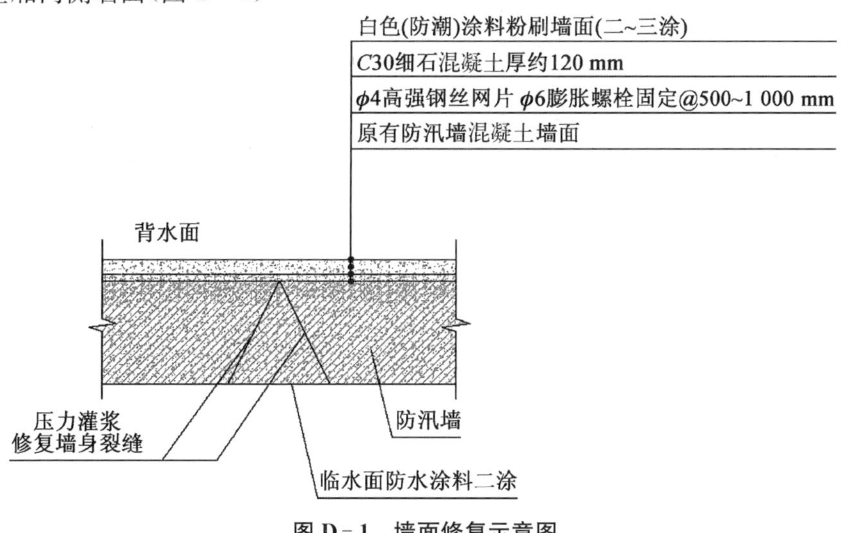

图 D－1　墙面修复示意图

(1) 首先,将整个墙面粉刷层凿除,清理干净,直至显露混凝土本色。

(2) 然后,对墙面(受撞区域)裂缝由里而外进行压力(水平)注浆封堵缝隙,以避免墙体钢筋浸水锈蚀(裂缝长度约 4 m)。

(3) 裂缝修复后采用 ϕ4 高强钢丝网片对墙面进行覆盖固定,并立挡模浇筑 C30 细石混凝土,厚度约 120 mm(与两侧立柱齐平)。应注意: ① 钢丝网片间距 100 mm×100 mm; ② 钢丝网片固定采用 ϕ6 膨胀螺栓,间距 500～1 000 mm; ③ 施工时,钢丝网片必须与两侧立柱台阶面及墙面完全锚固后才能浇筑混凝土。

(4) 最后,对整个修复墙面按原样进行粉刷,达到与两侧墙体统一效果。

2) 空厢外侧墙面(临水面)

将外墙面清洗干净后采用优质防水涂料二涂,以控制高潮位墙体渗水。

4. 施工注意事项

(1) 施工中如有新情况发现,须立即告知设计、业主,以便及时调整施工方案。

(2) 在空厢内施工,须对原有管线进行保护,不得损坏。

(3) 本次维修不含外墙上景观灯及线路等部分内容。

5. 墙体裂缝注浆技术要求

(1) 布孔: 沿裂缝每间隔 200 mm 布孔 1 只。

(2) 孔深: 100 mm;孔径: ϕ16 mm。

(3) 注浆压力: 0～0.5 MPa。

(4) 注浆材料: 改性环氧树脂。

(5) 施工注意事项: 裂缝修补工作应仔细查勘、认真施工,尽量做到不扩大损坏范围,也不遗留对已损坏部分的修复。

D.2 实例二: 北苏州路 400 号防汛墙墙后地面渗水修复方案

1. 问题

位于北苏州路 400 号处防汛墙墙后约 10 余米半幅沥青路面地坪经常返潮,高潮位时地面出现渗水现象。

2. 渗水原因分析

经现场查勘分析,导致该部分地段渗水的主要原因如下所列。

(1) 墙后地势过低,本段位置位于江西路—河南路之间的最低点,地面标高仅为 2.30 m 左右;常年处于地下水位 3.0～3.5 m 以下。

(2) 不排除整段路面在其他位置处有渗水的可能性,两侧渗水往低处流,汇集于最底处渗出。

(3) 原设计道路存在缺陷,未考虑对地下水导流的措施,该地段地面低于地下水位标高,且又紧靠河岸,按常规方式修筑道路,势必会产生路面潮湿及渗水现象。

3. 修复方案

1) 修复原则

疏堵结合,降低地下水位。

2) 修复方式

(1) 将半幅渗水路段凿除约 44 m 左右,布设地下碎石网沟,埋设透水软管,将地下水通过透水网管接入就近窨井,网沟上口采用厚 120 mm C30 钢筋混凝土板压盖。

(2) 道路凿开后,高潮位观察分析,如有渗流点,采用油溶性聚氨酯堵漏剂进行封堵(直径 ϕ80 mm,@500,深度>5 000 mm)渗水通道,布点数量根据渗水范围确定,沿防汛墙底板后侧布设。

(3) 墙后排水明沟按原样恢复,并与窨井接通,使之无积水。

(4) 现场检查防汛墙墙体变形缝嵌缝料,如有开裂、脱落情况,按原设计要求修复。

4. 施工注意事项

(1) 道路修复前,必须向有关单位收集现有道路的设计施工资料及地下管线分布资料,避免因盲目施工,造成不必要的损失。

(2) 施工时,应考虑设置集水井排水,降低地下水位,确保施工质量。路面开挖后如发现路基已遭渗透破坏,应及时通知相关单位采取措施。

(3) 现浇 C30 钢筋混凝土面板,其顶面部分应进行刮糙处理,以提高与沥青层的黏结度。

(4) 本工程修复工程量由现场监理按实确定。

图 D-2 和图 D-3 分别为网沟平面布置图和网沟详图。

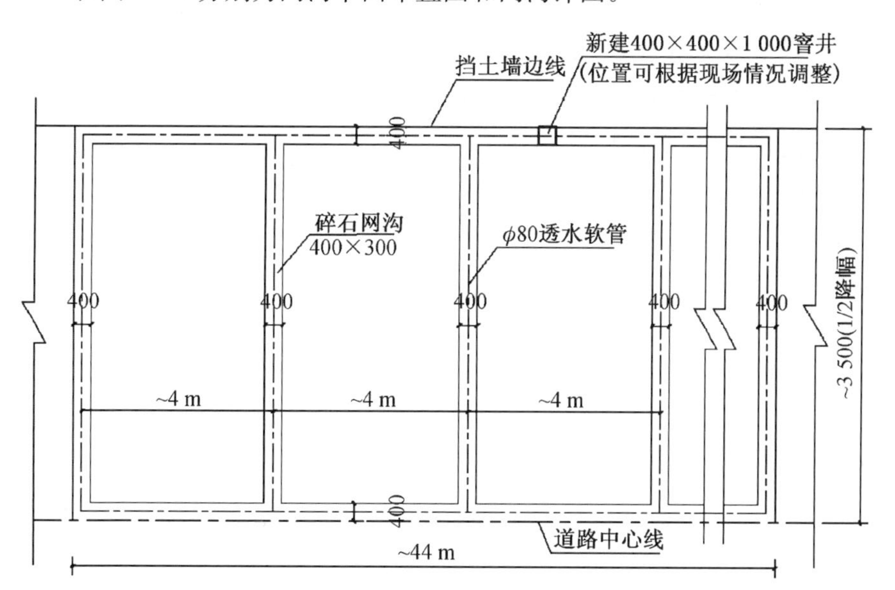

图 D-2 网沟平面布置图(单位: mm)

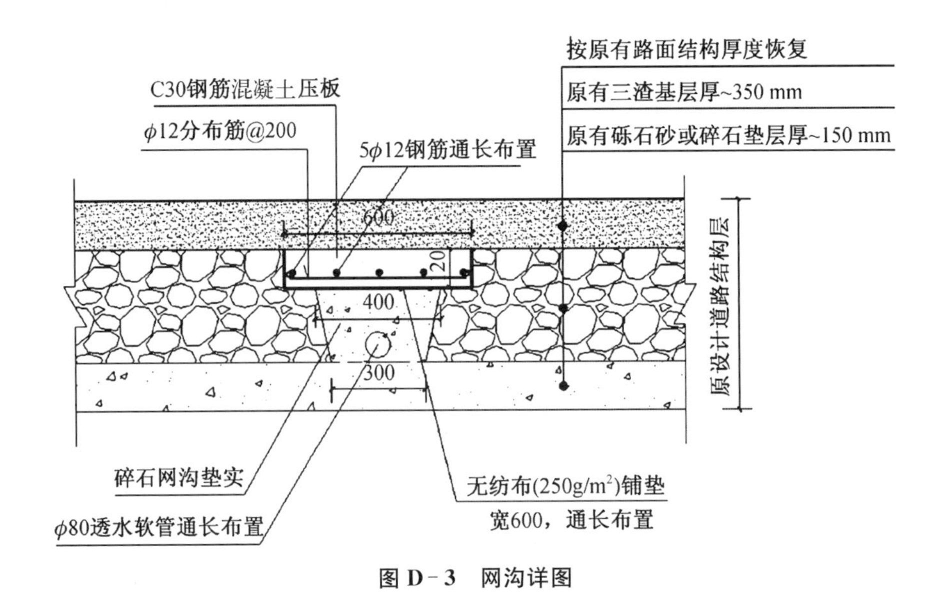

图 D-3　网沟详图

D.3　实例三：上海渔轮修造厂防汛墙护坡损坏修复工程

1. 问题

迎水面防汛墙护坡坡面块石松动，坡面上有空洞散落点，局部坡面出现塌陷。

2. 修复方式

1）坡面块石松动、块石缺失修复方法

(1) 将原有护坡表面及块石之间缝隙采用高压水冲洗干净，采用 C25 细石混凝土将块石之间的缝隙填实，然后采用 10 MPa 水泥砂浆在块石缝隙表面勾凸缝。

(2) 局部坡面块石缺失，将其块石缺失处空洞清洗干净后，采用 C25 细石混凝土填密实。

(3) 工程修复长度约 180 m。

2）局部护坡面塌陷修复方法

采用灌砌块石的修补方式进行修复，具体做法为：

(1) 翻拆原有块石护坡(损坏部分)，将原土坡坡面夯实修平。

(2) 在土坡面上铺垫一层无纺反滤土工布(250 g/m^2)。

(3) 然后铺 15 cm 厚碎石垫层。

(4) 垫层上铺砌块石(利用原拆除并经清理干净后的护坡块石)，块石厚度≥35 cm，块石之间缝隙宽度≥10 cm。

(5) 最后在缝隙内灌注满 C25 细石混凝土。

(6) 护坡修复完成后,探测坡脚前泥面,如泥面标高低于设计标高,则应采用抛石方式进行固脚护滩。

(7) 工程修复长度约 40 m。

护坡面塌陷修复如图 D-4 所示。

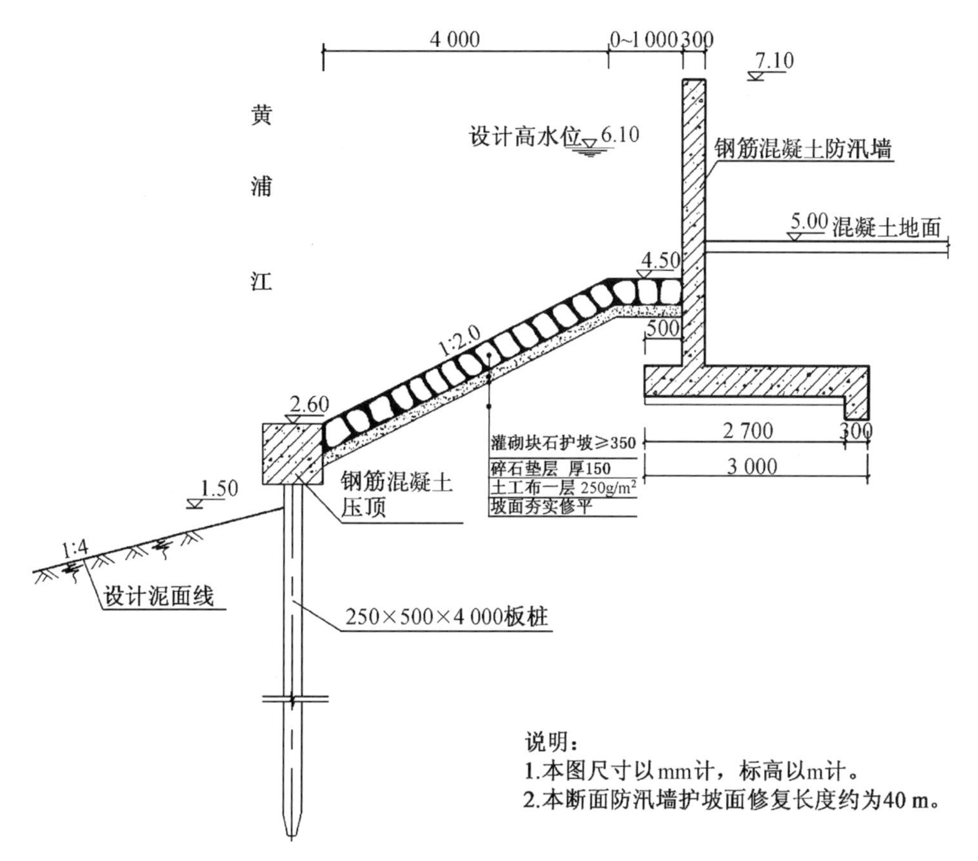

图 D-4　护坡面塌陷修复断面图

D.4　实例四:海军虬江码头 92089 部队闸门封堵工程

1. 问题

海军虬江码头 92089 部队 6 道推拉门出现无法正常关闭状况,情况较为严重,无法安全度汛。

2. 解决方法

因临近汛期,闸门改造暂无法实施。

经与部队沟通,将其中南侧一道推拉门进行永久封堵,对另外 5 道闸门设置临时闸门度汛,待汛后再列入改造计划。

3. 应急处置方案

1) 临时度汛闸门注意事项

（1）临时度汛闸门墩混凝土等级强度C30；木插板厚度40 mm，长度4 200 mm，二块板之间净空≥300 mm。

（2）闸墩浇筑前，应事先将所有混凝土接触面凿毛，清理干净后涂刷界面剂，采用Φ10种植筋锚固，植筋深度≥100 mm，锚固长度≥300 mm。

（3）受仓库净空高度限制，新建临时度汛闸门墩顶标高设定为6.20 m。

（4）临时出入口采用木插板，黏土填肚，背水侧交错叠筑袋装土袋防汛。

（5）由于本段防汛墙6道度汛闸门口顶标高为6.20 m，为此，在主汛期期间，还须备足防汛土料及器材，并密切注意气象、潮位预告信息，一旦遇到发布红色预警信号或其他紧急情况，应立即将闸口封闭，并加固培厚临防设施。

临时闸门封堵工艺如图D－5—图D－9所示。

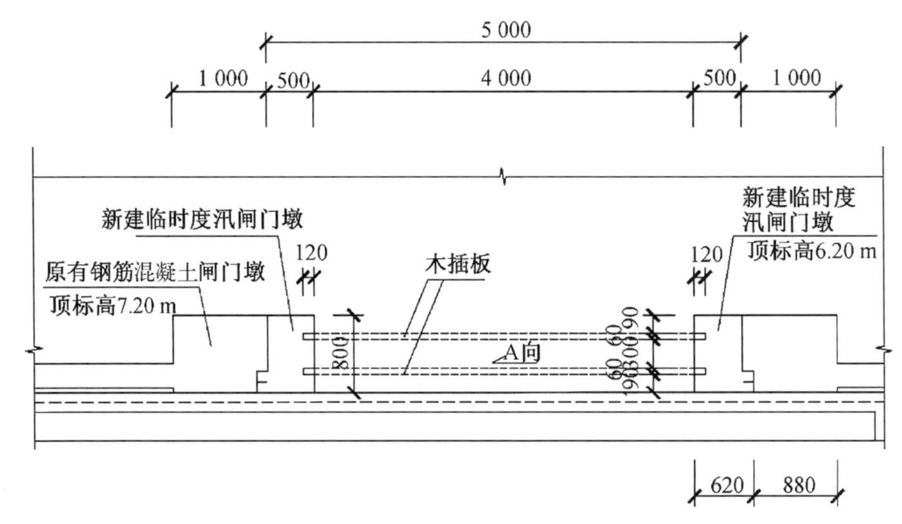

图D－5　闸口封堵平面图（单位：mm）

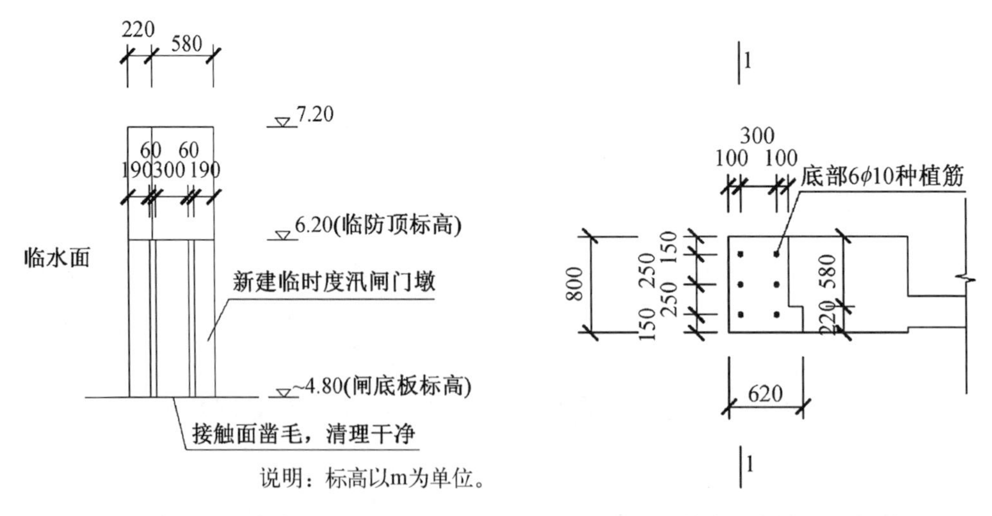

图D－6　A向断面示意图（单位：mm）　　图D－7　闸墩底面连接处理图（单位：mm）

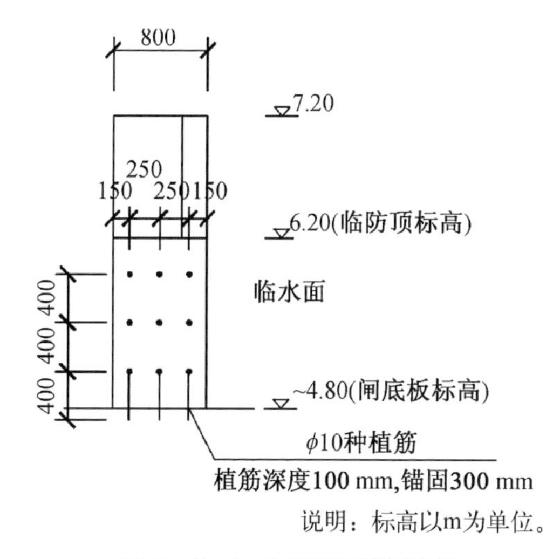

图 D-8　1-1 剖面配筋示意图

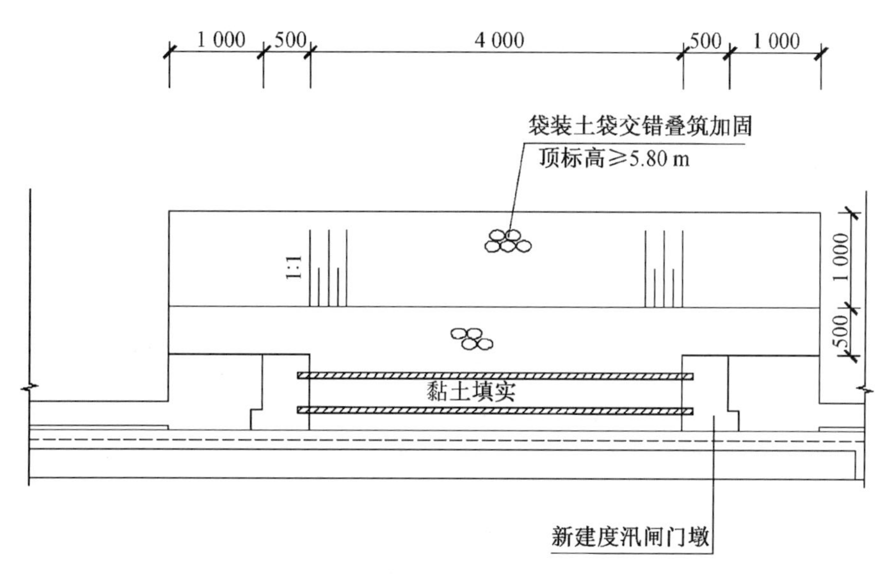

图 D-9　临时出入口封堵平面布置图(单位：mm)

2) 暂无使用需求的防汛(通道)闸门的临时封堵

(1) 将原有底板及两边侧墙面，凿除约 25 cm，凿除钢筋保留，凿除面清理干净。

(2) 布置双排ϕ14 钢筋，间距 200 mm；分布筋ϕ12，间距 200 mm。

(3) 原有凿露钢筋与新配置钢筋焊接成整体，然后立挡模，浇筑 C30 钢筋混凝土胸墙与两侧防汛墙连成整体形成封闭。

(4) 混凝土浇筑前，原有混凝土面必须湿润或涂刷混凝土界面剂，以保证新老混凝土结构结合面的连接质量。

暂时使用需求的防汛(通道)闸门的临时封堵工艺，如图 D-10—图 D-12 所示。

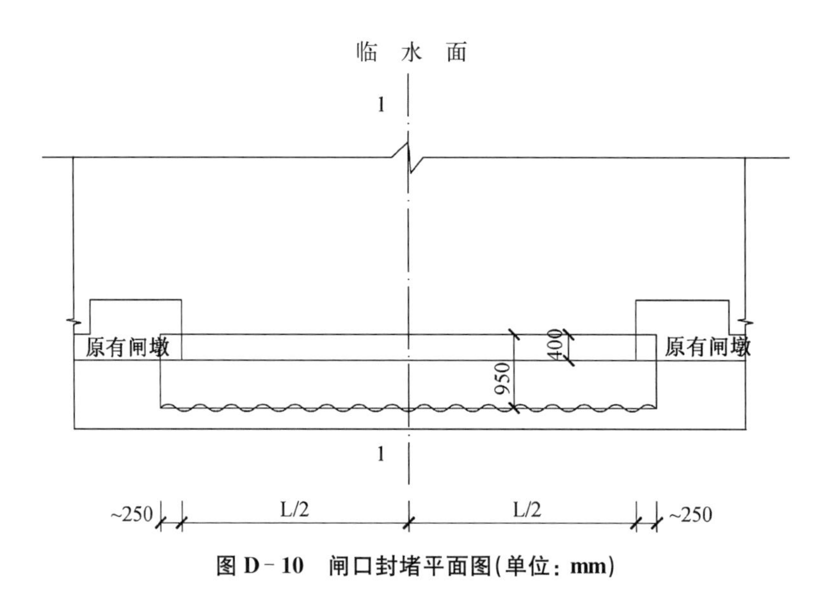

图 D－10　闸口封堵平面图(单位：mm)

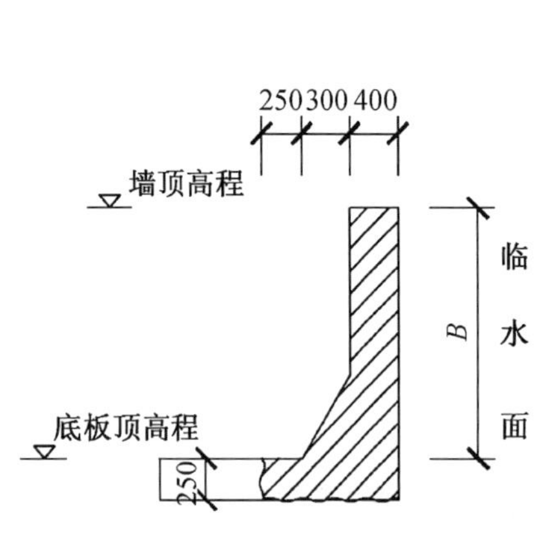

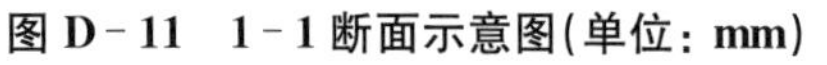

图 D－11　1－1 断面示意图(单位：mm)

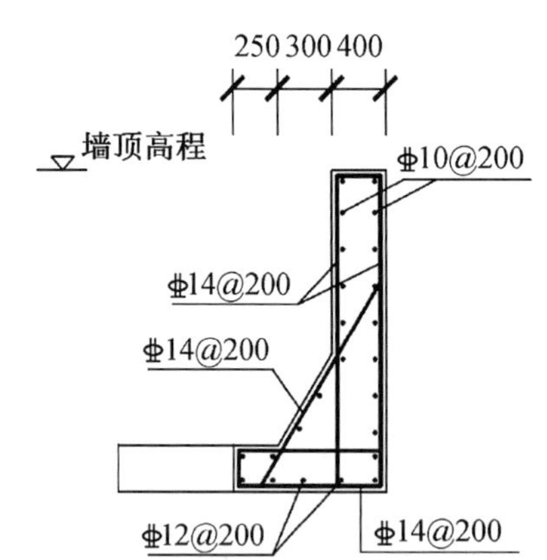

图 D－12　1－1 断面配筋图(单位：mm)

D.5　实例五：华泾港泵闸消力池接缝漏水修复方案

1. 问题

防汛墙(高桩承台结构)与泵闸消力池(钢筋混凝土圬式结构)连接处墙后土体淘失，变形缝止水带断裂，内外贯通。

2. 险情原因分析

(1) 两种不同结构形式先后施工形成对接误差。

(2) 消力池(1.00 m 标高)与防汛墙底板(2.20 m 标高)之间高差 1.20 m 接合面未设止水，长久累积致使墙后土体逐渐流失形成漏斗状，为典型的变形缝险情出险的状况。

3. 修复方案

1) 消力池与防汛墙之间接缝设垂直止水

(1) 修复范围：标高 6.00～2.70 m(底板)。

(2) 修复方式：先将原有变形缝缝道清理干净，然后采用人工方式使用铁凿将沥青麻丝(交互捻)在内外侧各嵌塞 3～4 道，外口留 2 cm 采用密封胶封口，中间孔隙采用聚氨酯发泡堵漏剂填堵密实，最后按防汛墙变形缝常规做法加设后贴式垂直向止水封堵。

2) 消力池与板桩之间接缝处理

(1) 修复范围：标高 0.50～2.70 m。

(2) 修复方式：墙后开挖清理干净后，根据缝口宽度采用沥青麻丝或木板条将封口嵌塞封堵，然后采用土工布(250 g/m^2)挂帘固定，最后候低潮位时采用水泥土回填夯实。

(3) 水泥土回填技术参数：水泥掺和量 10%(重量比)，土料含水量 20%左右(黏性土，不得含有垃圾及腐蚀物)，回填土质量控制标准：$\gamma_{干} \geqslant 15.0$ kN/m^3。

3) 消力池与防汛墙两侧压密注浆加固密实墙后土体

(1) 修复范围：消力池一侧 5 m，防汛墙一侧 10 m。

(2) 修复方式：墙后压密注浆三排，进行地基加固，封堵渗水通道。

(3) 压密注浆技术参数

① 布孔：纵向按梅花形交错布孔，孔距 1 000，横向 2 排，孔深 5 m(以地坪面为基准点)；

② 注浆材料：42.5 普通硅酸盐水泥；

③ 配合比：水灰比 0.3～0.6，掺 2%～5%水玻璃或氧化钙，也可掺 10%～20%的粉煤灰；

④ 注浆方法：自下而上分段注浆法，注浆段为 0.5 m。当进浆量接近 0 时，拔管至下一个分段继续注浆；

⑤ 起始注浆压力：≤0.3 MPa；

⑥ 过程注浆压力：0.3～0.5 MPa；

⑦ 终止注浆压力 0.5 MPa；

⑧ 进浆量：7～10 L/s；

⑨ 注浆顺序：间隔跳注；

⑩ 注意事项：

a. 注浆结束应及时拔管，清除机具内的残留浆液，拔管后在土中所留的孔洞应用水泥砂浆封堵。

b. 浆液沿注浆管壁冒出地面时，易在地表孔口用水泥、水玻璃(或氯化钙)混合料封闭管壁与地表土孔隙，并间隔一段时间后再进行下一个深度的注浆。

c. 灌浆时一旦发生压力不增而浆液不断增加的情况应立即停止，灌浆待查明原因采取措施后才能继续灌浆。

4. 施工注意事项

(1) 水泥土回填时，基坑应在无水状态下进行，水泥土须充分拌匀后回填，人工分层夯实；

（2）标高 2.70 m 接点是施工闭合重点，施工时，应考虑上下重复覆盖闭合，以免造成新的渗漏点；

（3）压密注浆第一排孔距墙背侧 60 cm 布置，施工时先实施前后第一、第三排，后实施中间第二排；

（4）注浆前，应在防汛墙及消力池墙顶上布设监测点，注浆时进行同步监测，以控制防汛墙位移。

后贴式止水带断面见图 D－13。

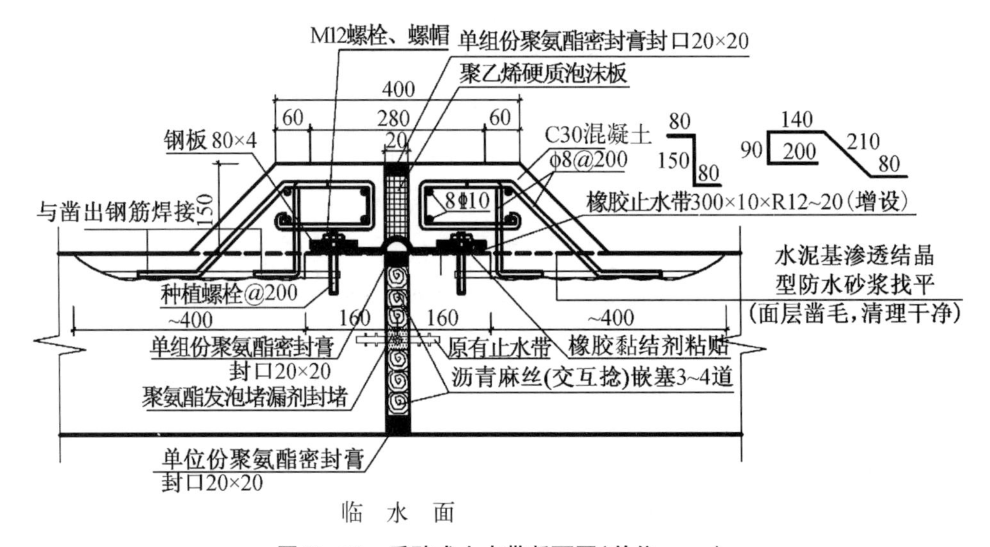

图 D－13　后贴式止水带断面图(单位：mm)

D.6　实例六：上海盛融国际游船有限公司防汛墙应急维修工程

1. 问题

堤防巡查中发现该单位防汛墙存在：

（1）防汛墙变形缝损坏。

（2）墙上原有穿墙管未封堵漏水。

（3）闸门口（内侧）高潮位出现渗水，临近汛期，进行应急维修。

2. 防汛墙变形缝修复

防汛墙变形缝嵌缝料老化、脱落，但墙体中间有橡胶止水带且未断裂。

1）变形缝修复技术要求

（1）原有变形缝缝道内已老化的填缝料必须清理干净，混凝土显露面必须无油污无粉尘。

(2) 原有墙体中间埋设的橡胶止水带保留,清理时不得损坏。

(3) 缝道清理干净后,采用铁凿将沥青麻丝(交互捻)3～4道嵌塞,外周面留有2.0 cm左右缝口,缝口内采用单组份聚氨酯密封胶嵌填。

(4) 密封胶嵌填前变形缝缝口的黏结表面必须无油污且无粉尘,嵌填时,宜在无风沙的干燥的天气下进行,若遇风沙天气,应采取挡风沙措施,以防黏结表面因沾上尘埃而影响黏结力。

(5) 密封胶嵌填,完毕后其外表面应达到平整、光滑、不糙。

2) 变形缝修复范围

(1) 本工程范围内所有变形缝。

(2) 墙前(迎水面): 墙顶面至底板底部。

(3) 墙后(背水面): 墙顶面至地面以下20 cm。

墙体变形缝修复图见图D-14。

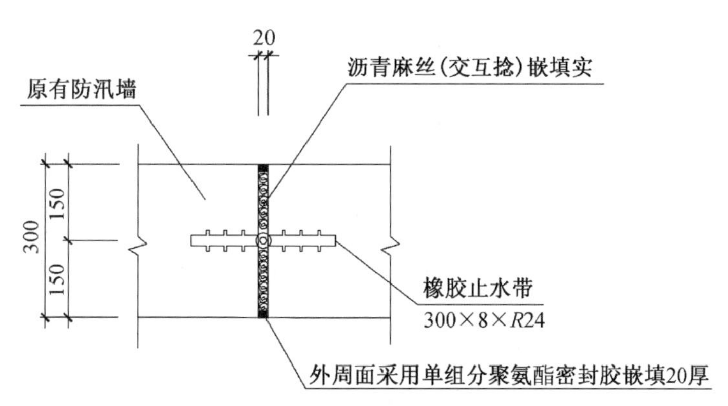

图D-14　墙体变形缝修复图(单位: mm)

3. 原有电力穿墙管封堵

1) 问题

沿岸线电力穿墙管管口裸露,无封堵痕迹,防汛墙地基存在淘失隐患。

2) 修复方法

(1) 如图D-15所示,首先将管孔清理干净,然后根据管孔直径配置20 cm长圆木塞,并在木塞外周面涂二道防腐沥青后,将木塞嵌塞进去,使管口留有12 cm左右空隙。

(2) 然后采用铁凿将沥青麻丝(交互捻)嵌塞紧密,管口2 cm采用单组份聚氨酯密封胶嵌平整。

3) 修复注意事项

侯低潮位施工,原有管孔必须清理干净,以保证木塞与原有管壁面的紧密结合。

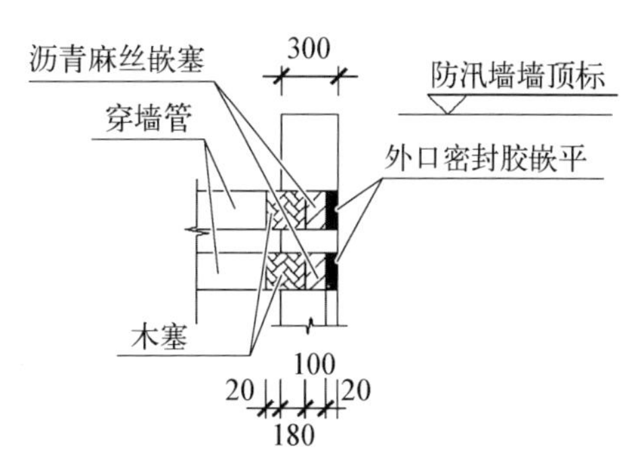

图D-15　穿墙管封堵示意图(单位: mm)

4. 闸口渗水修复

1）问题

闸门背水侧下游转角点地基淘空。

2）修复方式

（1）首先在迎水面侯低潮位时，找出闸墩与防汛墙之间的缝隙空洞，按变形缝修复方式进行封堵。

（2）然后对闸门内侧转角点的淘空处进行开挖探查，确定基础空洞范围。

（3）最后抽干水后采用水泥土人工分层回填夯实。

（4）水泥土参数：

① 土料：素土（不得含有有机杂物），含水量 18%～20%；

② 水泥掺量：8%～10%（重量比）；

③ 质量检测：干容重 $\gamma_{干}>15.0\ kN/m^3$。

3）修复注意事项

（1）施工时，必须趁低潮位，采取先外堵后开挖的施工顺序，以确保回填土质量；

（2）修复后，按原样恢复墙后部分地坪。

5. 工程说明

（1）工程维修范围：外马路1339号上海盛融国际游船有限公司黄浦江岸段，岸线全长约200 m。

（2）工程修复内容：防汛墙墙后渗漏，变形缝，穿墙管维修封堵等。

（3）本工程岸线较长，具体修复工程量由建设单位根据现场实际情况予以确认。

（4）施工过程中如发现与设计图纸有不符之处，请立即与设计单位联系，以便及时修改或调整施工方案。

（5）本工程为应急堵漏修复项目，防汛墙修复后，应经受二次高潮位（黄浦江水位高于墙后地坪）墙后不渗水的检验，如果在高潮位作用下，墙后仍有渗水现象出现，则须视渗水量的大小，在墙后采用压密注浆或高压旋喷桩的方式对墙后地基进行防渗加固。

（6）施工质量控制：

① 整个施工过程由专业监理人员控制施工质量并进行全过程监理；

② 本工程按上海市《水利工程施工质量检验与评定标准》（DG/TJ 08—90—2014）的相关要求执行。

D.7　实例七：外马路环卫码头钢闸门维修养护工程

1. 问题

经现场调查及相关原设计资料查阅分析，黄浦江外马路800号环卫码头岸线全长约180 m。防汛墙沿线现设有3道推拉式钢闸门（宽6.60 m，高2.10 m）与码头直接连接。

墙前码头：码头长约 180 m，宽 15 m，独立式桩基结构，码头面紧靠后侧防汛墙布置，但与防汛墙结构不连接，码头面标高 5.00 m。

墙后现状：墙后直接为市政道路(外马路)，人行道宽 1.2 m，道路宽～8 m，路面标高4.40 m。

防汛墙结构：本岸段防汛墙结构形式为后贴式钢筋混凝土 L 形挡墙，挡墙与码头之间的空档由原有老结构上砌筑砖墙封闭，原有老结构因建造年代久远，资料缺失。

由于受现场场地条件限制，原设计防汛闸门因无条件布置在防汛墙迎水侧，只能反向布置在防汛墙背水侧(墙后人行道一侧)。现状闸门的布设，从防汛角度来讲是不合理的，存在一定的安全隐患。

2. 维修原则

加强防汛闸门运行时的安全保护措施，将防汛安全隐患降低到最小。

3. 维修方式

1) 闸口部分

(1) 将原有闸口沟槽按原设计要求向闸门开启方向延伸 1.0 m，相应沟槽内预埋件尺寸同步进行加长调整。

(2) 原有沟槽清淤后，按原设计要求调换沟槽内轮轨埋件。

(3) 按现场尺寸原样重新设置闸口沟槽盖板，盖板厚度不小于 15 mm。

2) 门体要求

(1) 门叶：喷丸除锈，达到表面显露出金属本色，然后涂二道红丹过氯乙烯防锈漆，一道海蓝环氧脂水线漆，每道干膜 30 μm。

(2) 门体整形：闸门在关闭位置时所有水封的压缩量不小于 2 mm。闸门安装完毕验收合格后，除水封外再涂一道海蓝色环氧脂水线漆，干膜后 30 μm。

(3) 水封：材料采用氯丁橡胶，所有水封交接处均应胶接；接头必须平整牢固不漏水，水封安装好后，其表面不平整度不大于 2 mm。

(4) 支铰：使闸门达到灵活转动，关闭自如。

(5) 如果钢闸门底部门叶锈蚀严重，门叶下卸后，应首先对钢闸门门叶尺寸以及各种配置材料规格进行现场测量，确定无误后，然后将底部一挡门叶连同工字钢连接横梁切割除，严格按照原有尺寸落料，并按钢闸门施工相关规范要求将门叶原样恢复。

3) 零部件更换

(1) 门体走轮更换：每道闸门底部走轮按原设计要求重新更换。

(2) 顶轮限位装置。

① 对现有顶轮限位装置进行维护保养，使之达到灵活转动自如，如达不到则予以更换；

② 每道闸门增设三套顶轮限位装置，一套安装在闸门关闭部位，一套安装在闸门开启部位，另一套安装在原有两套顶轮之间，安装位置详见图 D－16。顶轮设置位置以闸门开、关时，确保有三个支点支撑于门体上。

(3) 每道闸门门体两侧增设安全挡臂。

(4) 配齐三道闸门的紧固装置,使之达到“一用一备”的安全运行使用要求。

4. 闸门安全检验要求

闸门关闭定位后,高压水枪(水压力 P=0.12 MPa)对止水作水密试验 5 min,以止水橡皮缝处不漏水为合格。

5. 施工注意事项

(1) 本工程提供的图纸均为原设计图,施工使用时,需事先对照实体构件进行核对,以免出错。

(2) 沟槽盖板连接件,采取现场采样、定向加工方式进行安装施工。

(3) 预埋件埋设采用种植筋方式连接,钢筋规格根据现场实际情况确定。

(4) 工程施工期间,应与码头使用单位进行充分沟通,听取合理意见,使本次闸门维修后该岸段的防汛安全得到进一步提高。

6. 钢闸门使用说明

(1) 外马路 800 号环卫码头现有的 3 道推拉门为防汛闸门,不得作为其他功能使用。

(2) 闸门非汛期期间为开启状,汛期期间根据防汛要求及时关闭闸门,闸门开启或关闭时,均必须由专业人员负责进行操作,非专业人员不得自行随意开启或关闭闸门,以免发生意外,影响防汛安全。

(3) 闸门进行开启或关闭时,必须注意始终保持闸门的平稳,闸门顶部必须始终保持在顶部支撑装置中的限位螺栓之内,不得偏出。

(4) 闸门关闭就位后,按设计要求安装其他各部分的紧固装置,每个张紧器的拉力要力求平均,闸门在关闭位置时,所有橡胶止水带的压缩量不得小于 2 mm。

(5) 闸门底部的沟槽内必须保持干净,不得有杂物堵塞在内,排水管口须保持通畅,闸门开启后,通道口应及时盖上盖板。

(6) 由于环卫码头无水、陆域连接通道,环卫车辆进出是从外马路直接转弯上码头的,为确保防汛安全,避免突发情况发生,本岸段三道钢闸门的维修养护应列入超常态化管理状态,确保汛期期间防汛闸门每天 24 h 均能处于安全运行状态。

本项目有关施工工艺如图 D-16、图 D-17 所示。

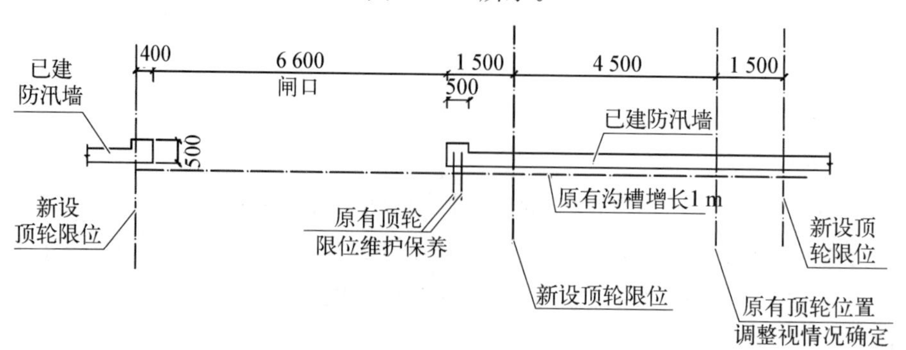

图 D-16　新设顶轮位置布置图(单位：mm)

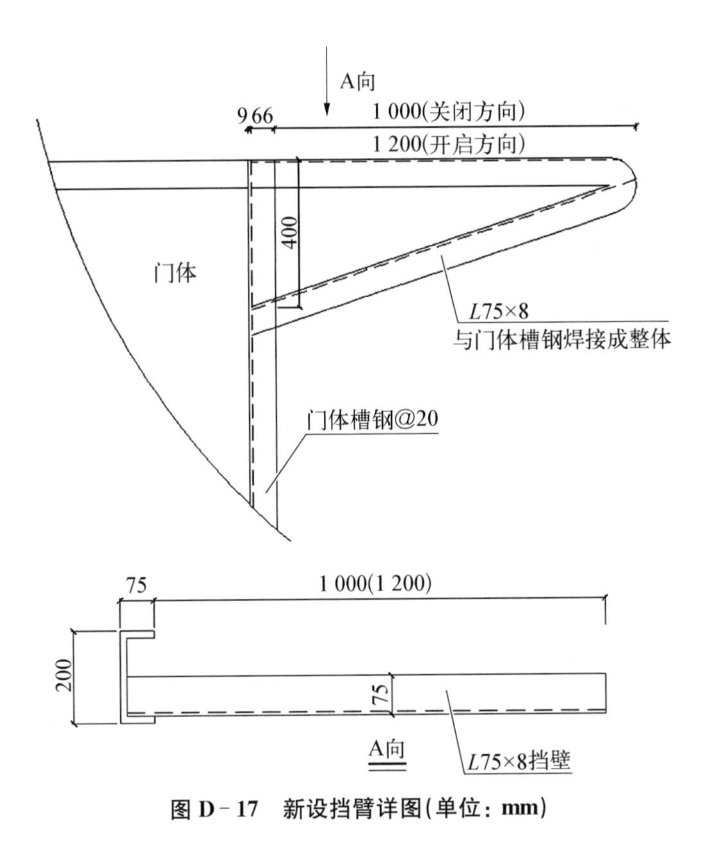

图 D-17 新设挡臂详图(单位: mm)

D.8 实例八:十二棉纺厂排水闸门井临时封堵方案

1. 问题

厂区内原有5座闸门井(沿黄浦江岸线布置),由于年久失修,闸门锈蚀严重均已无法正常使用。根据区水务署要求,对该5座排水闸门井进行临时封堵,以确保防汛安全。

2. 修复方式

(1) 配置活络钢扶梯一座,以方便施工人员下井作业,钢扶梯宽度不小于50 cm,长度根据闸门井深度确定。

(2) 首先将井内垃圾清理干净,然后根据井内各出水管道口尺寸采用3～4 cm厚松木板将各出水管口(包括闸门口)封堵固定,最后向井内采用袋装土封堵填实。

(3) 井口留15 cm,采用10 cm碎石整平压实后,面上用ϕ4高强网片对井口进行覆盖固定,并浇筑C30细石混凝土,厚度约10 cm左右封口,钢丝网片间距100 mm×100 mm;钢丝网固定采用ϕ8钢膨胀螺栓(梅花型布置间距200 mm)。

3. 施工注意事项

(1) 闸门井封堵须侯低潮位时进行,并尽量将井内水抽干。

(2) 袋装土须由人工自下而上，分层交错叠压密实。

(3) 现场如发现闸门井顶部破损严重，无法满足防汛标高要求(应与现有防汛墙标高封闭一致)时，可根据现场施工条件采用 240 mm 厚水泥砖砌筑加高或 C25 混凝土按原样接高两种方式进行，防汛标高达标后再进行封堵。

(4) 施工中如有新情况发现，须立即告知设计单位、业主，以便及时调整施工方案。

图 D－18 为闸门井平面示意图。

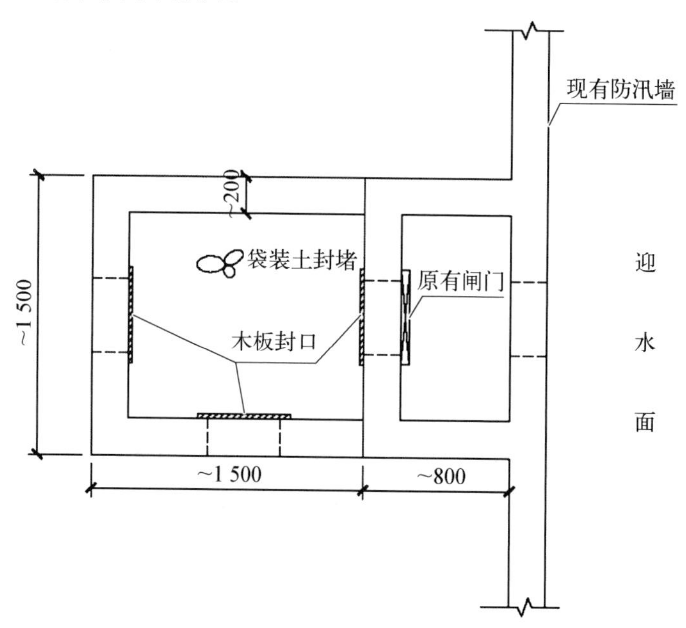

图 D－18　闸门井平面示意图(单位：mm)

D.9　实例九：油脂公司防汛墙渗漏处置方案

1. 问题

苏州河油脂公司约 50 m 岸段防汛墙由于多种因素至今尚无法进行实施改造，为确保今年度汛安全，根据普陀区建委、市堤防泵闸建设运行中心、水利建设投资公司的要求，对该段防汛墙预先制订应急处置方案，以备不测。

2. 工程范围

防汛墙抢护应对范围：以现场墙前未拆的一座房子为标志点，上游 20 m，下游 40 m。

3. 抢护原则

墙后：以堵为主，稳定险情，缩小影响范围；墙前：护滩固基，控制险情发展。

4. 抢护方法

(1) 墙后地面冒清水：袋装土孔口围堵，袋装土镇压，积水排入附近下水道，并加强观测，若险情未控制住，则应采取墙前封堵。

(2) 墙后地面冒水量增大,并出现浑水现象:墙前采用土工膜遮帘或铺垫后,再抛堵袋装土止水,如图 D－19 所示;墙后:袋装土围堵,袋装土镇压,将积水排入附近下水道,如图 D－20所示。如遇红色预警信号发布,墙前袋装土须抛堵至与墙后地面标高基本持平。

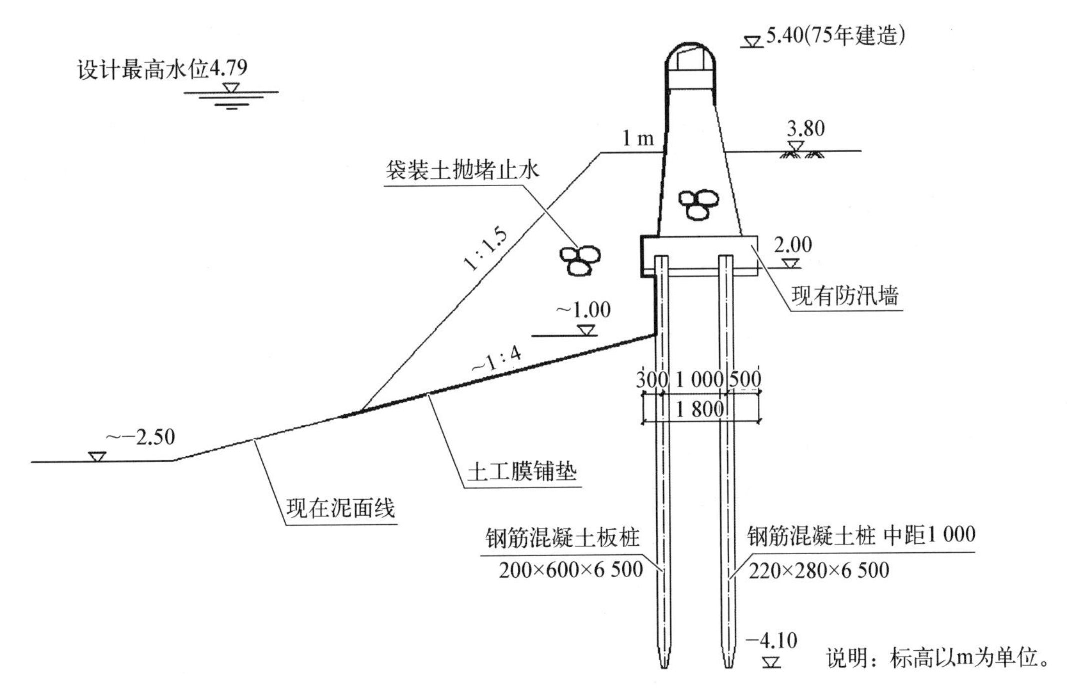

图 D－19　墙前抛堵抢护示意图(单位: mm)

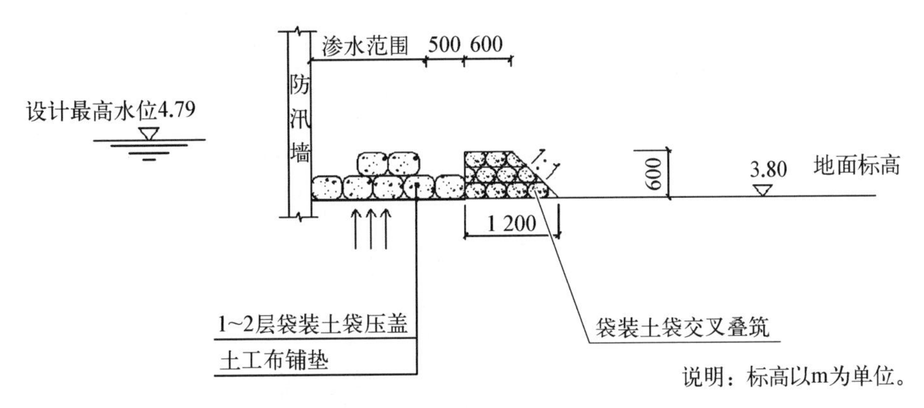

图 D－20　墙后渗水(管涌)围堵示意图(单位: mm)

5. *抢护要点*

(1) 采用袋装土袋抢护施工,抢护时必须先围堵然后再压盖,反之会加速险情范围扩大。将出险区域封闭后,视墙前水位的高低在渗水面上压盖一至二层袋装土袋。

(2) 墙前防渗土工布铺设要覆盖整个险情面,并留有一定余量。

(3) 迎水面抛堵止漏,应根据现场水流涨落速度的缓急进行抛堵定位,使所抛砂、石、土袋,随水流下移沉于抢护点上,一般情况下,涨潮时抢护,抛投点应设于下游侧;落潮时抢护,抛投点应设于上游侧，抢护时应先从墙脚处开始逐渐向外抛堵。

6. 抢护材料配备

(1) 墙后围堵(1 只管涌口，围堵长度 5 m)：土工布 4 m^2，土方 5 m^2，编织袋 350 只。

(2) 墙前抛堵(每延米)：土工膜 10 m(门幅≥4 m)，土方 15 m^3，编织袋 1 050 只。

7. 注意事项

(1) 抢险时，土工膜必定是铺在迎水侧的，土工布是铺在背水面地坪上反滤及压渗的。

(2) 现场墙后通道不足 6 m，抢险时应考虑土方车辆运至险情发生点附近，由人工装袋后采用手推车驳运至现场。

(3) 当险情发生期间，遭遇雷、暴雨袭击，所有现场人员必须配备雨鞋(绝缘)以确保出险现场的安全。

(4) 当风力大于 6 级并伴有暴雨或雷雨，为保证人身安全，一般不应实施抢险作业，待台风、暴雨过后再进行实施。

8. 抢险预案(图 D－21，图 D－22)

(1) 当苏州河水位≥4.20 m，正常巡查。

(2) 当苏州河水位≥4.20 m＋台风(黄色预警)，加强巡查。

(3) 当苏州河水位≥4.20 m＋台风(黄色预警)＋暴雨(黄色预警)，调配抢险物资及人员，待命。

(4) 当苏州河水位≥4.50 m＋台风(黄色预警)＋暴雨(黄色预警)，一旦发现险情，按本节 4、5 所述要求即刻进行除险。

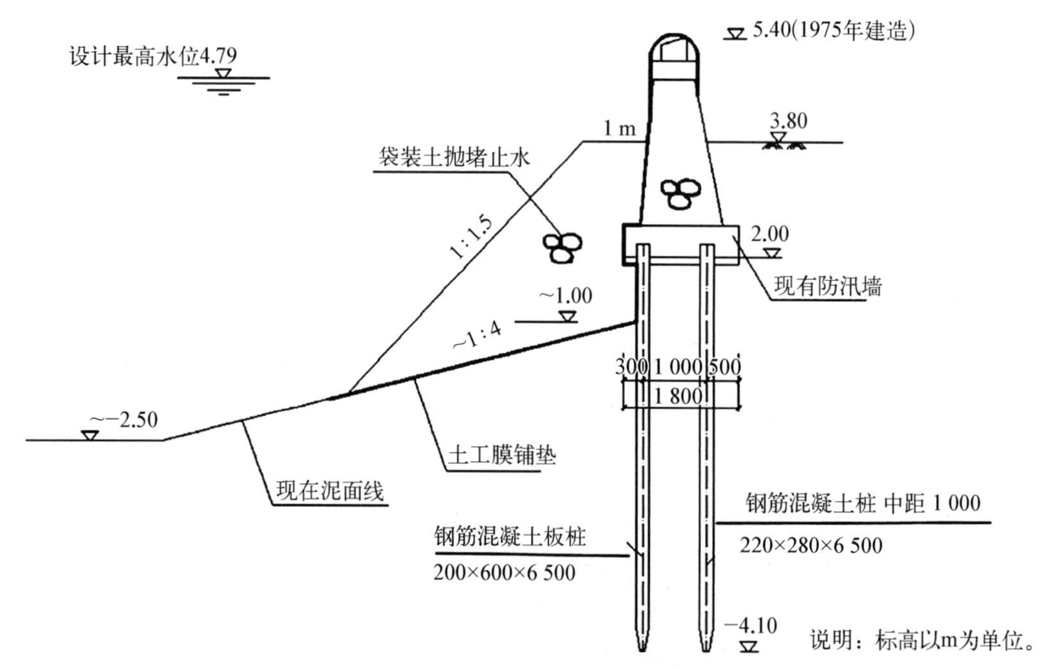

图 D－21　墙前抛堵抢护示意图(单位：mm)

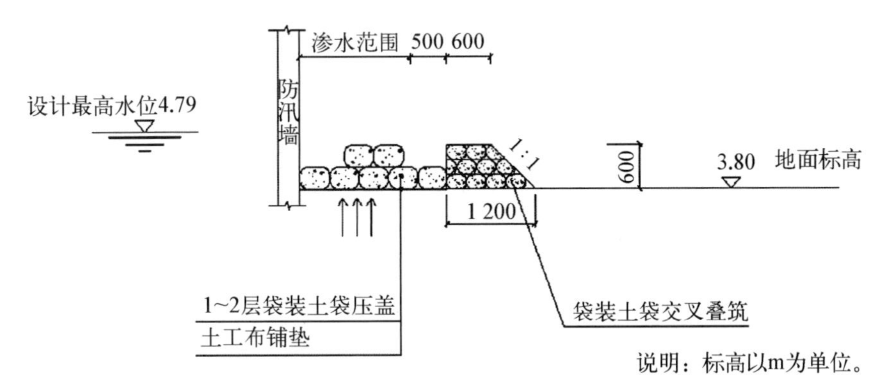

图 D－22 墙后渗水(管涌)围堵示意图(单位：mm)